“十三五”江苏省高等学校重点教材（编号 2020-2-060）
高职高专计算机类专业系列教材——移动应用开发系列

网页设计与制作（HTML5+CSS3+JavaScript）基础教程

华 英 李金祥 主编

電子工業出版社
Publishing House of Electronics Industry
北京·BEIJING

内 容 简 介

HTML、CSS 和 JavaScript 是 Web 应用开发的基础，本书的编写满足了 Web 应用开发对前端技术的要求，同时在编写过程中严格贯彻落实 2019 年 2 月国务院正式印发的《国家职业教育改革实施方案》，遵循《Web 前端开发职业技能等级标准》，内容紧紧围绕 Web 前端开发“1+X”证书制度要求。

本书选取一个完整的网站项目，以工作任务为驱动，将知识点融入子项目中。本书不仅介绍了 HTML、CSS 和 JavaScript 的基本原理，而且灵活运用理论再现了网站项目的开发过程。本书以“一体化设计，颗粒化资源”为指导思想，以“产教融合”为原则，邀请企业资深讲师共同商讨，将目前流行的 Web 开发技术融入任务中。既培养学生掌握扎实的 Web 基础知识，也培养学生形成良好的 Web 设计素养。

本书既可作为高等职业院校计算机各专业的“Web 开发基础”课程教材，也可供中职及成人教育相关专业使用或参考。本教材配套了完整的在线开放课程资源，内容包含教学 PPT、微课、操作视频、相关参考资料等。

图书在版编目（CIP）数据

网页设计与制作（HTML5+CSS3+JavaScript）基础教程 / 华英，李金祥主编. —北京：电子工业出版社，2020.8

ISBN 978-7-121-37552-1

Ⅰ. ①网… Ⅱ. ①华… ②李… Ⅲ. ①超文本标记语言—程序设计—高等学校—教材 ②网页制作工具—高等学校—教材 ③JAVA 语言—程序设计—高等学校—教材 Ⅳ. ①TP312.8 ②TP393.092.2

中国版本图书馆 CIP 数据核字（2019）第 213893 号

责任编辑：贺志洪
印　　刷：北京京师印务有限公司
装　　订：北京京师印务有限公司
出版发行：电子工业出版社
　　　　　北京市海淀区万寿路 173 信箱　邮编 100036
开　　本：787×1092　1/16　印张：17.75　字数：454.4 千字
版　　次：2020 年 8 月第 1 版
印　　次：2021 年 8 月第 3 次印刷
定　　价：44.00 元

凡所购买电子工业出版社图书有缺损问题，请向购买书店调换。若书店售缺，请与本社发行部联系，联系及邮购电话：（010）88254888，88258888。

质量投诉请发邮件至 zlts@phei.com.cn，盗版侵权举报请发邮件至 dbqq@phei.com.cn。

本书咨询联系方式：（010）88254609，hzh@phei.com.cn。

前　言

根据高等职业教育改革的发展方向和Web应用开发对技术技能型人才的培养要求，本书从高等职业教育的特点出发，以工作过程系统化为原则，强调网页布局、样式设置和前端交互等基本能力的培养。紧贴“1+X证书制度”《Web前端开发职业技能等级标准》中制定的职业素养、能力标准和知识要求。

近年来随着移动互联新技术层出不穷，Web技术已经广泛渗透至企业跨屏门户、移动应用、企业办公应用、广告营销、游戏开发、大数据可视化、物联网等多个领域。HTML5、CSS3和JavaScript技术是各类Web应用开发的必备技能。通过对本教材的学习，为后续Web相关技能的学习打下基础，也使学生能够在毕业时具有更广泛的岗位适应性。

本教材选用典型工作任务模式编写，邀请企业资深讲师共同商讨，将目前流行的Web开发技术融入任务中，紧跟时代步伐。案例选取上，以我国源远流长的传统文化“诗词”为主题，以“中国诗词”网站为任务主线，按网站开发流程推进。从网站总体设计构思到网站要素设计，从HTML元素搭建布局结构到CSS样式设计网页样式再到JavaScript实现用户交互，本教材涵盖网页设计与制作的重要基础，培养学生综合运用知识搭建Web页面的能力及形成良好的Web设计素养，并对HTML5最新规范、网页性能优化、浏览器兼容问题、安全性问题等内容进行介绍。同时加入编写团队的企业工程师，将企业真实案例拆解成知识点融合本书案例中，并将应用技巧穿插其中，更侧重知识的实用性。教材内容重视与工作岗位相匹配的理论、技能知识和职业素养的培养，缩短“毕业生”到“员工”的过渡期。在编写形式上遵循“以学生为中心”的理念，以通俗易懂的方式呈现和引导，使学生爱看、易懂、学了有用。

为适应信息化和互联网技术的发展，适应“新形态一体化教材”的需求，依托在线教学平台，形成“线上线下”融合的立体化教材，将微课视频、课堂教学视频、教学辅助课件、交互教学、PPT课件、实训素材资源、辅导视频、案例效果影像资料等内容集成入资源平台。

本教材分为准备、HTML、CSS和JavaScript四篇共16个项目，每个项目又细分为2~4个工作任务，每个任务先通过“任务描述”明确任务内容，再通过“知识准备”介绍完成任务需要用到的知识点，最后“任务实现”解读任务完成步骤。在部分任务中还加入“能力提升”，作为扩展内容供学有余力的学习者学习。

本教程由华英、李金祥主编，编写分工为：华英编写准备篇和CSS篇，李金祥编写JavaScript篇项目四，廖黎莉编写JavaScript篇项目一～三，钟卫铭编写HTML篇项目三～五，詹亮编写HTML篇项目一～二。感谢驰星教育科技有限公司在整个教材编写过程中给予的支持，特别感谢詹亮和王静静两位工程师全程参与编写工作。在此也衷心感谢在本书编写过程中给予我们支持和帮助的所有人。

限于编者水平，尽管我们尽了最大的努力，但教材中难免会有不足之处，恳请本书读者在使用过程中有任何意见和建议随时批评指正，我们的联系邮箱是hy@jssvc.edu.cn。

编　者

2020年8月

目　录

准备篇

HTML 篇

CSS 篇

JavaScript 篇

准　备　篇

初识网站设计与开发

任务一　初识 HTML5

任务描述

HTML5 是最新的 HTML 标准，是网站设计和开发必不可少的技术。HTML5 早已不只是一种标记语言，它提供了本地存储、2D 绘图、离线支持和线程等诸多特性。在任务一中，我们一起来了解与 HTML5 相关的技术。

知识准备

1. HTML5

HTML 称为超文本标记语言，是一种标识性的语言。它包括一系列标签，通过这些标签可以将网络上的文档格式统一，使分散的 Internet 资源成为一个逻辑整体。HTML5 是 HTML 的最新版本，是专门为承载丰富的 Web 内容而设计的，并且无须额外插件。它拥有新的语义、图形及多媒体元素，并且是跨平台的，被设计为在不同类型的终端上运行。当浏览器加载一个网页时，会为网页文档创建一个内部模型，其中包含 HTML 标记的所有元素。对 HTML 文档中的每个元素，浏览器会创建一个表示该元素的对象，并把所有元素的对象放在一个类似树的结构中，如图 1-1-1 所示，我们称其为文档对象模型，即 DOM。

这棵 DOM 树对应的 HTML 代码结构如下：

```
<html>
<head>
    <title></title>
    <meta />
```

```
</head>
<body>
    <h1></h1>
    <div><p></p></div>
    <div></div>
</body>
</html>
```

下层的元素称为上层关联元素的子元素，上层元素称为下层关联元素的父元素，同一层拥有相同父元素的子元素彼此称为兄弟元素。

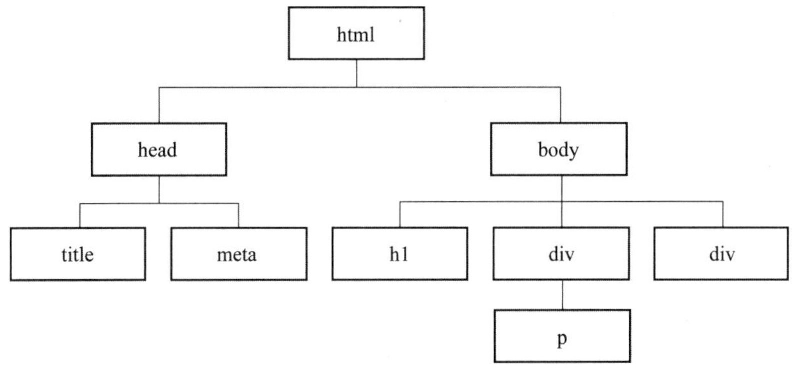

图 1-1-1 文档对象模型

HTML5 不是独立工作的，它有一个庞大的“技术支持团队”，它们之间分工协作，实现网页的完整呈现。这其中包括以下几个项目。

1）表单

HTML5 表单具有更多的类型（type），包括颜色、日期、时间等；还自带验证功能，可以在提交表单时自动验证 Email、URL 等内容格式是否正确。

2）画布

HTML5 新增了 canvas 画布对象，用它就能直接在 Web 页面上绘图。可以绘制文本、图像、线条、矩形、圆等图形，并设置线条属性。

3）本地存储

可以在每个用户浏览器中存储数据，这些数据在清除前始终保留。本地存储可以帮助我们在不同的页面间传递简单数据，也可以在页面刷新时依旧保留原始数据。

4）离线 Web 应用

HTML5 允许用户在不连接网络时也能使用 Web 应用，即通过本地存储功能将资源缓存在本地。

5）地理定位

HTML5 中的地理定位技术可以和 Google Maps 很好地合作，为用户提供具体的位置信息。

6）Web 工作线程

HTML5 中的 Web 多个工作线程可以同时在后台并发运行，让用户界面保持响应。

7）音频和视频

HTML5 之前，网页中的音频和视频播放需要通过外部插件才能实现，现在只要通过 HTML5 标签，就能轻松实现音频和视频的播放。

2. CSS3

CSS（Cascading Style Sheets）中文名称为层叠样式表，是一种用来表现 HTML 或 XML 等文件样式的脚本语言。CSS 不仅可以静态地修饰网页，还可以配合各种脚本语言动态地对网页元素进行格式化。CSS 可以将所有的样式声明统一存放，进行统一管理。这样 HTML 只需要负责 DOM 元素的结构，DOM 元素的样式交由 CSS 来管理，CSS 实现了结构和样式的完全分离。

CSS3 是最新的 CSS 技术标准。CSS3 被划分为多个模块，其中最重要的 CSS3 模块包括选择器、框模型、背景和边框、文本效果、2D/3D 转换、动画、多列布局、用户界面。相比之前版本，CSS3 添加了更丰富的选择器种类，为网页元素的选择提供了更灵活的方式；CSS3 还添加了更丰富的样式属性，诸如圆角边框、多背景图片、多栏文本、块级元素和文本阴影等，使原本需要外部图片才能实现的样式只需要添加属性声明就可以轻松实现，减少不必要的标签嵌套及图片的使用数量，加快了网页的加载速度；CSS3 中还增加了变形、过渡和动画属性，使原本需要 Flash 动画和大量 JavaScript 代码实现的特效可以轻松实现，使 Web 页面的展示更加形象，使 CSS 不再仅仅局限于简单的静态内容展示，而是通过简单的方法使页面元素“动”了起来，实现了元素从静到动的变化。

3. JavaScript

HTML 用于定义 Web 页面元素结构，CSS 用于定义 Web 页面元素样式，尽管在 CSS3 中增加了动画属性，使页面元素“动”了起来，但是要实现复杂的交互和动画效果，还需要 JavaScript。JavaScript 是 HTML 的默认脚本语言，为 Web 页面提供丰富的表现形式和功能。

JavaScript 于 1995 年由 Brendan Eich 发明，并于 1997 年成为一部 ECMA 标准。ECMA-262 是其官方名称，最新的 JavaScript 版本是 ECMAScript 2018。JavaScript 是一种直译式脚本语言，它的解释器被称为 JavaScript 引擎，为浏览器的一部分。JavaScript 是一种基于原型的面向对象语言，它包含了基本对象模型（如 Math、String 等）、文档对象模型（DOM）和浏览器对象模型（BOM），通过这些对象属性和方法的定义，能为网页添加各式各样的动态功能，为用户提供更流畅美观的浏览效果。

任务二　网站开发流程

任务描述

网站开发并不是一个简单的过程，一个好的网站不仅要内容全面，而且还要能够持续运转。网站开发流程遵循项目工程原理，在这一任务中我们一起学习网站开发的基本流程，并确定本书综合项目的网站定位。

知识准备

网站开发流程如图 1-1-2 所示。

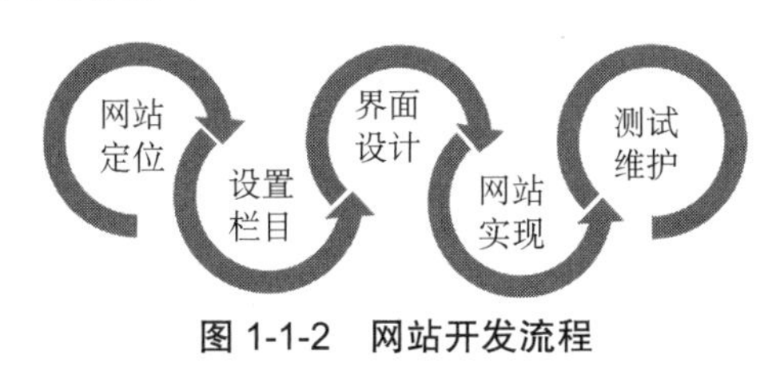

图 1-1-2　网站开发流程

1. 网站定位

确定网站的功能与定位，明确网站的功能、网站的用途、网站的主题和风格、网站名称及网站的内容。网站通常围绕一个主题进行内容展示，为了完成某些具体的功能，最终实现宣传、管理、展示的目的。这些是开展后续步骤的一个基础，就像盖楼要打好地基一样，明确的定位是一个好网站的坚实地基。

2. 设置栏目

栏目实质上是一个网站的索引，网站应该明确显示出来的主要指标。围绕网站定位，设计实现网站功能的各个栏目模块，这些栏目模块就构成了网站的基本框架，我们通常可以通过思维导图的方式来完成。栏目设置好后，还需收集和整理相关信息，准备好材料。

3. 界面设计

界面设计通常也称为 UI 设计，基于网站定位和设置栏目，根据访问对象的需求，为网页设计配色方案和结构布局。网站最后呈现的一个一个页面是一种视觉传单，好的界面设计可以将网页内容更清晰、准确、有力地传达，对网站操作的友好性和网站推广有着重要的意义。通常美工或者 UI 设计师根据需求先设计出界面效果图，为后期网站实现提供图片素材。

4. 网站实现

网站实现一般分为前端和后端两个部分。前端负责实现网页效果，后端负责实现功能。根据界面设计中完成的网页效果图设计网页布局方式，按照布局设计合适的切图方式获取网页图片素材。再选取前端开发工具进行代码实现，并且加入一些网页特效，最终实现前端网页效果。网页中呈现的内容通常情况下不是静态不变的，这就需要和数据库进行交互，我们通常把这部分称为网站后端开发。Java、PHP、C#等语言都可以帮助我们实现。

5. 测试维护

测试包括功能性测试和完整性测试。功能性测试的目的是保证网页内容组织的可用性、实现最初的设计目标、执行规定的功能、用户可以很容易地找到所需要的内容。完整性测试是确保页面内容显示正确，链接正确、无误。如果在测试过程中发现错误，则需要将其修改准确，然后再正式发布到互联网上。如果网站的图片不能显示出来，则需要进行必要的局部调整。

这 5 个步骤是网站开发中必不可少的，缺了哪一步都不可以。

任务实现

本书按照网站开发的基本流程展开，通过一个网站开发的案例详细分析从网站定位、设置栏目、界面设计到网站前端实现的过程。

1. 站点定位

《中国诗词大会》的成功举办，掀起了一股学习诗词的热潮。中国诗词凝聚了古人的智慧和情怀，重温那些曾经学过的古诗词，可以享受诗词之美，感受诗词之趣，从诗词中汲取营养，滋养心灵。本书案例以“中国诗词”为主题实现一个展示古诗词的网站。

2. 设置栏目

中国是诗的国度，唐诗又是中国诗歌史上的一个高峰。而宋词，也是中国古代诗歌的一种形式，是中国古代文学皇冠上光鲜的明珠，与唐诗并称“双绝”。元曲是配乐歌唱的诗歌，以其独特的魅力与唐诗、宋词鼎足并举，成为我国文学史上重要的里程碑。正是这三座里程碑，吸引着一代又一代中华儿女，千百年来传诵不绝。李白、苏轼、关汉卿……一代又一代的名家为我们留下了不朽的著作。

“中国诗词”网站设计分为“唐诗”“宋词”“元曲”“诗人”4 个栏目，“唐诗”“宋词”“元曲”栏目以展示作品为主，分享诗词背景、释义和诵读。“诗人”栏目以展示诗人为主，分享诗人的生平经历、主要成就等。

能力提升

思维导图（The Mind Map）是表达发散性思维的有效图形思维工具。把我们想要达成的目标确定为一个思考中心，并由此中心向外发散出成千上万个关节点，每一个关节点代表与中心主题的一个连结，而每一个连结又可以成为另一个中心主题，再向外发散出成千上万个关节点，呈现出放射性立体结构，而这些关节点的连结可以视为您的记忆，就如同大脑中的神经元一样互相连接，也就是您的个人数据库。

思维导图可以帮助我们做很多事，大到建一栋高楼、写一本书，小到做一个购物清单、分析一道数学题……哪里需要用脑思考，思维导图就会出现在哪里。小学生的写作思路、中学生的知识整理、大学生的研究报告、企业里的头脑风暴……越来越多的人运用思维导图来辅助思考。可以用手绘的方式绘制一张漂亮的思维导图，也可以借助工具软件来实现。

思维导图绘制工具有很多，这里选用 ProcessOn 在线开发工具。在浏览器地址栏中输入网址 https:// www.processon.com/，进入 ProcessOn 首页，如图 1-1-3 所示。可以单击右上角的“注册”按钮注册一个账号，也可以直接单击“登录”按钮，选择“微信”登录方式，只要用手机端微信扫一扫弹出的二维码，就可以轻松登录。免费版一共可以新建 9 个文件。

登录后就可以创建想要的图形。在左侧工具栏中单击“新建”按钮，弹出下拉菜单，如图 1-1-4 所示，可以选择需要绘制的结构图类型，这里选择“思维导图”。单击“思维导图”就可以进入编辑界面，此时编辑界面中心出现的图形块就代表思维导图的中心主题，双击可以修改文字，这里的文字也就是当前文件的文件名。在图形块上右击，弹出的快捷菜单，如图 1-1-5 所示，选择“插入子主题”或者“插入同级主题”等菜单项，即可绘制思维导图。

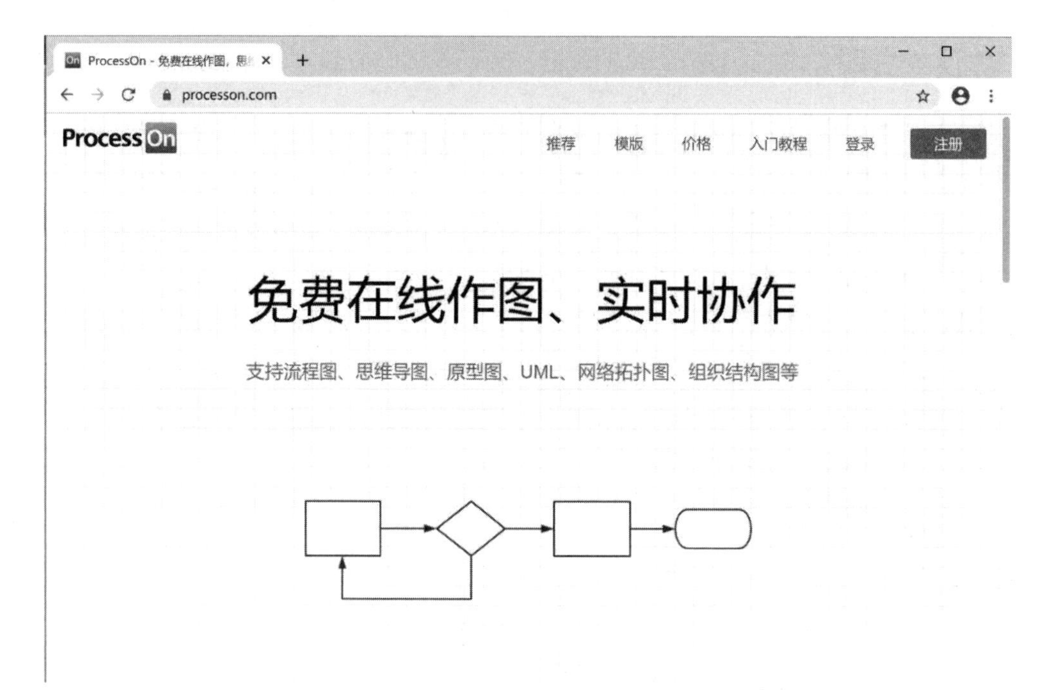

图 1-1-3　ProcessOn 首页

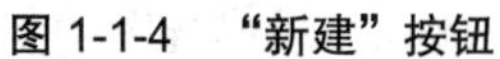

图 1-1-4　“新建”按钮

图 1-1-5　快捷菜单

下面，参考图 1-1-6，绘制一个“中国诗词”网站的思维导图吧。绘制好后，单击上方工具栏中的“选择主题风格”按钮，选择一个你喜欢的主题，一个思维导图就绘制完成了。

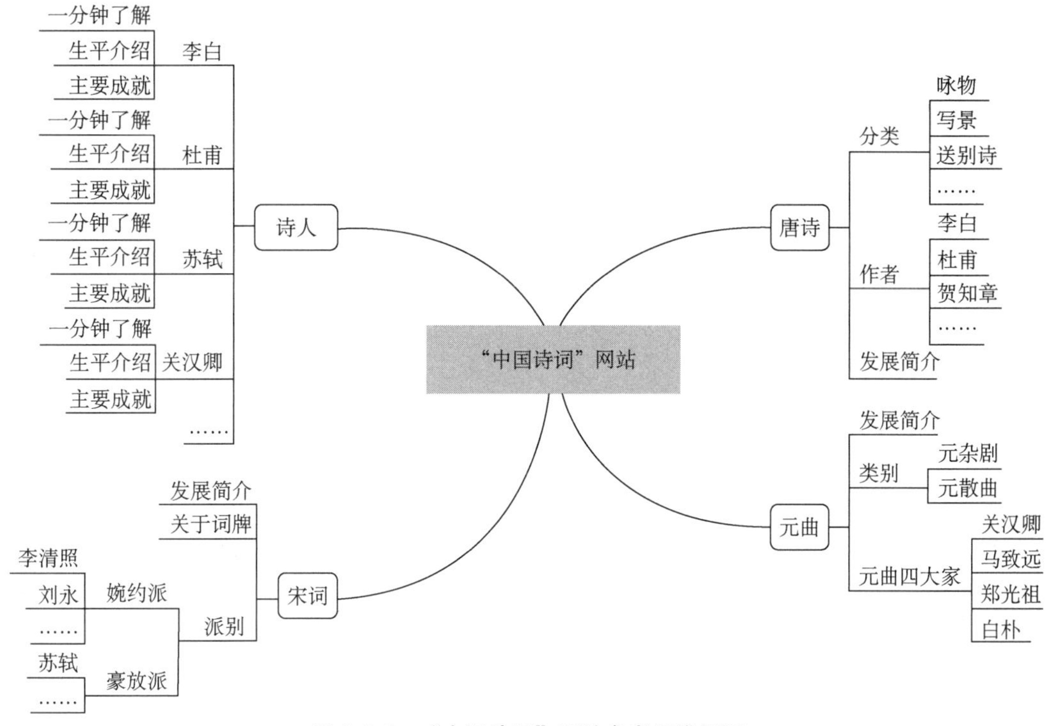

图 1-1-6 "中国诗词"网站参考思维导图

任务三 网页开发工具

任务描述

用于网页开发的工具有很多，在这一任务中，我们一起了解常用的网页开发工具，并选择其中一种作为本书网站项目的前端开发工具。

知识准备

HTML 称为超文本标记语言，网页文档归根结底也是一个文本文档，我们甚至可以用"记事本"工具来编写或查看网页文档。但要更好地编写网页脚本，实现网页开发，还需要选择一种功能强大的编辑工具。工欲善其事，必先利其器，下面就介绍几款常用的网页开发工具。

1. Dreamweaver

老牌的网页编辑软件，功能非常强大，最大的优点是具有可视化编辑及错误提示功能，深受前端开发人员和 Web 设计人员的欢迎。Dreamweaver CC 专注于快速响应设计、代码编辑及其改进、网页预览，以及从 Photoshop 复合图像中批量提取具有多种分辨率的 Web 优化图像。其与 Bootstrap 框架的集成可以方便地构建移动优先、快速响应的网站。视觉媒体查询通过在各种断点处对设计进行可视化查询和修改，进一步提升了快速响应式网页开发的用户体验。

2. WebStorm

非常好用的 JavaScript 开发工具，被中国 JavaScript 开发者誉为“Web 前端开发神器”“最强大的 HTML5 编辑器”“最智能的 JavaScript IDE”等。其与 IntelliJ IDEA 同源，继承了 IntelliJ IDEA JavaScript 部分的强大功能。

3. Sublime Text 3

Sublime Text 3 是一款流行的代码编辑器。Sublime Text 3 具有漂亮的用户界面和强大的功能。它还可以自定义键绑定、菜单和工具栏。Sublime Text 3 的主要功能包括：拼写检查，书签，完整的 Python API、Goto 功能，即时项目切换，多选择，多窗口等。Sublime Text 3 是一个跨平台的编辑器，同时支持 Windows、Linux、Mac OS X 等操作系统。

4. Notepad++

Notepad++是在微软环境之下的一个免费的代码编辑器。它消耗较少的 CPU 功率，从而降低了计算机系统能源消耗，不但“轻巧”且执行效率高，使得 Notepad++可完美地取代微软记事本。Notepad++支持多达 27 种语法高亮度显示（包括各种常见的源代码、脚本，能够很好地支持.nfo 文件查看功能），还支持自定义语言，可自动检测文件类型，还具有根据关键词显示节点等功能。

5. HBuilder

HBuilder 是 DCloud 推出的一款支持 HTML5 的 Web 开发 IDE。快，是 HBuilder 的最大优势，通过完整的语法提示和代码输入法、代码块等，大幅提升 HTML、CSS、JavaScript 的开发效率。同时，它还包括最全面的语法库和浏览器兼容性数据。HBuilder 的生态系统可能是最丰富的 Web IDE 生态系统，它同时兼容 Eclipse 插件和 Ruby Bundle（SVN、Git、FTP、PHP、LESS 等各种技术都有 Eclipse 插件）。

任务实现

每一款编辑器都有其自身的优势，都可以帮助开发者更快捷地组织网页结构，实现代码编写。在本书项目实现过程中，我们选择 HBuilderX 作为开发工具。

HBuilderX 是由 DCloud 团队开发的，登录 DCloud 官方网站（https://www. dcloud.io/），首页选择“HBuilderX 极客开发工具”，DCloud 官方网站首页如图 1-1-7 所示，单击进入 HBuilder 子页面。

HBuilder 子页面下方编辑器窗口用动态图像提示主要功能使用方法；上方导航栏可以使用户进入各子页面查看帮助文档或论坛等。单击中间的“DOWNLOAD”按钮，会弹出下载对话框。开发 Web 版网站只需要下载“标准版”，如想要开发 App 应用，可以下载“App 开发版”，里面集成了 App 开发需要的相关插件。HBuilderX 是一款绿色软件，下载解压后直接运行 HBuilderX.exe 文件即可使用。

图 1-1-7　DCloud 官方网站首页

能力提升

在前端开发的过程中，最费时间的工作就是写 HTML、CSS 代码。大量的标签、括号容易导致匹配错误，一旦匹配错误就很难发现错误位置。Emmet 的出现，帮我们解决了这个问题，只需要敲一行代码就能生成完整的 HTML 结构，能大大提高代码编写效率。

Emmet 是一款语法规则插件，大部分编辑器都可以使用该语法规则，我们前面提到的 Sublime Text、Notepad++、Dreamweaver 等编辑器都可以安装并使用它。HBuilderX 安装包中集成了 Emmet 插件，无须另外安装即可使用。按照 Emmet 语法规则输入一行代码后，按下 Tab 键，即能生成完整的 HTML 结构。Emmet 主要语法规则如下。

1. HTML 初始结构

在一个空白的 HTML 文档中输入“!”，再按下 Tab 键，就可以快速生成 HTML 基础结构，生成的代码如下：

```
<!DOCTYPE html>
<html lang="zh">
<head>
    <meta charset="UTF-8">
    <meta name="viewport" content="width=device-width, initial-scale=1.0">
    <meta http-equiv="X-UA-Compatible" content="ie=edge">
    <title></title>
</head>
<body>

</body>
</html>
```

2. id 指令和 class 指令

输入“标签名#id 名”或“标签名.class 名”，再按下 Tab 键，就可以生成带有 id 属性或 class 属性的标签对；如果输入的标签对既有 id 属性又有 class 属性，可以输入“标签名#id 名.class 名”或“标签名.class 名#id 名”。几组输入代码如下所示：

```
//输入 div#test
<div id="test"></div>

//输入 div.test
<div class="test"></div>

//输入 div#test.test 或 div.test#test
<div id="test" class="test"></div>
```

3. 子节点指令> 、兄弟节点指令+及上级节点∧

输入 A>B 生成的代码中，标签<B>是<A>的子节点；输入 A+B 生成的代码中，标签<B>是<A>的兄弟节点；输入 A^B 生成的代码中，标签<B>是<A>的父节点的兄弟节点。几种指令可以连续组合使用。几组输入代码如下所示：

```
//输入 ul>li>a
<ul>
    <li>
        <a></a>
    </li>
</ul>

//输入 h1+p
<h1></h1>
<p></p>

//输入 ul>li^div
<ul>
    <li></li>
</ul>
<div></div>
```

4. 重复指令*

在重复指令*后输入一个正整数 *n*，再按下 Tab 键后，就可以生成相应的 *n* 个标签。输入代码如下所示：

```
//输入 ul>li*4
<ul>
    <li></li>
    <li></li>
    <li></li>
    <li></li>
</ul>
```

5. 属性指令 [attr]

要为标签添加除 id 和 class 以外的属性，就要用到属性指令，输入代码如下所示：

```
//输入 a[href="#" class="null"]
<a href="#" name="null"></a>
```

6. 编号指令$

指令标记中$的位置，在按下 Tab 键后会变为递增的数字。一个$代表一位数，两个$代表两位数，依此类推。如果想自定义递增起始值，可以用@指令，即$@数字。其中，数字就是起始值。输入代码如下所示：

```
//输入 ul>li#test$$*4
<ul>
    <li id="test 01"></li>
    <li id="test 02"></li>
    <li id="test 03"></li>
```

```
    <li id="test 04"></li>
</ul>

//ul>li#test $@3*4
<ul>
    <li id="test 3"></li>
    <li id="test 4"></li>
    <li id="test 5"></li>
    <li id="test 6"></li>
</ul>
```

7. 文本指令{}

文本指令{}中的内容会被添加到标签中，{}中的值也可以使用编号指令$实现递增。输入代码如下所示：

```
//输入 ul>li.test${测试$}*3
<ul>
    <li class="test1">测试 1</li>
    <li class="test2">测试 2</li>
    <li class="test3">测试 3</li>
</ul>
```

8. 分组指令()

分组指令()可以改变指令的优先级，HTML 结构嵌套层次较多时很有用。输入代码如下所示：

```
//输入 table>(tr>td*3)*3
<table>
    <tr>
        <td></td><td></td><td></td>
    </tr>
    <tr>
        <td></td><td></td><td></td>
    </tr>
    <tr>
        <td></td><td></td><td></td>
    </tr>
</table>
```

界面设计

任务一　颜色的选择

任务描述

颜色的使用在网页制作中起着非常关键的作用，不同的颜色有着不同的含义，激发人各种感情和联想。本任务中我们通过学习色彩的基本知识、网页色彩搭配原则及网页中颜色的表示方式，为“中国诗词”网站制订配色方案。

知识准备

1. 色彩的基本知识

色彩是光照射在物体上反射到人眼的一种视觉效应。我们日常所见到的白光，实际是由红、绿、蓝三种光组成的，物体经光源照射，吸收和反射不同波长的红、绿、蓝光，经由人的眼睛，传到大脑形成了我们看到的各种颜色。我们把这三种颜色称为色光三原色。基于色光三原色形成的视觉模型我们称为 RGB 色彩模型。RGB 色彩模型是一个加色模型，各种颜色都是由红、绿、蓝三原色以不同的比例相加混合产生的。

色调（色相）、饱和度（纯度）和明度称为色彩三要素，人眼看到的任一颜色都是这三个特性的综合效果。

1）色调

色调是物体上的光反射到人眼视神经上使大脑产生的感觉。颜色是由光的波长决定的。波长最长的是红色，最短的是紫色。将红、橙、黄、绿、蓝、紫和处在它们之间的红橙、黄橙、黄绿、蓝绿、蓝紫、红紫这 6 种中间色共计 12 色组成色相环。在色相环上，与环中心对称位置上的两种颜色被称为互补色。

2）饱和度

饱和度是表示色的鲜艳或鲜明程度的数值。饱和度与彩度和明度相关。有彩色的各种色都具有彩度值，无彩色的彩度值为0。彩度是根据颜色中含灰色的程度来计算的。彩度由于色调的不同而不同，而且即使是相同的色调，彩度也会随明度变化。

3）明度

明度表示色彩所具有的亮度和暗度。黑色明度为0，白色明度为10，在0～10之间明度等间隔地排列为9个阶段。

2. 网页色彩搭配原则

颜色的使用在网页制作中起着非常关键的作用，每种颜色都具有一定的寓意。常见的色彩寓意如表1-2-1所示。

表1-2-1 常见的色彩寓意

色　彩	正面寓意	负面寓意
红色	喜庆、激情、能量、热情、活力	血腥、残忍、危险
橙色	温暖、活力、青春、活跃、健康	时髦、喧嚣、妒忌、焦躁
黄色	聪明、醒目、乐观、喜悦、光明、希望	警告、欺骗
绿色	和平、自然、和谐、丰收、成长、安全、新鲜	妒忌、恶心、侵略
蓝色	安静、沉稳、正义、理智、深远、永恒	冷漠、消沉
紫色	优雅、高贵、奢侈、时尚、女性	虚荣、疯狂
黑色	权力、重量、严肃、高贵、孤独、神秘	恐惧、邪恶、悲哀、阴沉
白色	神圣、纯洁、柔软、简洁、真实	虚弱、孤独
灰色	平衡、安全、信任、成熟、古典、平凡	失意、厌倦、优柔寡断

用户浏览网页时，颜色可以吸引用户的视线，指引用户浏览页面。一个网站不可能单一地运用一种颜色，否则让人感觉单调、乏味；但是也不可能将所有的颜色都运用到网站中，让人感觉轻浮、花哨。设计网站色彩搭配时，我们要先为网站确定一个主题色，再通过调整主题色的透明度或饱和度，产生新的用于网页的颜色，这样的页面看起来色彩统一，更有层次感。色彩搭配应遵循如下原则。

（1）主题色的选择要参考色彩寓意，选择能体现网站主题的色彩，如科技类主题选择蓝色、庆祝类主题选择红色、环保类主题选择绿色……

（2）背景和前文对比尽量要大，绝对不要用花纹复杂的图案作背景，否则主要文字内容没有办法分辨。

（3）色彩应尽可能控制在三种以内，选用一个色系的色彩。例如，淡蓝、淡黄、淡绿，或者土黄、土灰、土蓝。

（4）灰色是一种万能色，可以搭配任意一种色彩。文字的颜色尽量不要使用黑色，但可以使用一种较深的灰色来替代。

3. 网页中颜色的表示方式

网页中颜色的表示方式有 3 种。

（1）关键词表示。常见的 16 种颜色关键词如表 1-2-2 所示。

表 1-2-2 常见的 16 种颜色关键词

颜 色	关 键 词	十六进制数表示	颜 色	关 键 词	十六进制数表示
白	white	#ffffff	灰	gray	#808080
黄	yellow	#ffff00	绿	green	#008000
红	red	#ff0000	褐	maroon	#800000
紫红	fuchsia	#ff00ff	深蓝	navy	#000080
水绿	aqua	#00ffff	橄榄	olive	#808000
浅绿	lime	#00ff00	紫	purple	#800080
蓝	blue	#0000ff	深青	teal	#008080
黑	black	#000000	银	sliver	#c0c0c0

（2）十六进制表示。“#”开头的 6 位数，每两位表示一种颜色的浓度，用十六进制表示，前两位表示红色，中间两位表示绿色，最后两位表示蓝色。“#000000”表示黑色，“#ffffff”表示白色。如果 3 种颜色中每种颜色的两位数字都相同，则可以缩写成一位，即用 3 位十六进制数表示颜色。如表 1-2-2 中的紫红色“#ff00ff”可以简写为“#f0f”。

（3）rgb(r,g,b)函数表示。r、g、b 三个参数可以是 0～255 间的任意一个整数（十进制数），分别表示红、绿、蓝三种颜色的浓度，如红色“#ff0000”可以用函数 rgb(255,0,0)表示。CSS3 中新增了 rgba(r,g,b,a)函数，其中参数 a 表示不透明度，可以是 0～1 间的任意小数，0 表示完全透明，1 表示完全不透明。

任务实现

“中国诗词”网站的主题与我国源远流长的传统文化相关，在主题色的选取上，我们选择有泛黄古书质感的颜色“#edeae1”，突出的部分选择饱和度和明度都更高的颜色“#bba687”，其他配色选择与“#edeae1”同色系的颜色及不同纯度的灰色。

能力提升

1. 配色的选择

主题色确定后进行同色系配色选择时，调色板是个好帮手，如图 1-2-1 所示。调色板下方是预设的基本色，中间小圆圈中的颜色就是当前颜色，可以查看它的十六进制编码。两个滑块分别是颜色滑块和透明度滑块，可以用来切换不同的色彩。上方颜色区域显示了当前色在不同明度、饱和度下的选择范围：左右方向显示饱和度值的变化情况，从左往右饱和度增加；上下显示明度的变化情况，往下是在当前色中加黑色，变暗，往上是在当前色中加白色，变明。要选取同色系的颜色，在这个颜色范围中选择肯定不会出错。

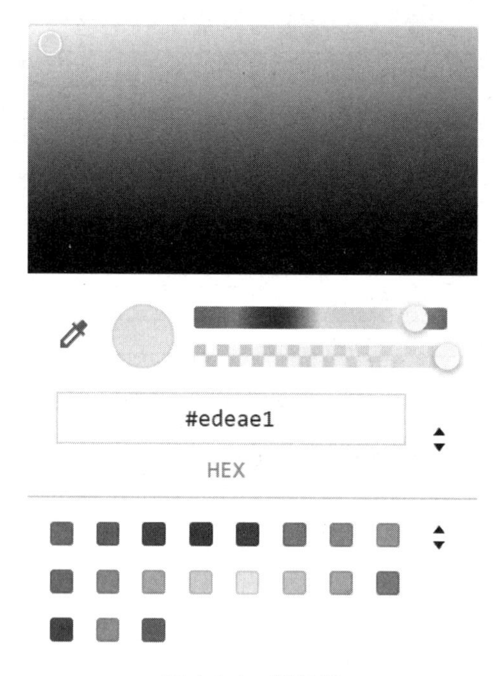

图 1-2-1　调色板

2. 好用的配色网站

很多初学网站开发的学习者都会为网页的配色发愁，下面推荐几个实用的配色网站，可以帮助开发者确定心仪的色彩搭配方案。

（1）Material Palette，网站地址为 http://www.materialpalette.com/。

Material Palette 是一款提供 Material Design 配色的线上工具，它的用法很简单，用户只要输入两种颜色，它就会显示两种颜色搭配在一起的效果，并提供颜色选项和用户可能会用到的颜色编码。该网站在 ICONS 子栏目中提供了大量可供下载的图标。

（2）Coolors，网站地址为 http://coolors.co/。

Coolors 网站每次会为用户提供包含 5 种颜色的调色盘，并显示颜色编码，用户可以快速选取使用或锁定其中几种颜色。

（3）Material UI Colors，网站地址为 http://www.materialui.co/colors。

Material UI Colors 是为 Material Design 而产生的配色模板，其色板每一张均从基本颜色开始，然后逐渐扩充，创建出一套完整、可复用的配色体系，可用于网页设计、安卓设计和 iOS 设计。

任务二　布局方式的选择

任务描述

网页的布局决定了整个网页的设计效果，本任务介绍常见的几种布局方式，并在此基础上确定“中国诗词”网站首页的布局方式。

知识准备

常见的布局方式有以下几种。

1. 固定布局（Fixed）

固定布局是指整个网页有一个固定的宽度。网页的宽度必须指定为一个像素值，在屏幕分辨率为 1024px×768px 时，一般将网页宽度指定为 960px，因为开发人员发现 960px 是最适用于网格布局的宽度，既可以整除 3、4、5、6、8、10、12 和 15，也不至于使网页两侧空白太多。现在 PC 端的 Web 开发中依然比较普遍地使用固定宽度布局，因为这种布局具有很高的稳定性与可控性。但是这种布局同时也有一些劣势，如屏幕分辨率跨度较大，固定布局必须考虑网页宽度的最佳设置。

2. 流式布局（Fluid）

流式布局与固定布局最主要的区别在于表示网页尺寸的单位不同，固定布局的单位是像素，流式布局的单位是百分比，流式布局使网页具有很强的可塑性和流动性。换句话说，通过设置百分比，我们不需要考虑设备尺寸或屏幕宽度，可以为每种情形找到一种可行的方案，使网页的尺寸适应所有的设备尺寸。流式布局与媒体查询和优化样式技术密切相关。

3. 伸缩布局（Elastic）

伸缩布局与流式布局很像，主要的区别是尺寸单位不同。伸缩布局的尺寸单位不是像素（px）和百分比（%），而是 em 或 rem，解决了固定布局在高分辨率屏幕上几乎无法辨识的问题，且比流式布局灵活，支持浏览器字体大小调整等的正常显示。这一布局更多地应用于移动端网页或应用开发，以适应移动端分辨率多变的特点。

4. 弹性布局（Flex）

弹性布局是指使用 CSS3 Flex 系列属性进行的相对布局。传统布局主要以水平方式排列对齐元素，对垂直方向上元素的控制力较弱。W3C 于 2009 年推出的弹性布局方式中，容器有水平的主轴（main axis）和垂直的交叉轴（cross axis）两个方向轴，可以方便、完整、响应式地实现各种页面布局，对于富媒体和复杂排版页面的支持非常大，但是存在兼容性问题。

5. 媒体查询

使用媒体查询（@media）可以给具有不同尺寸和介质的设备切换不同的样式。优秀的响应范围设计可以给适配范围内的设备使用者更好的体验。如以下 CSS 代码所示，屏幕水平分辨率大于 1200px 时文字大小为 18px，屏幕水平分辨率大于 992px 时文字大小为 20px，屏幕水平分辨率大于 768px 时文字大小为 22px。

```
@media (min-width: 1200px){
    body{font-size: 18px}
} /*分辨率>=1200px 的设备*/
@media (min-width: 992px) {
    body{font-size: 20px}
} /*分辨率>=992px 的设备*/
@media (min-width: 768px) {
    body{font-size: 22px;}
} /*分辨率>=768px 的设备*/
```

任务实现

考虑到本书读者多为初学者，我们选择最简单易学的固定布局作为“中国诗词”网站首页的布局方式。设置页面固定宽度为 1000px，将页面分成上、中、下三个部分，上部是网站 Banner 和导航栏，中部是主要内容区域，下部是页脚。根据栏目设计，内容区域分为诗人、唐诗、宋词和元曲四部分，为了提升显示效果，在内容区域加一个图片显示区域，这样五部分按半包围结构排列，布局结构如图 1-2-2 所示。

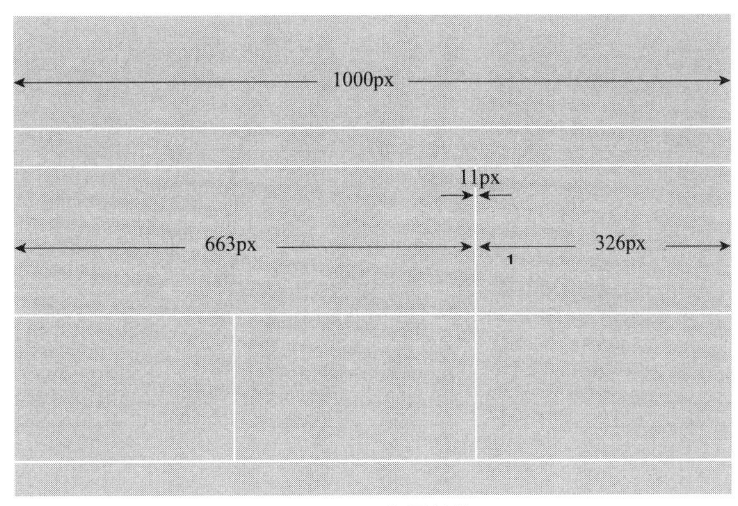

图 1-2-2 布局结构

Banner 部分用来展示网站的主题，通常包括一张横幅背景图片、网站 Logo 和网站名字。导航栏部分用来实现网站主要页面间的超链接，通常包含能够跳转到每个页面的超链接元素。通常一个网站中主要页面的 Banner 部分和导航栏部分是统一的。页脚部分用来显示关于网站的版权信息，处于页面的最下方，通常用浅色文字显示。

在布局的基础上，设计出网站首页效果图，如图 1-2-3 所示。利用 Photoshop 等图片处理工具切图，处理图片，整理出网页需要的图片素材。图片素材包括 Banner 部分背景图 top_bg.jpg，图片内容区域切换的三张图片 t1.jpg、t2.jpg、t3.jpg，以及小喇叭图标 music.jpg。

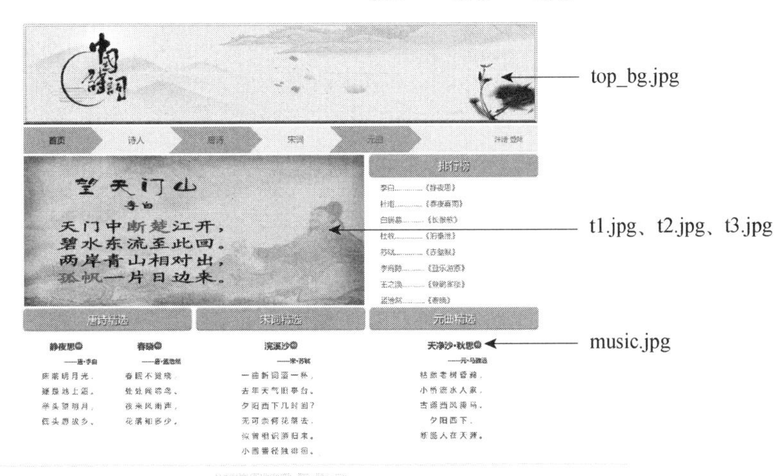

图 1-2-3 网站首页效果图

HTML 篇

创建“中国诗词”网站

任务一 新建 Web 项目

任务描述

规划“中国诗词”网站结构，创建目录，导入资源文件。

知识准备

1. 网站（Website）

网站是指具有特定主题内容的相关网页的集合。网页，是网站中的一个页面，是构成网站的基本元素。将相关网页存放在同一个文件夹中，这个文件夹就是网站的根目录，文件夹名即网站名称，考虑到网站最终要在因特网上发布，因此，网站名称及网页名称不要出现中文名称。

2. URL

URL（Uniform Resource Locator）即统一资源定位符，包含文件的位置和浏览器处理方式，它最初由“万维网之父”蒂姆·伯纳斯·李发明，用来作为万维网的地址。网页和其他网页、资源文件之间的链接，就是一种 URL 指针，通过激活（单击）它来获取目标文件。URL 分为绝对 URL 和相对 URL。

1）绝对 URL

绝对 URL（Absolute URL）显示文件的完整路径，这意味着绝对 URL 本身所在的位置与被引用文件的实际位置无关。网页中的绝对 URL 可以是以网站根目录为参照基础的文件路径、互联网上的网页路径，也可以是其他服务器中的文件路径。绝对路径是从树形目录结构顶部的根目录开始到某个文件的路径，由一系列连续的目录组成，中间用“/”分隔，直到要指定的目录或文件为止，路径中的最后一个目录名称即为要指向的文件。

2）相对 URL

相对 URL（Relative URL）以包含源文件的文件夹的位置为参照，描述目标文件夹的位置。源文件和目标文件间的位置关系有三种：同级、下级和上级。如果目标文件与源文件在同一个目录，那么这个文件的相对 URL 仅仅是文件名和扩展名；如果目标文件在当前目录的子目录中，那么它的相对 URL 是子目录名，后面是“/”，然后是目标文件的文件名和扩展名；如果目标文件在源文件的上级目录中，需要先用“..”返回上级目录，接着为“/+目标文件名和扩展名”。

如图 2-1-1 所示的目录结构中，若源文件 index.html 需要访问目标文件 author.html，两个文件是同级关系，则相对 URL 表示为 author.html；若源文件 index.html 要访问目标文件 register.html，目标文件在源文件的下级目录中，则相对 URL 表示为 user/register.html；若源文件 index.html 要访问目标文件 style.css，目标文件在源文件的上级目录 css 中，则先要返回到上级目录 css，再关联文件，相对 URL 表示为../css/style.css。

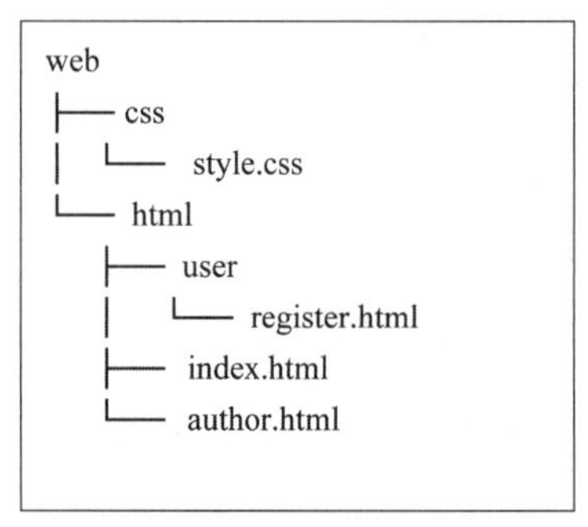

图 2-1-1　目录结构

任务实现

1. 创建项目

启动编辑器 HBuilder，单击工具栏中的“新建”按钮，弹出“新建”菜单如图 2-1-2 所示。单击菜单项“项目”，弹出“新建项目”对话框（见图 2-1-3），选择“普通项目”；在“项目名称”文本框中输入网站名称 poemWeb（网站名称可以自定义）；在“位置”文本框中选择项目路径，这里选择 D 盘；“选择模板”中选择“基本 HTML 项目”，这样项目创建后会包含 index.html 首页文件和 css、js、img 三个文件夹，分别用来存放样式表文件、脚本文件和图片文件。单击“创建”按钮完成创建。

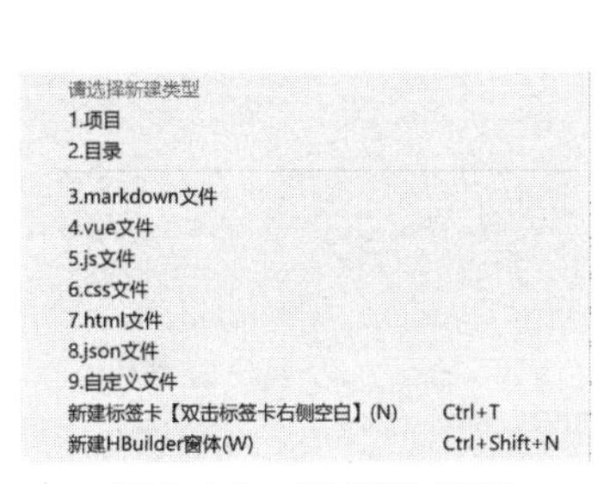

图 2-1-2 “新建”菜单

图 2-1-3 “新建项目”对话框

2. 完善目录结构

本网站除了样式表文件、脚本文件和图片文件，还有音频和视频文件，为了更好地进行分类管理，可以在网站根目录下再创建一个名为 media 的文件夹，用来存放媒体文件。单击选中左侧项目管理窗口中的 poemWeb 项目，再单击工具栏中的“新建”按钮，然后单击菜单项“目录”，弹出“新建目录”对话框，此时默认路径就是当前选中项目的网站目录，输入目录名称 media，如图 2-1-4 所示。单击“创建”按钮，完成创建。

图 2-1-4 “新建目录”对话框

3. 创建资源文件

按设计需求创建网站需要的页面文件和资源文件。选中 poemWeb 项目，单击工具栏中的“新建”按钮，再单击菜单项中的“7.html 文件”，弹出“新建 html 文件”对话框，如图 2-1-5 所示。输入要创建的文件名，单击“创建”按钮完成。重复上述操作，创建所有需要的 HTML 文件。

图 2-1-5 “新建 html 文件”对话框

选中“poemWeb”项目中的“css”目录，单击工具栏中的“新建”按钮，再单击菜单项中的“6.css 文件”，弹出“新建 css 文件”对话框，如图 2-1-6 所示。输入要创建的样式表文件名，通常命名为“style.css”，单击“创建”按钮完成。

图 2-1-6 “新建 css 文件”对话框

选中“poemWeb”项目中的“js”目录，单击工具栏中的“新建”按钮，再单击菜单项中的“5.js 文件”，弹出“新建 js 文件”对话框，如图 2-1-7 所示。输入要创建的脚本文件名，单击“创建”按钮完成。这里脚本文件是为网页文件提供交互功能的，因此脚本文件名和网页文件同名，便于关联对应。

图 2-1-7　“新建 js 文件”对话框

4. 导入资源文件

根据网站设计，将准备好的图片、音频和视频等资源文件导入项目根目录。图片文件存放在“img”目录中，音频和视频文件存放在“media”目录中。导入图片方式为：在文件窗口中复制图片文件，切换到 HBuilder 窗口，右击项目管理窗口中的“img”目录，在弹出的快捷菜单中选择“粘贴”命令，可以看到图片文件被复制到“img”目录下。用同样的方法复制音频和视频文件，粘贴到“media”目录下。

任务二　认识 HTML 页面

任务描述

了解 HTML 页面的基本结构，掌握 head 标签的子标签用途，完善“中国诗词”网站中所有 HTML 页面的 head 标签。

知识准备

1. HTML 基本语法

HTML 是超文本标记语言，在网页开发三大语言中负责描述网页的内容和结构。不同于其他的编程语言，HTML 是一种 DSL（Domain Specific Language，领域特定语言），这种语言专门用来结构化地描述网页的内容。它提供一系列的标签让浏览器明白整个超文本内容的框架结构。组成网页的基本单元我们称为元素（Element），如一个区块，一个段落，一张图片，……每种元素都有一个特定的标签，如<div>、<p>、<img>、……HTML 脚本就是由一组一组的标签构成的，下面先来认识一下标签。

1）双标签

每个元素标签成对出现，我们称为“双标签”，由开始标签和结束标签组成，开始标签中可以设置元素的属性，元素的内容放置在标签中间，也就是网页中可以显示的内容。语法结构如下：

```
<X id="id"> 运行网页只能看到我 </X>
```

这里的 X 是 HTML 中的标签名，结束标签要在标签名前加“/”，表示封口。“运行网页只能看到我”是元素的内容，id 是标签的属性，双引号引起的 id 是属性值。属性提供了有关 HTML 元素的更多的信息。其中 id 属性是每个双标签都包含的属性，它是元素的唯一标识，id 的值以字母开头，可以包含字母、数字和“_”、“-”。

注意：id 值区分大小写，Name≠name。

2）单标签

网页中的标签并不一定都是成对出现的，单独出现的标签称为单标签，为了养成好的书写习惯，在使用单标签时，要养成封口的好习惯，即在结束前加上“/”，语法如下：

```
<X />
```

3）标签可以嵌套，不能交叉

网页中每对标签代表一个 HTML 元素对象，这个元素从开始标签<X>开始，到结束标签</X>结束。标签可以并列出现，在结束标签</X>后出现的标签对，称为这个对象的兄弟元素；也可以嵌套出现，在开始标签<X>和结束标签</X>内部出现的标签对，称为这个对象的子元素。如下面这组代码：

```
<A1></A1><B1></B1>
<A2><B2></B2></A2>
```

<B1>元素是<A1>元素的兄弟元素，<B2>元素是<A2>元素的子元素。这两种结合方式都是正确的书写方式，但要注意标签一定不能交叉出现，如下面这行代码：

```
<A><B>   </A></B>
```

<B>标签在<A>标签的结束标签前出现，这种交叉结构在 HTML 中是不被允许的。

HTML 脚本书写时还要注意下面几点：

（1）HTML 中不区分大小写，但通常使用小写。

（2）HTML 中不接受换行符，可以在任何地方换行，不会引起语法错误。但为了保证代码的可读性，尽量不要随意换行。可以在需要区分不同代码块时适当增加空行。

（3）养成良好的书写习惯，注意换行和缩进，不同的标签换行书写，通过缩进表示嵌套关系。

如下这段代码可以运行，但可读性不好：

```
<BODY>
<h1
>静夜思</H1>
<p>床前明月光，</p><p>疑是地上霜。</p><p>举头望明月，</p><p>低头思故乡。</p>
</body>
```

规范的写法如下：

```
<body>
    <h1>静夜思</h1>
    <p>床前明月光，</p>    <p>疑是地上霜。</p>
    <p>举头望明月，</p>    <p>低头思故乡。</p>
</body>
```

2. HTML 基本结构

HBuilder 中创建 HTML 文件时选择 default 模板，创建的 HTML 页面都会包含如下 9 行代码：

```
<!DOCTYPE html>
<html>
    <head>
        <meta charset="utf-8">
        <title></title>
    </head>
    <body>
    </body>
</html>
```

这 9 行代码是每个 HTML 页面文件都需要的部分，我们称之为 HTML 基本结构。<html>标签是网页文件的根标签，它是一个双标签，由<html>开始，到</html>结束，所有其他网页标签都应包含在<html>标签中。它有两个子标签：定义文档头部的<head>标签和定义文档主体的<body>标签。

3. 文档声明

<!DOCTYPE>用于文档声明，“DOC”是文档 document 的简写，“TYPE”表示类型。文档声明并不是 HTML 标签，它是指示 Web 浏览器关于页面使用哪个 HTML 版本进行编

写的指令，即使浏览器获知文档类型。

<!DOCTYPE>声明必须放在 HTML 文档的第一行，并且放在<html>标签的外面。从 HTML5 开始，<!DOCTYPE>声明省去了烦琐的 DTD 引用，统一为一种声明写法：

```
<!DOCTYPE html>
```

<!DOCTYPE>声明以“!”开头，不区分大小写，也没有结束标签。

4. <head>标签

<head>标签定义在<html>标签内部的开始位置，需定义在<body>标签前面，用于描述文档的属性和信息，以及引用外部样式表和脚本文件。<head>标签定义的大部分信息是不会真正显示给用户的，它是所有头部元素的容器，包含<title>、<meta>、<link>、<script>、<style>等子标签。

<title>标签用于定义 HTML 文档的标题，它是<head>标签中唯一必须包含的子标签。<title>标签中定义的标题在浏览器运行时会出现在标题栏上，当用户把文档加入浏览器收藏夹时，标题会作为默认名称出现。好的标题能够吸引用户浏览网页，因此，我们要定义一个能体现网页内容的标题。

<meta>标签也被称为元信息标签，用于定义 HTML 文档的属性，比如文档字符集、使用语言、作者等基本信息，以及针对搜索引擎的关键词和描述等信息。<meta>标签是单标签，不需要结束标签。<head>标签中可以同时出现多个<meta>标签，每个<meta>标签声明一项元信息，元信息总是以“名称/值”对的形式传递的。例如，name 或 http-equiv 属性为名称/值对提供了名称；content-type 为名称/值对提供了值。

声明字符集的<meta>标签如下：

```
<meta http-equiv="content-type" content="text/html"charset="UTF-8" />
```

当服务器向浏览器发送文档时，会先发送许多名称/值对。但是所有服务器都要发送 content="text/html"，这将告诉浏览器准备接收一个 HTML 文档。HTML5 中默认这个名称/值对，因此上述声明也可以简写成：

```
<meta charset="UTF-8" />
```

UTF-8 是可变长的 Unicode 标准字符集，可以表示 Unicode 标准中的任意一个字符，也是网页中常用的一种字符集。字符集元标签不是必要的标签，但如果没有设置字符集，当浏览器默认设置不能识别字符时，网页中的字符就会出现乱码。

按照搜索引擎的描述设置 name 属性，定义元信息名称，常用的声明标签如下：

```
<meta name="keywords" content="网页关键词">
<meta name="author" content="网页作者">
<meta name="description" content="网页内容描述">
```

通过对元信息进行声明，可以告知搜索引擎网页的关键词、作者、描述等信息，便于搜索引擎在搜索时快速检索到页面。

<link>、<script>、<style>等标签用于引入样式表和脚本文件或定义样式表和 JavaScript 脚本，这在后面会详细介绍。

5. <body>标签

<body>标签是网页文档的主体标签，每个 HTML 包含一个<body>标签，所有可见元素都需要定义在<body>标签中。<body>标签包含 background、bgcolor 等样式属性，但不建议使用，样式的设置可以通过 CSS 样式表来实现。

6. HTML 注释

HTML 中的注释写在 <!-- 和 --> 的中间，如下面两种写法都可以表示注释。

```
<!–这是单行注释-->
<!--
  这是多行注释
-->
```

任务实现

1. 修改 index.html 的<head>标签

启动编辑器 HBuilderX，已创建过且未关闭的项目会出现在编辑器左侧的项目管理窗口中。找到 poemWeb 项目的首页文件 index.html，双击文件名打开。利用 default 模板创建的首页文件，包含 9 行 HTML 基本结构代码，代码如下：

```
<!DOCTYPE html>
<html>
<head>
    <meta charset="utf-8">
    <title></title>
</head>
<body>
</body>
</html>
```

在第 5 行<title>标签中，添加网页标题“中国诗词”，修改后的第 5 行代码如下：

```
<title>中国诗词</title>
```

字符集的<meta>标签已经默认包含，无须再添加。在<meta>标签后按 Enter 键，添加搜索引擎的<meta>标签，代码如下：

```
<meta name="keywords" content="诗词,中国诗词,唐诗,诗歌">
<meta name="author" content="中国诗词">
<meta name="description" content="唐诗、宋词、元曲，中国古诗词源远流长，学习诗词，了解诗词之美。">
```

2. 修改 info.html 的<head>标签

双击文件名打开“info.html”编辑页面，用同样的方法将页面标题修改为“诗人李白”。修改页面搜索引擎元信息，设置关键词 keywords 为“李白,诗仙,李太白”，多个关键词用逗号隔开，设置描述 description 为李白简介，代码如下：

```
<head>
<meta charset="utf-8">
<meta name="keywords" content="李白,诗仙,李太白">
<meta name="description" content="李白（701 年—762 年），字太白，号青莲居士，又号“谪仙人”，是唐代伟大的浪漫主义诗人，被后人誉为“诗仙”，与杜甫并称为“李杜”">
<title>诗人李白</title>
</head>
```

3. 修改其他网页文件的<head>标签

用同样的办法，给 register.html 页面设置标题“注册页面”，给 survey.html 页面设置标题“调查问卷”。搜索引擎元信息不是每个页面的必要内容，这里就不再设置。

能力提升

1. 浏览器调试窗口

我们通常使用的 HBuilder 等 HTML 脚本编辑器并没有调试功能。网页文件是通过浏览器以解释的方式翻译运行的，因此，浏览器也具有 HTML 脚本调试功能。Google 公司的 Chrome 浏览器、Mozilla 公司的 Firefox 浏览器都具有很强大的调试功能。这里我们以 Chrome 浏览器为例进行设置。

在浏览器窗口中任意打开一个网页，按 F12 键，或在浏览器窗口中单击鼠标右键，在弹出的快捷菜单中选择“检查”命令，此时浏览器窗口会一分为二，出现调试窗口，如

图 2-1-8 所示。

左侧窗格是网页运行效果，右侧窗格是调试窗口。拖动中间分割线，可以改变两侧窗格的大小。调试窗口的最上端是工具栏，如图 2-1-9 所示。下面介绍几个常用工具按钮。

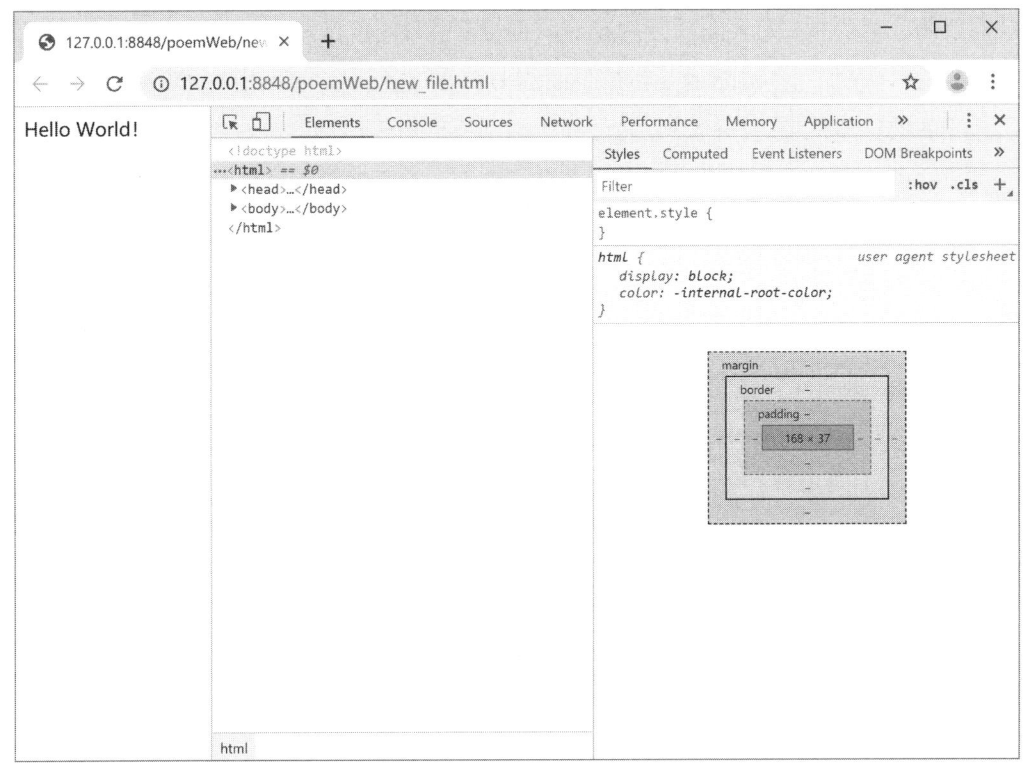

图 2-1-8　浏览器调试窗口

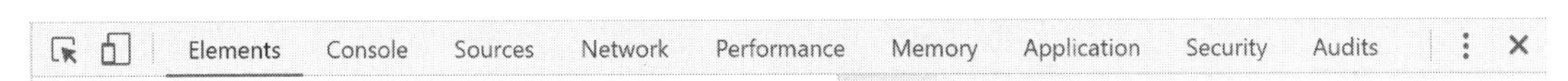

图 2-1-9　调试窗口工具栏

1）“选中”按钮

“选中”按钮用于审查和查看选中元素的相关信息。单击该按钮，按钮呈蓝色的选中状态，当鼠标指针移动到网页运行窗口的页面元素上时，元素会呈现蓝色阴影，如果调试窗口在 Elements 面板下，HTML 代码窗口也会跟随跳转到对应的标签处，此时如果单击鼠标确认选定此元素，则可以查看到所选元素的所有样式属性。“选中”按钮会自动取消选中状态，要选择其他元素时，需要再次单击“选中”按钮。

2）“设备”按钮

“设备”按钮可以在移动端和 PC 端之间自由切换网页运行效果，Chrome 浏览器模拟移动设备和真实的设备相差不大，对于移动端网页运行效果测试是非常好的选择。移动端设备尺寸多变，可以通过设备下拉列表选择不同的移动终端设备，也可以在文本框中输入分辨率自定义设备尺寸。最右侧的“旋转”按钮可以切换横屏和竖屏模式。

3）“Elements”按钮

单击“Elements”按钮可以切换到元素（Elements）面板，首次打开调试窗口时默认出现的就是元素面板。元素面板分为左右两部分（当右侧窗格宽度较小时会自动切换成上下排列模式），左侧窗格显示的是当前页面的 HTML 源代码，包括所有 DOM 节点。可以单击标签前的三角符号展开标签中的详细代码，再单击任一标签，右侧窗格中可以查看该标签引用的所有样式，并在样式下方展现盒子模型，显示当前元素的宽、高、边距和间距等盒子属性。

4）“Console”按钮

单击“Console”按钮可以切换到控制台（Console）面板，该面板可以用于执行一次性代码，查看 JavaScript 对象。当 JavaScript 代码中使用了 console.log()函数时，该函数输出的日志信息会在控制台中显示。日志信息主要在开发调试时使用，一般网站正式上线后，会将该函数去掉。

5）“Sources”按钮

单击“Sources”按钮可以切换到资源（Sources）面板，在该面板中，我们可以找到当前浏览器页面中关联到的所有资源文件，方便查看和调试。

2. 视口（Viewport）

在 PC 端，视口指的是浏览器的可视区域，其宽度和浏览器窗口的宽度保持一致。在 CSS 标准文档中，视口也被称为初始包含块，它是所有 CSS 百分比宽度推算的依据，即 CSS 布局的最大宽度。移动端则较为复杂，它涉及三个视口：布局视口（Layout Viewport）、视觉视口（Visual Viewport）和理想视口（Ideal Viewport）。

1）布局视口（Layout Viewport）

一般移动设备的浏览器都默认设置了一个视口元标签，定义一个虚拟的布局视口（Layout Viewport），用于解决早期网页在手机上显示的问题。iOS、Android 基本都将这个视口的分辨率设置为 980px，所以 PC 端的网页基本能在手机上呈现，只不过元素看上去很小，一般默认可以手动缩放网页。如果要显式设置布局视口，可以使用 HTML 中的<meta>标签，如：<meta name="viewport" content="width=400">。

2）视觉视口（Visual Viewport）

视觉视口是用户当前看到的区域，用户可以缩放视觉视口，同时不会影响布局视口。视觉视口和缩放比例的关系为：当前缩放比例=理想视口宽度/视觉视口宽度。所以，当用户放大时，视觉视口将会变小，CSS 像素将跨越更多的物理像素。布局视口和视觉视口如

图 2-1-10 所示。

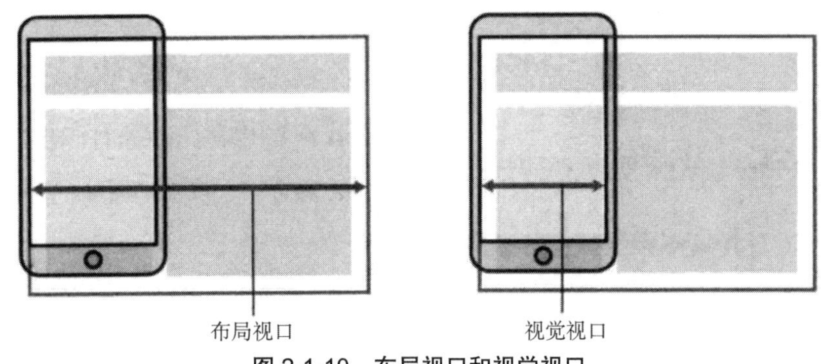

图 2-1-10 布局视口和视觉视口

3）理想视口（Ideal Viewport）

布局视口的默认宽度并不是一个理想的宽度，于是浏览器厂商引入了理想视口的概念，它对设备而言是最理想的布局视口尺寸。显示在理想视口中的网页具有最理想的宽度，用户无须进行缩放。用下面的方法可以使布局视口与理想视口的宽度保持一致：

```
<meta name="viewport" content="width=device-width">
```

4）视口的设置

可以使用视口元标签来进行布局视口的设置，如<meta name= "viewport"content="width= device-width,initial-scale=1.0,maximum-scale=1.0">，视口元标签属性说明如表 2-1-1 所示。

表 2-1-1 视口元标签属性说明

属 性 名	取 值	描 述
width	正整数或 device-width	定义视口的宽度，单位为像素
height	正整数或 device-height	定义视口的高度，单位为像素，一般不用
initial-scale	[0.0, 10.0]	定义初始缩放值
maximum-scale	[0.0, 10.0]	定义放大最大比例，它必须小于或等于 maximum-scale 设置
minimum-scale	[0.0, 10.0]	定义缩小最小比例，它必须大于或等于 minimum-scale 设置
user-scalable	yes / no	定义是否允许用户手动缩放页面，默认值为 yes

项目二　“诗人李白”网页文本实现

任务一　段落文本的实现

任务描述

编辑 HTML 文件 info.html，输入标题和“生平介绍”“主要成就”的段落文本。“诗人李白”网页以介绍李白为主，分为“秒懂”“生平介绍”“主要成就”三部分内容。文字是这个页面的主要元素，为了能更清晰地展示文字的层次，通过不同等级的标题和段落来体现内容的大纲结构。本任务中我们介绍常用的文本标签的使用，用以实现“诗人李白”页面的大纲文本。完成的效果图如图 2-2-1 所示，这里省去了大部分段落文本。

诗人 李白

秒懂

生平介绍

早年天才

长安元年（701年）......

辞亲远游

开元十二年（724年）......

蹉跎岁月

开元十八年（730年），......

供奉翰林

......

主要成就

诗歌

李白的乐府、歌行及绝句成就为最高。其歌行，完全打破诗歌创作的一切固有格式......

图 2-2-1　任务一效果图

知识准备

文本是网页中最主要的元素，在<body>标签中直接插入文本，即可显示在网页页面中。代码如下：

```
<!DOCTYPE html>
<html>
<head>
    <meta charset="utf-8">
    <title></title>
</head>
<body>
    中国诗词
</body>
</html>
```

运行后的效果如图 2-2-2 所示。

图 2-2-2　文字效果图

这里的“中国诗词”属于<body>标签的子元素，它的样式也由<body>标签决定，如果想要修改它们的字体、颜色等样式，也只能通过修改<body>标签的样式来实现。因此在 HTML 中通常都需要给文本加上标签。HTML 中提供了多种文本标签，这一任务中我们先来学习段落文本标签。

1. 标题段落标签

在网页制作规范中，网页内容需要用标题来呈现文档结构，标题类似于文章大纲。标题（Heading）是通过 <h1>～<h6> 标签进行定义的，<h1>用于定义最大级别的标题。<h6>用于定义最小级别的标题。HTML 规则中对 6 级标题段落标签设置了默认样式，包含加粗、字号、上下间距，每一级的字号和上下间距值如表 2-2-1 所示。运行后的文本效果如图 2-2-3

所示，可以看出字号越来越小，上下间距越来越大。

表 2-2-1 标题段落字号间距表

标签名称	字　号	上下间距	标签名称	字　号	上下间距
<h1>	2em	0.67 em	<h4>	1 em	1.33 em
<h2>	1.5 em	0.83 em	<h5>	0.83 em	1.67 em
<h3>	1.17 em	1 em	<h6>	0.67 em	2.33 em

```
<body>

<h1>这是标题 1</h1>
<h2>这是标题 2</h2>
<h3>这是标题 3</h3>
<h4>这是标题 4</h4>
<h5>这是标题 5</h5>
<h6>这是标题 6</h6>

</body>
```

这是标题 1

这是标题 2

这是标题 3

这是标题 4

这是标题 5

这是标题 6

图 2-2-3 各级标题及效果

在标题的使用过程中，应确保标题标签只用于标题。不要仅仅是为了生成粗体或大号的文本而使用标题，因为标题具有用户快速浏览网页的作用。

2. 文字段落标签

HTML 中的文字段落是通过 <p></p> 标签对定义的，如：

```
<p>这是一个段落 </p>
<p>这是另一个段落 </p>
```

一对<p>标签代表一个段落文本，同一段落中的文字是连续的，当需要另起一行换个新段落时，就需要一对新的<p>标签。那么在同一个段落中能不能进行换行呢？答案是可以的。HTML 提供了换行标签
。这是一个单标签，它不包含任何属性，其后面的元素会自动换行显示。我们来看下面这段代码：

```
<p>这是一个段落 </p>
<p>这是另一个段落 </p>
这是一个段落<br />这是另一个段落
```

这是一个段落

这是另一个段落

这是一个段落
这是另一个段落

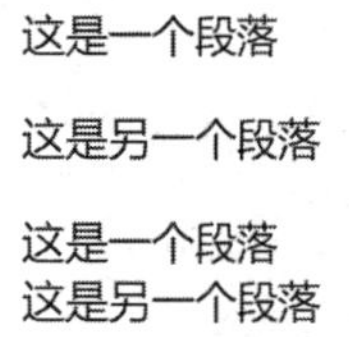

图 2-2-4 <p>标签和
标签的换行

运行后的文字效果如图 2-2-4 所示。

可以看出<p>标签和
都可以实现文本的换行，但是在显示效果上并不相同。用两个<p>标签实现的换行，两行文本间会有一个空行，这是因为在 HTML 规则中，<p>标签默认有 1em 的上下间距。在形式上，两者也不相同。<p>标签是一个元素对象，文本是这个标签的子元素。而
标签只是实现换行效果，它和文字之间是并列的关系。因此，我们仅仅想要实现换行的效果，那么在换行处插入
标签即可；而当文本成段出现的时候，用<p>标签表示段落文本，段与段之间的间距可以通过 CSS 样式重新定义。

注意：HTML 赋予每一个标签不同的含义，但在语法规则中并没有严格的限定。比如标题段落标签可以用在任意文本内容上，<p>标签也可以用在标题文本上。但是建议大家在使用中养成良好的习惯，按照 HTML 赋予标签的含义来使用。

任务实现

用 Word 软件打开素材文件 info.doc，切换到大纲视图可以查看文字大纲结构，如图 2-2-5 所示，一共分为 3 级标题。“诗人 李白”是一级标题，包含两部分内容：“生平介绍”和“主要成就”。“生平介绍”和“主要成就”是二级标题。其中“生平介绍”包含 7 部分内容：“早年天才”“辞亲远游”“蹉跎岁月”“供奉翰林”“李杜相识”“安史入幕”“溘然病逝”，它们是三级标题。

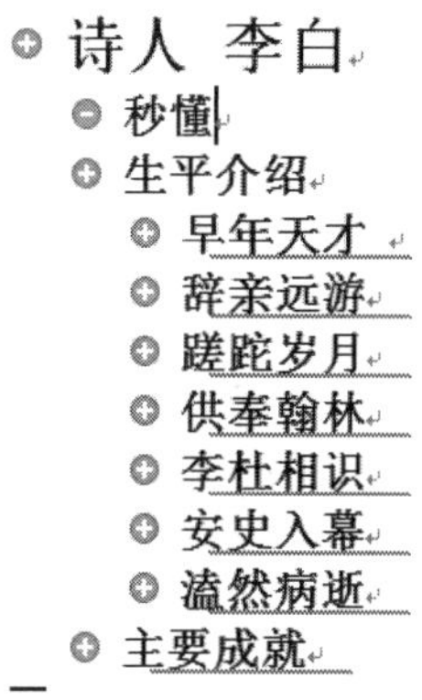

诗人 李白
秒懂
生平介绍
早年天才
辞亲远游
蹉跎岁月
供奉翰林
李杜相识
安史入幕
溘然病逝
主要成就

图 2-2-5 文字大纲结构

双击打开 info.html 文件，在<body>标签中依次插入<h1>~<h3>标签，并输入标题文字，这里要注意的是，结构虽然有层次关系，但是每个标题标签是并列的关系，只是通过不同等级的标题标签改变文字的大小，通过文字的大小来体现层次结构。代码如下：

```
<body>
     <h1>诗人 李白</h1>
     <h2>秒懂</h2>
     <h2>生平介绍</h2>
     <h3>早年天才</h3>
     <h3>辞亲远游</h3>
     <h3>蹉跎岁月</h3>
     <h3>供奉翰林</h3>
     <h3>李杜相识</h3>
     <h3>安史入幕</h3>
     <h3>溘然病逝</h3>
     <h2>主要成就</h2>
</body>
```

运行后的网页效果，如图 2-2-6 所示。

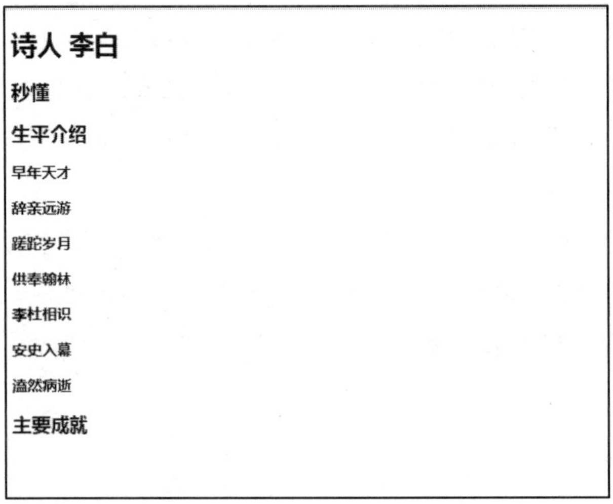

图 2-2-6　标题段落文本效果图

info.doc 文档中的列表文字，我们将在下一任务中实现。其余的文字段落，每段文字前要插入开始标签<p>，文字后要插入结束标签</p>，再插入到代码中的相应位置，在需要换行但不需要分段的位置，插入换行标记。完成后的代码如下（这里省略了大量文本）：

```
<body>
    <h1>诗人 李白</h1>
    <h2>秒懂</h2>
    <h2>生平介绍</h2>
    <h3>早年天才</h3>
    <h3>辞亲远游</h3>
    <h3>蹉跎岁月</h3>
    <h3>供奉翰林</h3>
    <h3>李杜相识</h3>
    <p>
<!-- 这里用<br/>标签换行 -->
        天宝三载夏天<br />
        李白到了东都洛阳。……
    </p>
    <p>
<!-- 这里用<br/>标签换行 -->
        天宝四载秋天<br />
        李白与杜甫在东鲁第三次会见。……
    </p>
    <h3>安史入幕</h3>
    <h3>溘然病逝</h3>
    <p>关于李白之死，历来众说纷纭，……</p>
    <h2>主要成就</h2>
    <p>诗歌</p>
    <p>李白的乐府……</p>
    <p>代表作品……</p>
    <p>词赋</p>
    <p>今传李白词大多出于……</p>
```

```
        <p>李白在词坛上处于开山祖地位……</p>
        <p>剑术</p>
        <p>李白不仅文采斐然……</p>
    </body>
```

由于文字内容过多，这里就不提供运行效果图了，大家也可以根据自己的喜好设置文字的段落结构。

能力提升

HTML 中有些字符无法直接输入显示，比如“<”和“>”在 HTML 中作为标签符号，浏览器解释到这个字符时，会默认理解为标签，不会解释为可显示的字符。再比如我们在 HTML 代码中输入多个空格，运行后会发现只显示一个空格。

网页中需要输入这些特殊字符或连续空格时，通过转义字符来实现。HTML 中的转义字符以“&”开头，以“;”结尾。如“ ”表示不断行空格，修改代码如下：

```
    <h1>诗人       李白</h1>
```

运行后文字间就会出现多个间隔。但是这里要注意，不同浏览器对“ ”间隔的大小解释不同，如果需要精确的间隔大小，还需要通过 CSS 来实现。

HTML 中常用的转义字符如表 2-2-2 所示。

表 2-2-2　HTML 中常用的转义字符

转义字符	含　义	转义字符	含　义
	不断行的空格	"	双引号"
	半方大的空格	©	版权符号©
	全方大的空格	®	已注册商标®
<	小于 <	™	商标（美国）TM
>	大于 >	×	乘号 ×
&	&符号	÷	除号÷

任务二　结构文本的实现

任务描述

继续编辑 HTML 文件 info.html，添加“生平介绍”栏目中几个段落列表文本；在网页的最上端加上页面锚链接导航；在“秒懂”栏目中设计表格用于介绍李白。结构文本可以通过列表、超链接、表格等形式重新组织文本。区别于普通文本，它们可以更清晰地展示内容或被赋予更多的含义。本任务中我们介绍列表、超链接和表格标签的使用，用以实现结构化文本。

本任务完成后的部分效果图如图 2-2-7 所示[①]。

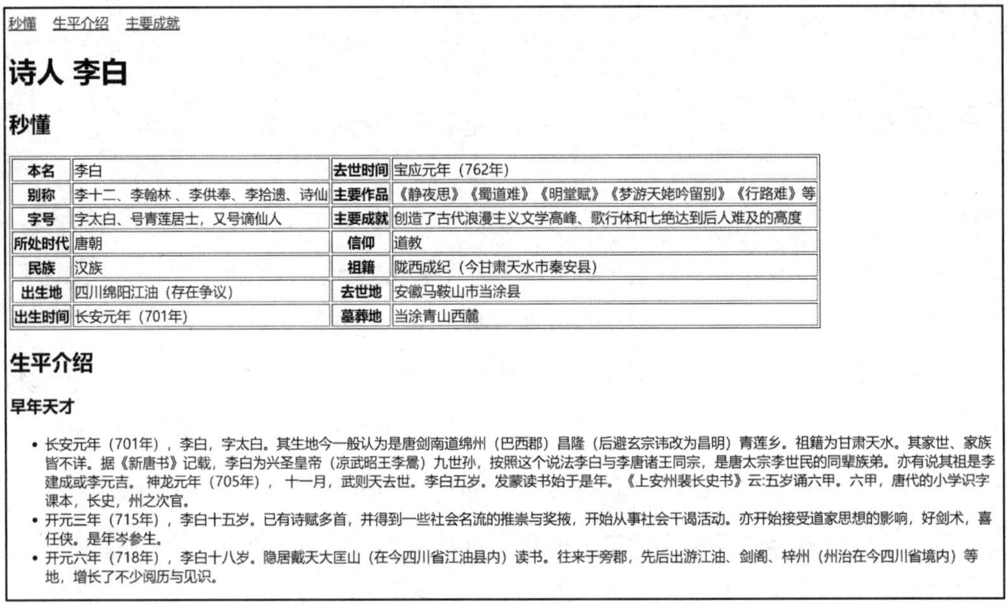

秒懂　生平介绍　主要成就

诗人 李白

秒懂

本名	李白	去世时间	宝应元年（762年）
别称	李十二、李翰林 、李供奉、李拾遗、诗仙	主要作品	《静夜思》《蜀道难》《明堂赋》《梦游天姥吟留别》《行路难》等
字号	字太白、号青莲居士，又号谪仙人	主要成就	创造了古代浪漫主义文学高峰、歌行体和七绝达到后人难及的高度
所处时代	唐朝	信仰	道教
民族	汉族	祖籍	陇西成纪（今甘肃天水市秦安县）
出生地	四川绵阳江油（存在争议）	去世地	安徽马鞍山市当涂县
出生时间	长安元年（701年）	墓葬地	当涂青山西麓

生平介绍

早年天才

- 长安元年（701年），李白，字太白。其生地今一般认为是唐剑南道绵州（巴西郡）昌隆（后避玄宗讳改为昌明）青莲乡。祖籍为甘肃天水。其家世、家族皆不详。据《新唐书》记载，李白为兴圣皇帝（凉武昭王李暠）九世孙，按照这个说法李白与李唐诸王同宗，是唐太宗李世民的同辈族弟。亦有说其祖是李建成或李元吉。神龙元年（705年），十一月，武则天去世。李白五岁。发蒙读书始于是年。《上安州裴长史书》云:五岁诵六甲。六甲，唐代的小学识字课本，长史，州之次官。
- 开元三年（715年），李白十五岁。已有诗赋多首，并得到一些社会名流的推崇与奖掖，开始从事社会干谒活动。亦开始接受道家思想的影响，好剑术，喜任侠。是年岑参生。
- 开元六年（718年），李白十八岁。隐居戴天大匡山（在今四川省江油县内）读书。往来于旁郡，先后出游江油、剑阁、梓州（州治在今四川省境内）等地，增长了不少阅历与见识。

图 2-2-7　任务二效果图

知识准备

1. 超链接<a>标签

HTML 称为超文本标记语言，超文本是通过超链接方法将文本中的文字、图表与其他信息媒体相关联的。超链接也称为锚（Anchor），是使用 <a> 标签标记的，它在文档中创建一个热点，当用户激活或选中这个热点时，浏览器会进行链接。浏览器会自动加载并显示同一文档或其他文档中的某个部分，或触发某些与因特网服务相关的操作，例如，发送电子邮件或下载特殊文件等。用来实现超链接的热点可以是文本，也可以是图片，语法格式如下：

```
<a href="url" >热点</a>
```

href 属性是<a>标签的必要属性，它用于指定链接的目的地址，可以是本地地址、锚记标记、网络地址，甚至是指向一个文件或电子邮箱地址。

① 本书中李白的介绍资料取自百度百科，特此说明。另外很多效果图都是截图，部分内容显示不全。

1）本地地址

同一网站中的不同网页之间超链接时，href 属性值设置为相对地址。如在 index.html 页面有文字“诗人李白”，单击后跳转到 info.html 页面，代码如下：

```
<a href="info.html" >诗人李白</a>
```

被设置了超链接的文字样式会变为蓝色加下画线，光标移上后会变成手的形状，这是 HTML 为<a>标签设置的默认样式。

2）锚记标记

锚记标记可以将很长的页面划分为多个模块，给每个模块做一个标记记号，然后通过锚记标记能够自动跳转到对应的模块上。标记记号可以通过元素的 id 或者 name 属性来定义，如给一个<h1>标签设定 id 属性值 anchor，代码如下：

```
<h1 id="anchor " >…</h1>
```

然后设定一个超链接标签，单击此超链接标签可以跳转到这个标题段落的位置。这个超链接可以在同一页面完成，锚记标记的语法结构为“#+目的标签 id 值”；也可以在不同的页面完成，只要在“#”号前加上网页的相对路径即可。代码如下：

```
<!-- 同一页面 -->
<a href="#anchor">锚记标记</a>
<!—不同页面，网页文件名 info.html，和当前网页同一路径 -->
<a href="info.html#anchor">锚记标记</a>
```

注意：“#”可以表示空链接，如果只是希望文字作为超链接对象，而不产生跳转，可以设置成：

```
<a href="#" >空链接</a>
```

3）网络地址

设置 href 属性值为一个网络地址，在联网状态下单击文字后会跳转到设置的网址。如下代码，单击“百度”后可以跳转到百度首页：

```
<a href="http://www.baidu.com" >百度</a>
```

4）电子邮箱地址

设置 href 属性值为“mailto:+电子邮件地址”，可以启动 Outlook 软件，在软件配置完整的情况下会自动在收件人处输入设置的电子邮件地址。如下代码，单击“发邮件”后会启动 Outlook 软件：

```
<a href="mailto:xyz@qq.com" >发邮件</a>
```

5）文件链接

href 属性的值可以设置为站点下任意一个文件的相对地址，这个文件可以是一个 Word 文档、一张图片、一个压缩文件等。单击超链接可以浏览或者下载文件。如下代码，单击“看图”后页面切换成图片“123.jpg”：

```
<a href="images/123.jpg" >看图</a>
```

<a>标记还有一个属性 target，可以设置单击超链接之后网页打开的位置，属性值如表 2-2-3 所示。

表 2-2-3 target 属性值及含义

属性值	含 义
_blank	表示单击超链接后在一个新的页面窗口中打开网址
_self	表示单击超链接后在当前窗口中打开（默认模式）
_parent	表示单击超链接后在父窗口中打开（跟框架有关）
_top	在当前浏览器中打开，而框架会消失（跟框架有关）

如果希望目的地址在当前窗口中打开，可以设置值为“_self”，这也是默认值；如果希望在新窗口中打开，可以设置值为“_blank”。

2. 列表标签

HTML 中的列表由一组标签组成，它可以把代表相同含义的一组元素整齐、有序地表示出来。列表分为两种类型，即无序列表和有序列表。前者用项目符号来标记列表项，而后者则使用编号来记录项目的顺序。

1）建立有序列表

有序列表使用编号来编排项目，编号可以采用数字或引文字母开头，通常各项目间有先后的顺序。在有序列表中，主要使用<ol>和<li>两个标签及 type 和 start 两个属性。<ol>标签代表整个列表元素，包含多个<li>标签，<li>标签中的内容是需要显示的内容。语法结构如下：

```
<ol  start="起始数值"  type = "排序类型"  >
   <li>列表项 1<li>
   <li>列表项 2<li>
</ol>
```

start 属性用于设置起始数值，属性值为具体的数字，这里的数字要记得用双引号引起来，HTML 规定所有属性值必须添加双引号。type 属性用于设置排序类型，可选的属性值如表 2-2-4 所示。

表 2-2-4 type 可选的属性值（有序列表）

type 取值	列表项目的序号类型
1	数字 1，2，3，…
a	小写英文字母 a，b，c，…
A	大写英文字母 A，B，C，…
i	小写罗马数字i，ii，iii，…

2）建立无序列表

无序列表使用项目符号来编排项目，通常各项目间没有先后的顺序。无序列表的使用和有序列表基本相同，不同的地方是列表元素的标签是<ul>，因为没有顺序性，也就没有 start 属性。语法结构如下：

```
<ul  type = "项目符号类型">
    <li>列表项 1<li>
    <li>列表项 2<li>
</ul>
```

type 属性值如表 2-2-5 所示。

表 2-2-5 type 可选的属性值（无序列表）

type 取值	列表项目的序号类型
circle	空心圆○
disc	实心圆●
square	实心正方形■

3）建立自定义列表

自定义列表包含两个层次的列表：第一层次是需要解释的名词，第二层次是具体的解释。自定义列表不仅仅是一列项目，而是项目及其注释的组合。<dl>标签定义了列表的开始和范围，<dt>标签中的内容就是要解释的名称，而在<dd>中的内容则是该名词的具体解释。作为解释的内容在显示时会自动缩进，与字典中的词语解释类似。如下是一段自定义列表的代码：

```
<dl>
   <dt>唐诗</dt>
   <dd>泛指创作于唐朝诗人的诗，为唐代儒客文人之智慧佳作。 </dd>
   <dt>宋词</dt>
   <dd>一种相对于古体诗的新体诗歌之一，为宋代儒客文人智慧精华。</dd>
   <dt>元曲</dt>
   <dd>盛行于元代的一种文艺形式，为元代儒客文人智慧精髓。</dd>
</dl>
```

注意：尽管<dd>标签的内容进行了缩进显示，但<dt>和<dd>标签是同级标签。

运行后的效果如图 2-2-8 所示。

唐诗

　　泛指创作于唐朝诗人的诗，为唐代儒客文人之智慧佳作。

宋词

　　一种相对于古体诗的新体诗歌之一，为宋代儒客文人智慧精华。

元曲

　　盛行于元代的一种文艺形式，为元代儒客文人智慧精髓。

图 2-2-8　自定义列表效果

3. 表格标签

表格在页面中的使用非常广泛，可以有效地将文字、图片等各种页面元素在页面中以行和列的形式进行组织，通常会使用在页面设计、报表展示等环节中。

HTML 中表格由一组标签来表示，其中<table> 标签用于定义表格对象。每个表格均有若干行（由 <tr> 标签定义），每行被分割为若干单元格（由 <td> 标签定义）。td 是表格数据（Table Data）的意思，即数据单元格的内容。数据单元格可以包含文本、图片、列表、段落、表单、表格等。有些表格中会有标题单元格，作为标题的文字通常要加粗显示。表格标签中的标题单元格用<th> 标签进行定义，它相当于给<td>标签设置了加粗和居中的样式。

如下代码可以生成一个 3 行 2 列的表格：

```
<table border="1">
    <tr>
        <th>Header 1</th>
        <th>Header 2</th>
    </tr>
    <tr>
        <td>row 1, cell 1</td>
        <td>row 1, cell 2</td>
    </tr>
    <tr>
        <td>row 2, cell 1</td>
        <td>row 2, cell 2</td>
    </tr>
</table>
```

运行后的表格效果如图 2-2-9 所示。代码中为<table>标签添加了一个 border 属性，这个属性用于设置表格的边框宽度，属性值是用双引号引起的数值。border 属性的默认值是 0，如果这里没有定义 border 属性，那么运行后就看不到表格的边框。

Header 1	**Header 2**
row 1,cell 1	row 1,cell 2
row2,cell1	row 2,cell 2

图 2-2-9　表格效果

HTML 表格常用标签介绍如下。

1）表格标题标签<caption>

<caption>标签是<table>标签的子元素，和<tr>标签并列，标签中的内容会出现在表格的上方，并在表格宽度范围内居中。如在上段代码中加上<caption>标签，运行后效果如图 2-2-10 所示。

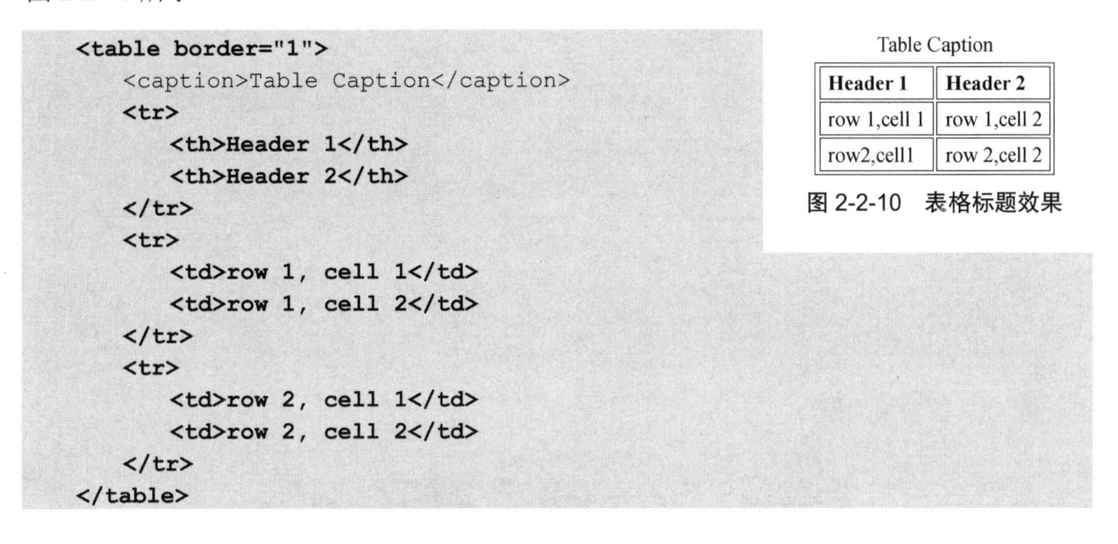

```
<table border="1">
    <caption>Table Caption</caption>
    <tr>
        <th>Header 1</th>
        <th>Header 2</th>
    </tr>
    <tr>
        <td>row 1, cell 1</td>
        <td>row 1, cell 2</td>
    </tr>
    <tr>
        <td>row 2, cell 1</td>
        <td>row 2, cell 2</td>
    </tr>
</table>
```

Table Caption

Header 1	Header 2
row 1,cell 1	row 1,cell 2
row2,cell1	row 2,cell 2

图 2-2-10　表格标题效果

2）表格列<colgroup>和<col>

<col>标签用于给表格中一个或多个列定义属性值，而<colgroup>标签用于对表格中的列进行组合，从而实现对表格的格式化。<col>标签一般会放在<colgroup>标签中使用，对<colgroup>标签组合的列分别设置样式。<colgroup>标签也可以有样式属性，即对组合的列设置相同的样式，<colgroup>标签设置的样式会被<col>标签设置的样式覆盖。语法格式如下：

```
<colgroup span="跨几列" >
    <col 属性 1="属性值 1" 属性 2="属性值 2"....../>
    <col 属性 1="属性值 1" 属性 2="属性值 2"....../>
</colgroup>
```

<colgroup>标签中 span 属性用于设置包含列的数量。<col>标签中的属性用于设置在这一组列中具体某一列的样式，<col>标签的数量一定要和列的数量相同。

<colgroup>标签和<col>标签也可以单独使用，可以直接给<colgroup>标签设置样式属性，同时定义多列相同样式；<col>标签可以单独设置表格中对应位置那一列的样式。<colgroup>标签是双标签，<col>标签是单标签，在书写时要注意封口。运行下面这段代码：

```
<table border="1">
    <caption>Table Caption</caption>
      <!—设置表格第 1 列红色、第 2 列蓝色 -->
    <colgroup span="2" >
        <col style="background:red" />
```

```
          <col style="background:blue" />
      </colgroup>
         <!—设置表格第 3 列橙色 -->
      <col style="background:orange" />
         <!—设置表格第 4、5 列绿色 -->
      <colgroup span="2"  style="background:green"></colgroup>
      <tr>
          <th>Header 1</th> <th>Header 2</th> <th>Header 3</th> <th>Header
4</th> <th>Header 5</th>
      </tr>
      <tr>
          <td>row 1, cell 1</td> <td>row 1, cell 2</td> <td>row 1, cell
3</td> <td>row 1, cell 4</td> <td>row 1, cell 5</td>
      </tr>
      <tr>
          <td>row 2, cell 1</td> <td>row 2, cell 2</td> <td>row 2, cell
3</td> <td>row 2, cell 4</td> <td>row 2 , cell 5</td>
      </tr>
   </table>
```

运行后的效果如图 2-2-11 所示。

Table Caption

Header 1	Header 2	Header 3	Header 4	Header 5
row 1,cell 1	row 1,cell 2	row 1,cell 3	row 1,cell 4	row 1,cell 5
row 2,cell 1	row 2,cell 2	row 2,cell 3	row 2,cell 4	row 2,cell 5
红色	蓝色	橙色	绿色	绿色

图 2-2-11　<colgroup>标签和<col>标签效果

3）表格结构标签<thead>、<tbody>、<tfoot>

<thead>、<tfoot> 和<tbody> 标签可以实现对表格中的行进行分组的功能，它们不是表格结构中必需的标签。如果创建某个表格时，希望拥有一个标题行、一些带有数据的行，以及位于底部的一个总计行，这三个标签就可以帮我们实现。默认情况下，无论这三个标签出现的顺序如何，<thead>标签中的行总是出现在表格的最上方，<tfoot>标签中的行总是出现在表格的最下方。使用这些标签还有一个好处就是我们可以使用 CSS 为不同组的元素设置不同的样式。运行下面这段代码，表格样式如图 2-2-12 所示。

thead cell 1	thead cell 2
tbody cell 1	tbody cell 2
tfoot cell 1	tfoot cell 2

图 2-2-12　表格结构标签

```
<table border="1">
  <thead>
    <tr>
      <th>thead cell1</th> <th>thead cell1</th>
    </tr>
  </thead>
  <tbody>
    <tr>
      <td>tbody cell1</td> <td>tbody cell2</td>
    </tr>
```

```
  </tbody>
  <tfoot>
    <tr>
      <th>tfoot cell1</th> <th>tfoot cell2</th>
    </tr>
  </tfoot>
</table>
```

试着改变一下<thead>、<tbody>、<tfoot>三个标签组的顺序，注意要把子元素一起移动，运行后看看表格的样式会不会发生改变？

3）合并单元格

在表格标签中，<tr>标签的数量就是表格的行数，每个<tr>标签中<td>的数量就是表格的列数。标准表格结构中，每行中单元格的数量是一样的，相同位置的<td>就是同一列单元格。同一行中相邻的单元格或同一列中相同的单元格可以合并，HTML 通过<td>标签中的 colspan 属性和 rowspan 属性可以实现单元格的合并，如图 2-2-13 所示。

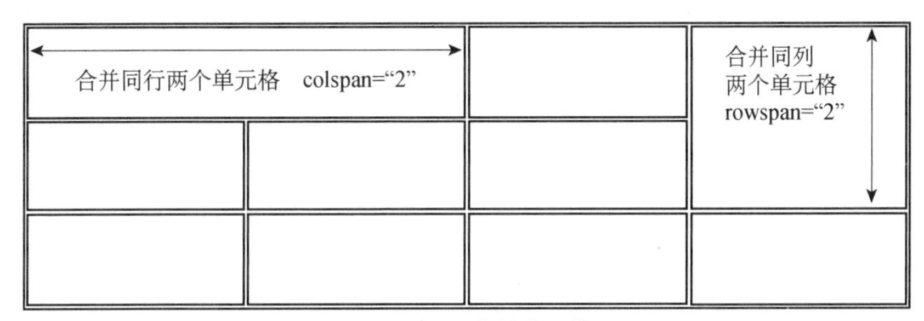

图 2-2-13　合并单元格

无论合并同行还是同列单元格，都在被合并区域的第一个单元格的<td>标签中设置属性，同时注意被合并的其他单元格位置的<td>标签要被删除。图 2-2-13 对应的代码如下：

```
<table>
<tr>
    <td colspan="2">row 1, cell 1</td>
       <!—row, cell1 跨两列，因此 row1, cell2 要被删除 -->
    <!-- <td>row 1, cell 2</td> -->
    <td>row 1, cell 3</td>
    <td rowspan="2">row 1, cell 4</td>
</tr>
<tr>
    <td>row 2, cell 1</td>
    <td>row 2, cell 2</td>
    <td>row 2, cell 3</td>
       <!—row, cell4 跨两行，因此 row2, cell4 要被删除 -->
    <!-- <td>row 2, cell 4</td> -->
</tr>
<tr>
    <td>row 3, cell 1</td>
```

```
        <td>row 3, cell 2</td>
        <td>row 3, cell 3</td>
        <td>row 3, cell 4</td>
    </tr>
</table>
```

注意：HTML 中的表格只适用于比较规范结构的表格，如表格结构过于复杂，如图 2-2-14 所示，这个表格通过合并单元格很难实现，建议先定义一个 3 行 4 列的表格，在将第二行单元格合并后，再在<td>标签内插入一个新的 1 行 3 列表格。HTML 中的表格可以嵌套，<td>标签中也可以包含<table>标签。

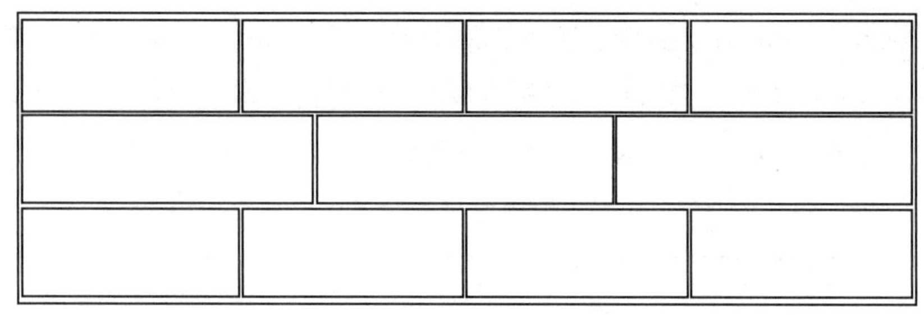

图 2-2-14　结构复杂的表格

4）单元格间距

仔细观察上面几张表格图会发现，所有的表格线都是双线，这是因为每个单元格都是一个独立的元素，每个小矩形框就是单元格的边框。表格标签<table>也是一个独立的元素，最外层的大矩形，就是<table>的边框。默认情况下，每个元素间有 2 个像素的间距，因此就形成了双线表格的效果。<table>标签的 cellspacing 属性可以修改这个间距的大小，如果不想要双线效果，可以给<table>标签设置 cellspacing="0"，这样单元格的间距就没有了。此时表格的边框宽度是 border 属性值的两倍，因为相邻两条边框间距消失后宽度合并在了一起。关于表格边框宽度的调整我们会在 CSS 篇中详细讲解。

任务实现

1. 修改 info.html 文件，在页面的最上方添加当前页面的锚链接

打开 info.html 文件，找到 3 个<h2>标签，为每个标签添加 id 属性。为避免 id 值重复，id 属性的命名可以用英文，也可以用拼音缩写，或者全拼。这里用标题段落文字的首字母组合来设置<h2>标签的 id 属性值，修改后的 3 个<h2>标签如下：

```
<h2 id="md">秒懂</h2>
<h2 id="spjs">生平介绍</h2>
```

```
<h2 id="zycj">主要成就</h2>
```

在<body>标签内部的开始位置插入 3 个并列的<a>标签，分别在标签内输入文字“秒懂”“生平介绍”“主要成就”，设置<a>标签的 href 属性值分别为“#md”“#spjs”“#zycj”，并在每两个标签间加上几个不间断空格“ ”。完成后的代码如下：

```
<body>
    <a href="#md">秒懂</a>   
    <a href="#spjs">生平介绍</a>   
    <a href="#zycj">主要成就</a>
    <h1>诗人 李白</h1>
    <h2 id="md">秒懂</h2>
     ......
</body>
```

2. 给“生平介绍”中的<h3>标签添加列表文本内容

继续编辑 info.html 文件。打开素材文件 info.docx，先将文档中的项目列表依次插入<h3>标签，然后将文档中的每一个列表项放在一个<li>标签中，不要忘记在一组<li>标签外要添加一个父元素<ul>。“早年天才”部分的代码如下所示：

```
<h2>生平介绍</h2>
<h3>早年天才</h3>
<ul>
    <li>
        长安元年（701 年），李白，字太白。......
    </li>
    <li>
        开元三年（715 年），李白十五岁。......
    </li>
    <li>
        开元六年（718 年），李白十八岁。......
    </li>
</ul>
```

注意：<ul>标签和<h3>标签是并列关系。虽然在内容形式上列表文字是标题文字的下级内容，但是在标签上，它们是彼此独立的。

其他列表内容只要替换文本内容，插入对应<h3>标签后即可。

3. 在“秒懂”部分插入表格，以表格的形式介绍李白

这里准备从“本名”“出生地”等 14 个方面介绍李白，根据布局效果我们设置一个 7 行 4 列的表格。其中第 1 列和第 3 列是标题列，第 2 列和第 4 列是内容列，因此我们用<th>标签替换<tr>标签中的第 1、3 个单元格<td>标签。

```
    <h1>诗人 李白</h1>
    <h2>秒懂</h2>
    <table border="1">
    <tr>
        <th>本名</th>
        <td>李白</td>
        <th>去世时间</th>
        <td>宝应元年（762 年）</td>
    </tr>
    <tr>
        <th>别称</th>
        <td>李十二、李翰林 、李供奉、李拾遗、诗仙</td>
        <th>主要作品</th>
        <td>《静夜思》《蜀道难》《明堂赋》《梦游天姥吟留别》《行路难》等</td>
    </tr>
    <tr>
        <th>字号</th>
        <td>字太白、号青莲居士，又号谪仙人</td>
        <th>主要成就</th>
        <td>创造了古代浪漫主义文学高峰、歌行体和七绝达到后人难及的高度</td>
    </tr>
    <tr>
        <th>所处时代</th>    <td>唐朝</td>    <th>信仰</th>    <td>道教</td>
    </tr>
    <tr>
        <th>民族</th>    <td>汉族</td>    <th>祖籍</th>    <td>陇西成纪(今甘肃天水市
秦安县）</td>
    </tr>
    <tr>
        <th>出生地</th>  <td>四川绵阳江油（存在争议）</td>   <th>去世地</th>  <td> 安
徽马鞍山市当涂县</td>
    </tr>
    <tr>
        <th>出生时间</th>    <td>长安元年（701 年）</td>    <th>墓葬地</th>  <td> 当
涂青山西麓</td>
    </tr>
    </table>
    <h2>生平介绍</h2>
```

能力提升

这一任务中的元素通常都会成组出现，尤其是表格结构，需要输入很多标签。如果该任务中的标签都是一个一个输入的，效率肯定很低。准备篇中介绍的 Emmet 输入法可以帮助快速完成成组标签的输入，下面就来看看如何用 Emmet 输入法输入这三组元素。

1. 超链接元素

超链接元素是 3 个相同的<a>标签，都有共同的属性 href，使用重复指令和属性指令实现这部分代码，输入如下代码：

```
a[href="#"]*3
```

按下 Tab 键，自动生成如下代码：

```
<a href="#"></a>
<a href="#"></a>
<a href="#"></a>
```

在需要的位置插上属性值和文本内容即可完成输入。

2. 列表元素

列表元素有<ul>标签和<li>标签两层，每个<ul>标签中有多个<li>标签，使用子节点指令和重复指令实现，输入如下代码：

```
ul>li*3
```

按下 Tab 键，自动生成如下代码：

```
<ul>
    <li></li>
    <li></li>
    <li></li>
</ul>
```

在<li>标签内插入文本内容即可完成输入。

3. 表格元素

表格元素有<table>标签、<tr>标签和<td>标签三层，每个<table>标签中有多个<tr>标签，每个<tr>标签中有多个<td>和<th>标签，使用子节点指令、兄弟节点指令、重复指令和分组指令实现，输入如下代码：

```
table>(tr>th+td+th+td)*7
```

按下 Tab 键，自动生成如下代码：

```
<table>
<tr>
    <th></th>   <td></td>   <th></th>   <td></td>
</tr>
<tr>
```

```
        <th></th>   <td></td>   <th></th>   <td></td>
    </tr>
    <tr>
        <th></th>   <td></td>   <th></th>   <td></td>
    </tr>
    <tr>
        <th></th>   <td></td>   <th></th>
    <td></td>
    </tr>
    <tr>
        <th></th>   <td></td>   <th></th>   <td></td>
    </tr>
    <tr>
        <th></th>   <td></td>   <th></th>   <td></td>
    </tr>
    <tr>
        <th></th>   <td></td>   <th></th>   <td></td>
    </tr>
    </table>
```

在<td>和<th>标签内插入文本内容即可完成输入。

这样的输入是不是非常方便？在后面的学习中，要灵活使用 Emmet 输入法，可以大大提高代码输入速度。

任务三 样式文本的实现

任务描述

继续编辑 HTML 文件 info.html，给部分需要突出显示的文本添加下画线、斜体、高亮、注音等特殊样式，丰富页面显示效果。本任务中我们介绍 HTML 中的样式标签，用以实现特殊样式文本。完成后的效果如图 2-2-15 所示，这里省去了部分内容。

知识准备

尽管网页中的样式主要由 CSS 样式来实现，如果需要对页面中分散的少部分文本内容进行单一的格式化处理，例如，加粗、着重号、删除符等，采用 HTML 的样式标签来实现更加方便。HTML 对文字的格式化用标签进行标记，除了可以运用自带样式，也可以方便后期进行统一的处理。常见的 HTML 文本格式化标签如表 2-2-6 所示。

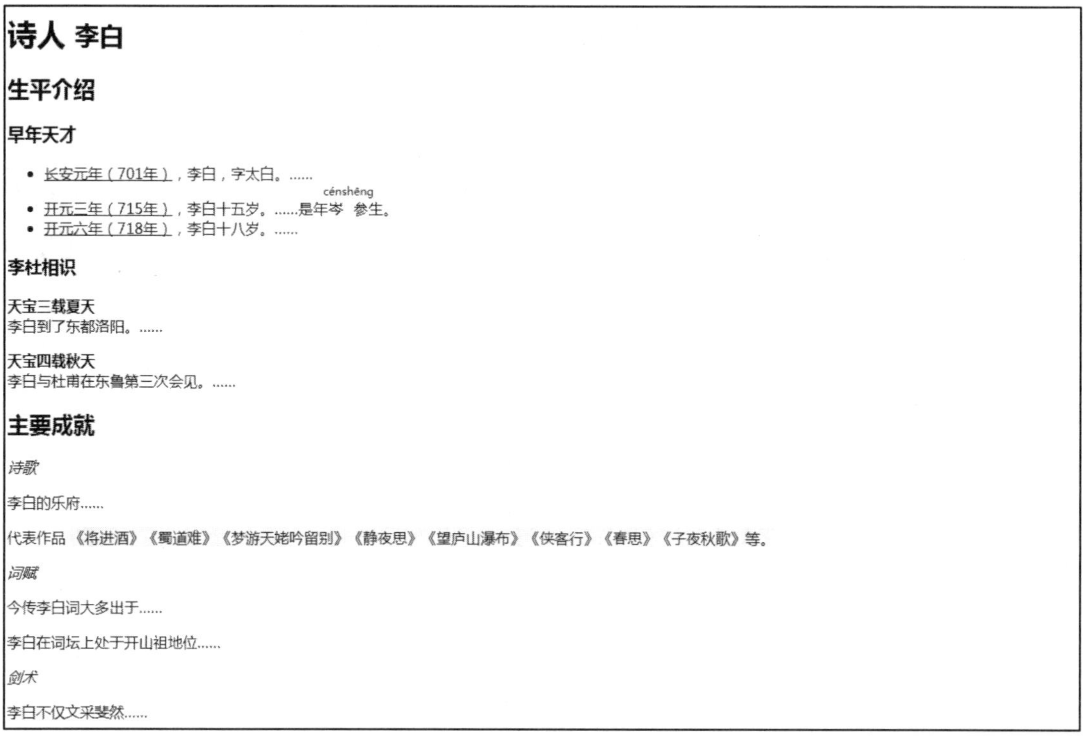

诗人 李白

生平介绍

早年天才

- 长安元年（701年），李白，字太白。……
- 开元三年（715年），李白十五岁。……是年岑 cénshēng 参生。
- 开元六年（718年），李白十八岁。……

李杜相识

天宝三载夏天
李白到了东都洛阳。……

天宝四载秋天
李白与杜甫在东鲁第三次会见。……

主要成就

诗歌

李白的乐府……

代表作品《将进酒》《蜀道难》《梦游天姥吟留别》《静夜思》《望庐山瀑布》《侠客行》《春思》《子夜秋歌》等。

词赋

今传李白词大多出于……

李白在词坛上处于开山祖地位……

剑术

李白不仅文采斐然……

图 2-2-15　样式文本效果图

表 2-2-6　常见的 HTML 文本格式化标签

标　签	描　述	示　例
<b>	定义粗体文本	这是普通文本 - **这是粗体文本**。
<em>	定义着重文字	这是普通文本 - *这是着重文本*。
<i>	定义斜体字	这是普通文本 - *这是斜体文本*。
<small>	定义小号字	这是普通文本 - 这是小号文本。
<strong>	定义加重语气	这是普通文本 - **这是加重文本**。
<sub>	定义下标字	这是普通文本 - 这是下标文本。
<sup>	定义上标字	这是普通文本 - 这是上标文本。
<ins>	定义插入字	这是普通文本 - 这是插入文本。
<del>	定义删除字	这是普通文本 - ~~这是删除文本~~。
<u>	添加下画线	这是普通文本 - 这是下划文本。
<big>	呈现大号字体效果	这是普通文本 - 这是大号文本。
<mark>	定义带有记号的文本	这是普通文本 - 这是记号文本。
<rt>	定义字符的解释或发音	han 漢

样式标签使用方式很简单，只要用标签包含需要产生效果的文字，文字就会应用样式显示。如想要文字加粗显示，输入如下代码：

```
<strong>加粗文本</strong>
```

这里要特别说明一下<rt>标签，它可以实现字符的注释功能。首先用<ruby>标签将所有需要注释的字包裹起来，然后将作为注释显示的文字用<rt>标签包裹起来。如要给生僻字“叒叕”注音，代码如下：

```
<ruby>叒叕<rt>ruò zhuó</rt></ruby>
```

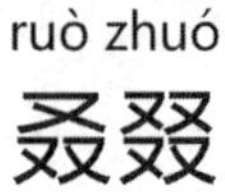

ruò zhuó
叒叕

图 2-2-16 生僻字“叒叕”注音效果

运行后注音就会出现在文字上方，如图 2-2-16 所示。

注：想要输入拼音音调，可以用能够打出音调的输入法，也可以直接复制带音调的字符，再粘贴到脚本中即可。

任务实现

打开 info.html 文件，使用样式标签修饰“诗人李白”页面中的文字。本任务中选取部分文字设置效果，实践操作中也可以选取自己喜欢的内容进行设置。特殊样式的设置通常是为了突出强调文字，常用的特殊样式包括下画线、斜体、加粗、高亮等。

1. 下画线

“生平介绍”部分的内容是按年份展开介绍的，这里为每个年份添加下画线，可以更清楚地理清时间脉络。找到要添加下画线的文字，在文字前后加上<u>标签的开始标签和结束标签，部分代码如下：

```
<ul>
    <li>
        <u>长安元年（701 年）</u>，李白，字太白。……
    </li>
    <li>
        <u>开元三年（715 年）</u>，李白十五岁。……
    </li>
    <li>
        <u>开元六年（718 年）</u>，李白十八岁。……
    </li>
</ul>
```

2. 斜体

“主要成就”部分分为诗歌、词赋和剑术 3 个部分。这里为把 3 个小标题和下面的详细内容区分开来，给这 3 个词语加上斜体效果。<em>标签和<i>标签都可以实现斜体效果，这里建议使用<em>标签。修改后的代码如下：

```
<p><em>诗歌</em></p>
……
<p><em>词赋</em></p>
……
<p><em>剑术</em></p>
```

注意：<em>标签和<p>标签位置不能颠倒。

3. 加粗

“李杜相识”部分的两个时间描述和其他部分有所不同，这里把它们设置成加粗的样式强调突出。<strong>标签和<b>标签都可以实现加粗效果，这里建议使用<strong>标签。修改后的代码如下：

```
<p>
    <!-- 这里用<br/>标签换行 -->
    <strong>天宝三载夏天</strong><br />
    李白到了东都洛阳。……
    </p>
    <p>
    <strong>天宝四载秋天</strong><br />
    李白与杜甫在东鲁第三次会见。……
</p>
```

4. 高亮

诗歌是李白的主要成就，这里为诗歌中的“代表作品”部分加上高亮显示效果，突出显示成就。<mark>标签可以实现高亮效果，设置高亮的文本会添加黄色背景。修改后的代码如下：

```
<p>代表作品：<mark>《将进酒》、《蜀道难》、《梦游天姥吟留别》、《静夜思》、《望庐山瀑布》、《侠客行》、《春思》、《子夜秋歌》等。</mark></p>
```

5. 注音

文中有部分文字是生僻字，可以为这些文字加上注音，增强可读性。比如给“早年天才”部分“开元三年（715 年）”中的“岑参”加上注音，代码如下：

```
<ruby>岑参<rt>cénshēng</rt></ruby>
```

6. 小号字

在标题“诗人李白”处，“诗人”是主标题，“李白”是副标题，这里对“李白”进行小号处理。<small>标签可以实现文字缩小效果，在当前字号的基础上缩小一定比例，代码如下：

```
<h1>诗人  <small>李白</small></h1>
```

能力提升

这一任务中提到的样式标签，在 HTML 中称为短语标签。HTML 还提供了很多短语标签，这些标签应用在文本内容中，每个标签都有一定的含义，有些标签包含一定的样式效果，也有一些只是起到暗示文本含义的作用。

表 2-2-7 列出了部分 HTML 短语标签和含义。

表 2-2-7　部分 HTML 短语标签和含义

标　签	描　述	标　签	描　述
<code>	定义计算机代码	<bdo>	定义文字方向
<kbd>	定义键盘文本	<blockquote>	定义长的引用
<var>	定义变量	<q>	定义短的引用语
<pre>	定义预格式文本	<cite>	定义参考文献引用
<abbr>	定义缩写	<dfn>	定义特殊术语或短语
<address>	定义地址	<bdo>	定义文字方向

编写代码运行后可以更好地理解每个标签的含义。新建一个 HTML 文件，<body>标签中插入如下代码：

```
<code>code：这是计算机代码</code><br/><br/>
<kbd>kbd：这是键盘文本</kbd><br/><br/>
<var>var：这是变量</var><br/>
<pre>pre：这是可以保留　空格　的文本</pre>
<abbr title="title 属性设置全称">abbr</abbr>：鼠标移到虚线上看看<br/><br/>
<address>address：这是地址</address><br/>
<bdo dir="rtl">bdo</bdo>：代码中是 bdo，设置属性 dir="rtl"，可以倒序的字符<br/>
<blockquote>blockquote：这是长引用</blockquote>
<q>q：这是短引用</q><br/><br/>
<cite>cite：参考文献引用</cite><br/><br/>
<dfn>dfn：这是特殊术语或短语</dfn>
```

运行后网页如图 2-2-17 所示。前面我们介绍过 HTML 是不接受连续空格的，想要文字间增加间隔，需要使用“ ”，但是<pre>标签可以保留内部文本的空格和空行。<abbr>标签是一个缩写标签，title 属性用于设置全称，运行后标签包含文字下会出现一条虚线，移上光标会显示全称。<odb>标签可以设置文本的方向，dir 属性值设置为 rtl（right to left），运行后包含字符会从右向左倒序显示。

code：这是计算机代码

kbd：这是键盘文本

var：这是变量

pre：这是可以保留　空格　的文本

abbr：鼠标移到虚线上看看

address：这是地址

odb：脚本中是bdo，设置属性dir="rtl"，可以倒序的字符

　　blockquote：这是长引用

"q：这是短引用"

cite：参考文献引用

dfn：这是特殊术语或短语

图 2-2-17　短语标签效果图

项目三 “诗人李白”网页多媒体实现

任务一 图片的实现

任务描述

继续编辑 HTML 文件 info.html，为网页添加两幅图片。在网页的最上方添加网站统一的 Banner 图片，在“生平介绍”栏目添加李白的画像。单纯的文字容易使用户产生视觉疲劳，图片的插入可以丰富页面内容，提升网页视觉效果，还可以起到辅助说明的作用。本任务中我们介绍<img>标签的使用，用以插入图片元素。完成后的效果如图 2-3-1 所示。

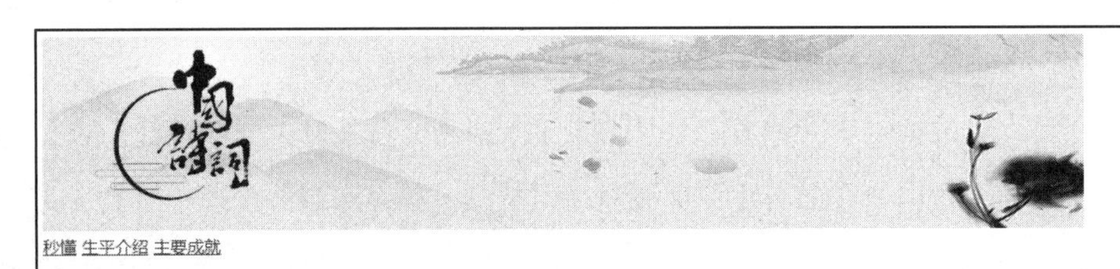

图 2-3-1 插入图片效果

知识准备

在 HTML 网页中经常需要插入图片，使页面更加美观，表达更加清淅准确。插入图片，在 HTML 中是由<img> 标签定义的，通过它可导入需要显示的图片。

注：<img>是单标签，它只包含属性，没有结束标签，要记得在“>”结束符号前加“/”自封口。

1. <img>标签语法

从技术上讲，图片并不是插入到网页中的，而是链接到网页中的，<img>标签的作用是为被引用的图片创建占位符。<img>标签在网页中很常用，比如，引入 Logo 图片、按钮背景图片、工具图标等。

<img>标签的语法如下：

```
<img src="被引用图片的地址" alt="图片的替代文本">
```

<img>标签包含两个常用属性 src 和 alt。

- src 属性用来指定需要嵌入到网页中的图片的地址，可以使用相对地址，也可以使用绝对地址，甚至可以是互联网上的一个图片路径。但是一定要保证路径的正确，网页运行时，浏览器会根据这个地址找到图片文件并显示出来，如果地址不正确，图片就无法显示。
- alt 属性用来规定图片的替代文本，当图片不显示时，将显示该属性值内容。搜索引擎会读取该属性值内容作为图片表达的意思，所以搜索引擎优化中需注意该属性。

src 属性和 alt 属性是<img>标签必要属性。虽然，alt 属性缺失也不会出错，但是建议设置该属性。如果不设置，搜索引擎不能获取图片表达的信息。如果图片不能正确显示，那么会出现空白，用户也无法获得有效信息。除了 src 和 alt 属性，<img>标签还有其他属性，如表 2-3-1 所示。

表 2-3-1 <img>标签属性

属性名称	作 用
height	图片的高度
width	图片的宽度
ismap	将图片定义为服务器端图片映射，值为 ismap
usemap	将图片定义为客户器端图片映射，值可以为#mapname
crossorigin	设置图片的跨域属性，值可以为 anonymous、use-credentials

2. 图片的插入

在网页中需要插入图片的位置插入<img>标签，然后设置属性值，即可插入一张图片。

如要在网页中插入 image 文件夹下的图片 chrome.gif，输入如下代码：

```
<p>一个来自文件夹中的图片:</p>
<img src="/images/chrome.gif" alt="Google Chrome" width="33" height="32">
```

运行后的效果如图 2-3-2 所示。图片插入时会按图片原始尺寸显示，想要修改图片的大小可以通过 width 和 height 属性来设置。width 和 height 的属性值可以任意设置，默认单位是像素（px）。如果希望图片成比例缩放的话，可以只设置 width 或只设置 height，那样另一个值会成比例缩放。

注意：尽管 width 和 height 属性可以设置图片大小，但还是建议在学习 CSS 后养成用 CSS 方式定义图片大小的习惯。

<img>标签也可以直接插入在段落标签<p>中，如下代码：

```
<p>一个图片:<img src="image/smiley.gif" alt="Smiley face" width="32" height="32"></p>
<p>一个动图:<img src="image/hackanm.gif" alt="Computer man" width="48" height="48"></p>
```

运行后图片出现在文字后面，如图 2-3-3 所示。

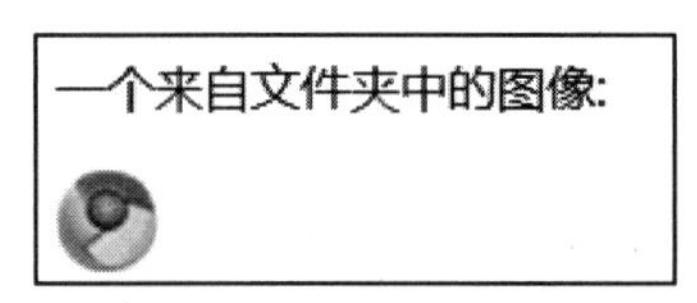

图 2-3-2　插入图片效果

图 2-3-3　段落中插入图片

注意：在运行这部分脚本的时候，一定要注意图片文件和网页文件的相对位置，示例脚本中图片文件在 image 文件夹中，image 文件夹和网页文件同在站点根目录下。同时要注意图片文件的文件名和扩展名都必须和脚本中的保持一致。

图片是一个二维图形，默认情况下图片和同一区域的文字是底部对齐的，这样会产生很大的空白区域。可以设置图片的浮动属性，使文字可以在图片一侧显示。浮动属性是 CSS 样式中的一个属性，可以通过 style 属性设置。代码如下：

```
<p>
    <img src="smiley.gif" alt="Smiley face" style="float:left" width="32"
    height="32"> 一个带图片的段落，图片浮动在这个文本的左边。
</p>
<p>
    <img src="smiley.gif" alt="Smiley face" style="float:right"
    width="32" height="32"> 一个带图片的段落，图片浮动在这个文本的右边。
</p>
```

运行后的效果如图 2-3-4 所示。

一个带图片的段落，图片浮动在这个文本的左边。

一个带图片的段落，图片浮动在这个文本的右边。

图 2-3-4　图片浮动效果

设置浮动效果后文字会和图片顶端对齐，自动换行则出现在图片的一侧。如果图片的 style 属性设置为 float:left，那么图片靠左浮动，文字出现在图片右侧；如果设置为 float:right，那么图片靠右浮动，出现在父元素的最右侧，文字出现在图片左侧，从父元素最左侧开始显示。

3. 图片超链接

图片也可以作为超链接对象，只要用<a>标签包含<img>标签，图片就变成超链接对象。作为超链接的图片和普通图片的用法与显示效果都一样，只是光标移到图片上会变成手形。也可以通过 border 属性设置图片的边框，如下代码，第一张图片设置 10px 的边框，第二张图片边框设为 0，即没有边框。运行后的效果如图 2-3-5 所示。

图 2-3-5　设置图片链接效果

```
<p>创建图片链接:
<a href="https://www.baidu.com">
  <img border="10" src="smiley.gif" alt="百度" width="32" height="32">
</a>
</p>
<p>无边框的图片链接:
<a href=" https://www.baidu.com ">
  <img border="0" src="smiley.gif" alt="百度" width="32" height="32">
</a>
</p>
```

任务实现

继续编辑 info.html 页面，插入两张图片。图片在站点根目录下的 img 文件夹下。顶部 Banner 部分的图片名为“top_bg.jpg”，段落中要插入的李白头像图片名为“libai.jpg”。顶部图片位置在页面的最上方，因此在<body>标签内部的开始位置插入如下代码：

```
<body>
<img src="img/top_bg.jpg" /><br />
<a href="#md">秒懂</a>
```

```
<a href="#spjs">生平介绍</a>
<a href="#zycj">主要成就</a>
```

<img>标签后一定要记得加个换行标签
，<img>标签和<a>标签都是行标签，它们会从左到右依次显示，直到这一行无法完全显示或遇到
标签才会换行。

李白头像出现的位置在“早年天才”标题文字的右侧，标题文字和图片顶端对齐，这需要把图片插入在“早年天才”标题标签的前面，代码如下：

```
<h2>生平介绍</h2>
<img style="float: right;" src="img/libai.jpg" />
<h3>早年天才</h3>
```

<img>标签和出现在它后面的标签顶端对齐显示，试着改变<img>标签的位置，运行网页看看效果吧。

能力提升

在 HTML 代码输入中，建议尽量用各种简便输入方式进行代码编写，前面学习过的 Emmet 输入法是一种常用的简便输入法，除此之外，HBuilder 本身也提供了代码助手帮助输入，HTML 代码的代码助手有两种方式。

1. 从“<”开始输入

在 HBuilder 中，从“<”开始依次输入字符，这样的输入方式会提示标签名，根据提示选择标签名时，会自动匹配标签和封口。如要输入<img>标签时输入“<i”，出现如图 2-3-6 所示提示框。可以继续输入字符缩小搜索范围，当需要的标签出现在第一位的时候按下回车键；也可以利用上下光标按键移动灰色选中框，找到需要输入的标签直接按下回车键；还可以按下“Alt+数字”组合键直接选择数字对应的标签。确认标签后编辑窗口会出现完整的图片标签“<img />”。如果是双标签，也会自动生成结束标签。这样的输入方式可以提升输入速度，避免忘记标签封口。对于比较复杂的标签名，还可以防止拼写错误。

2. 直接输入标签名

前一种输入方式只输入标签名，不包含任何属性。HBuilder 还提供了另一种代码助手，除了可以输入标签，还会自动生成必要属性，对于<a>标签、<img>标签这类必须包含属性的标签更加方便。

输入时不要输入“<”，直接输入标签名。如输入<img>标签时，直接输入“im”，这时代码助手会弹出如图 2-3-7 所示提示框。这里需要的就是第一项，直接按下回车键，这时编辑窗口出现<img>完整标签，同时包含必要属性 src 和图片提示框，如图 2-3-8 所示。在提示框中会显示当前站点下所有图片文件的路径，上下移动选项可以查看图片缩略图，选择需要插入的图片，按下回车键即可完成输入。采用这样的方式可以确保输入的图片文件 URL 是正确的。

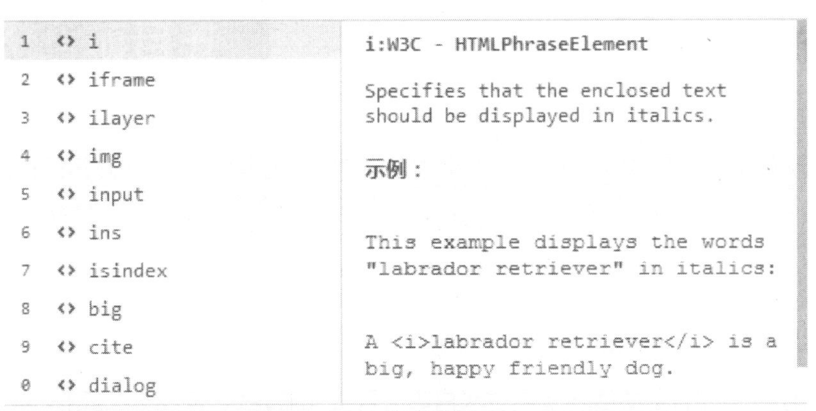

图 2-3-6　从“<”开始输入代码助手

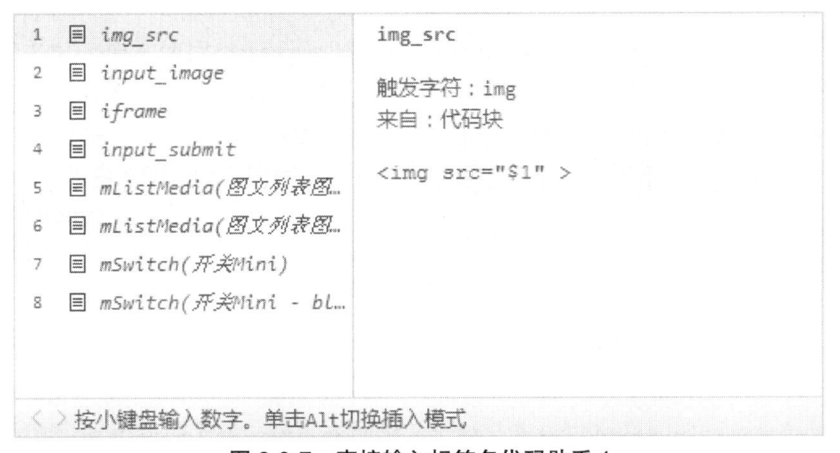

图 2-3-7　直接输入标签名代码助手 1

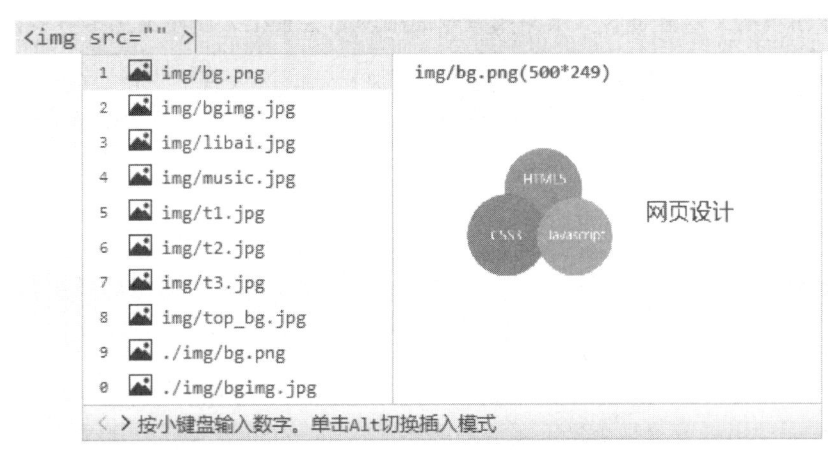

图 2-3-8　直接输入标签名代码助手 2

任务二　音视频的实现

任务描述

继续编辑 HTML 文件 info.html，插入“秒懂李白”视频和“主要成就”的语音播报。视频可以帮助用户更快速地了解李白的生平和成就；文字太多看累了，听听语音播报可以让眼睛放松一下。本任务中我们介绍<audio>和<video>标签的使用，用以插入音频和视频元素。

知识准备

在网页中，除了文字和图片，也经常需要添加音频、视频等多媒体文件来提升用户体验。在 HTML5 出现之前，HTML4.0 插入多媒体文件需要使用插件的方式，使用 <object> 标签定义一个嵌入的对象。

HTML5 直接提供了音频标签和视频标签，使音频和视频元素真正成为网页的基本元素。

1. 音频元素

<audio> 元素是一个 HTML5 元素，在所有浏览器中都有效，但低版本浏览器不支持。

<audio>标签语法格式如下：

```
<audio controls="controls" src="声音地址">您的浏览器不支持 audio 标签。</audio>
```

<audio>标签是一个双标签，一定要有结束标签</audio>。标签中的文字“您的浏览器不支持 audio 标签。”在高版本的浏览器中是不会显示的，只有不支持<audio>标签的低版本浏览器，无法播放音频，此时会出现文字提示。

<audio>标签有 4 个常用属性 src、controls、autoplay 和 loop。

1）src

src 属性是必要属性，用来指定需要嵌入到网页中的音频文件的地址。这个属性和<img>标签中的 src 属性相同，这里不再赘述。

2）controls

controls 属性用来设置是否显示播放控制条。这是一个可选属性，如果没有这个属性，网页运行时不会出现音乐播放控制条，可以通过 JavaScript 代码控制音频的播放。controls 属性是一个布尔型属性，通常设置属性值为“controls”，但实际上这个值可以是任意值，也可以只有属性名，不赋值。只要这个属性出现，音频元素就会显示播放控制条。如下面几行代码都可以显示播放控制条：

```
<audio controls="controls" src="audio.mp3"> </audio>
<audio controls=" " src="audio.mp3"> </audio>
<audio controls src="audio.mp3"> </audio>
```

3）autoplay

autoplay 属性用来设置网页加载时音频是否马上开始播放。这也是一个布尔型属性，只要设置了该属性，音频就会自动播放。如果没有这个属性，网页加载时只会加载音频，但不播放，只有通过控制条播放按钮或 JavaScript 代码启动音频。

4）loop

loop 属性用于规定当音频结束后将重新开始播放。这也是一个布尔型属性，如果不设置，那么音频播放一遍后自动结束。

如我们想要给网页设置一个循环播放的背景音乐，打开网页时即开始播放，不需要显示控制条。音频文件存放在网站根目录下，文件名为 bgm.mp3，实现代码如下：

```
<audio src="bgm.mp3" autoplay loop>您的浏览器不支持 audio 标签。</audio>
```

<audio> 标签支持三种音频格式：mp3、ogg 和 wav。

2. 视频元素

视频元素标签是<video>，它的基本语法如下：

```
<video src="视频地址" controls="controls">您的浏览器不支持 video 标签。</video>
```

<video>标签和<audio>标签的使用基本相同，<audio>标签中的属性也都适用于<video>标签中。除了 src、controls、autoplay、loop 几个属性，<video>标签还有以下几个常用属性。

1）width 和 height

视频需要一个播放区域，<video>标签本身是没有大小的，因此需要设置 width 和 height 属性定义播放区域。属性值的单位默认是像素（px），因此在定义时只要设置数值就可以。如我们需要一个 800px×450px 的播放区域，代码如下：

```
<video width="800" height="450" controls="controls">
您的浏览器不支持 video 标签。
</video>
```

2）poster

poster 属性用于设置视频下载时显示的图片，或者在用户单击播放按钮前显示的图片。属性值是图片的 URL 地址。

<video> 标签支持三种视频格式：mp4、WebM、ogg。

- mp4，支持使用 H264 视频编解码器和 AAC 音频编解码器的 MPEG 4 文件。
- WebM，支持使用 VP8 视频编解码器和 Vorbis 音频编解码器的 WebM 文件。
- ogg，支持使用 Theora 视频编解码器和 Vorbis 音频编解码器的 ogg 文件。

注意：如果插入三种格式的视频却仍不能正常播放，排除脚本错误原因的情况下，通常其原因是编码方式不对，使用视频处理软件转换成上面要求的编解码格式即可，如 mp4 视频文件必须是 H264 编码的。

3. <source>元素

不同的浏览器支持音频和视频格式不同，HTML 中通过<source>标签解决这一问题。<source>标签可以嵌套在<audio>标签和<video>标签中，允许定义可替换的视频/音频文件供浏览器根据它对媒体类型或者编解码器的支持情况进行选择。首先，需要获得三种文件类型的音频或视频，即 ogg、mp3 和 wav 的音频文件，ogg、mp4 和 WebM 的视频文件。将这些文件存放在站点根目录下，然后，定义三个<source>标签分别引用这三个文件。如在网页中插入一段视频 movie，代码如下：

```
<video width="800" height="450" controls="controls">
  <source src="movie.mp4" type="video/mp4">
  <source src="movie.ogg" type="video/ogg">
  <source src="movie.webm" type="video/webm">
您的浏览器不支持 video 标签。
</video>
```

type 属性用于规定媒体资源的 MIME 类型。用于视频的常用 MIME 类型有：video/ogg、video/mp4、video/WebM。用于音频的常用 MIME 类型有：audio/ogg、audio/mpeg。

浏览器会尝试按<source>标签顺序依次找 mp4、ogg、WebM 来播放视频，只要有一种格式文件被支持，就可以播放。

任务实现

继续编辑 info.html 文件，在“秒懂”部分插入介绍李白的秒懂短视频 lb.mp4，在“主要成就”部分插入李白代表作《行路难》的朗诵音频 xln.mp3。视频和音频文件在“新建 Web

项目”任务中已经存放在站点目录下的 media 目录中。

1. 插入视频

在“秒懂”部分的标题段落后插入<video>标签，输入代码如下：

```
<h2>秒懂</h2>
<video width="400" src="media/lb.mp4" controls autoplay>
  您的浏览器不支持 video 标签。
</video>
<table border="1">
  ……
</table>
```

和图片一样，这里只设置 width 属性，不设置 height 属性，可以保证视频播放窗口和视频尺寸的长宽比保持一致。播放窗口显示控制条，视频加载后就自动播放，并且只播放一次。完成的效果如图 2-3-9 所示。

图 2-3-9 插入视频效果图

2. 插入音频

在“主要成就”部分的标题段落后插入<audio>标签，输入代码如下：

```
<h2>主要成就</h2>
<audio src="media/xln.mp3" controls="controls">
当前浏览器不支持 audio
```

```
</audio>
<p><i>诗歌</i></p>
```

网页打开会自动播放视频，因此这里的音频不能再设置成自动播放，否则声音会冲突，用户体验友好度会降低。为它设置显示播放控制条，需要播放音频的时候单击播放按钮即可。完成的效果如图 2-3-10 所示。

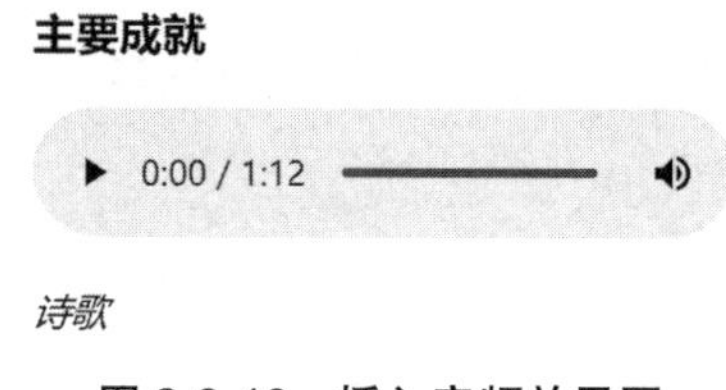

图 2-3-10 插入音频效果图

能力提升

HTML5 中新增了一个<embed>标签，可以在页面中嵌入任何类型的文档。但是除浏览器可以支持的媒体类型（如图片、支持的视频和音频），其他文档需要用户的机器上已经安装能够正确显示文档内容的程序才能正常显示。

“embed”作为英文单词有“嵌入”的意思，用来定义嵌入的内容。<embed>标签是一个空标签，没有元素内容，语法格式如下：

```
<embed 属性1="属性值1" 属性2="属性值2"...... />
```

<embed>标签常用属性和<video>标签类似。

- src：被嵌入内容的地址，这是必要属性。
- width：嵌入内容的宽度，如果不设置则按媒体元素的默认大小显示。
- height：嵌入内容的高度，如果不设置则按媒体元素的默认大小显示。
- type：嵌入内容的 MIME 类型（MIME = Multipurpose Internet Mail Extensions）。

<embed>标签可以用来插入图片、视频、音频，甚至是一个 Flash 动画，如下代码可以在插入位置显示一个 gif 动画和一个 Flash 动画（Flash 动画需要浏览器允许插件才可以显示，否则需要手动在设置中启动插件）：

```
<body>
   <embed src="world.gif" width="200" height="100">
   <embed src="helloworld.swf" />
</body>
```

项目四　“注册”网页实现

任务一　注册表单的实现

任务描述

编辑 HTML 文件 register.html，设计实现注册表单页面，如图 2-4-1 所示。注册需要“用户名”“密码”“确认密码”三项基本信息和“出生年月”“常用邮箱”等详细信息。表单元素的形式有很多，可以是输入文字的文本框，也可以是日期选择框，还可以是复选框或者单选框……最后还需要提交信息和清空信息的“注册”按钮与“重置”按钮。本任务中我们介绍各种表单元素的使用，用以实现注册表单页面。

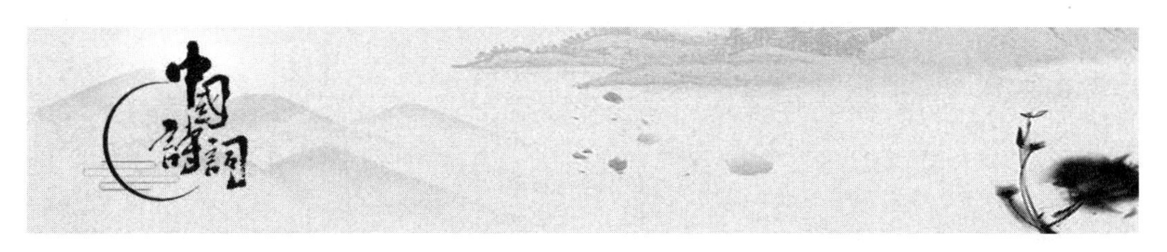

注册

基本信息
用 户 名 请输入手机号
密　　码 请输入密码
确认密码 请再次输入密码

详细信息
出生年月 年 /月/日
常用邮箱
年　　龄 20
性　　别 男 女
喜欢诗人
李白 杜甫 白居易 杜牧 李商隐 苏轼 孟浩然

注册 重置

图 2-4-1　任务一效果图

知识准备

如果你经常上网冲浪，一定对图 2-4-2 所示的网页截图不陌生。无论是百度的搜索框，还是网易邮箱的注册，或是学习强国的答题，这些页面都有一个共同的特点——需要用户输入或选择数据。这些通过和用户交互来实现的功能，需要表单元素来实现。

图 2-4-2　网页表单截图

表单在网页中主要负责数据采集功能。一个表单有三个基本组成部分。

- 表单标签：这里面包含了处理表单数据所用程序的 URL 及数据提交到服务器的方法。
- 表单域：包含了文本框、密码框、隐藏域、多行文本框、复选框、单选框、下拉选择框和文件上传框等。
- 表单按钮：包括提交按钮、复位按钮和一般按钮，用于执行将数据传送到服务器上的程序或者取消输入，还可以用表单按钮来控制其他定义了代码的处理工作。

下面我们就一一来学习。

1. 表单标签

表单标签<form>用于声明表单，定义采集数据的范围，也就是<form>和</form>里面包含的数据将被一同提交到服务器。它的语法如下：

```
<form action="url" method="get|post" enctype="mime" target="..."></form>
```

表单标签有如下 4 个主要属性：

- action。用来指定处理提交表单的格式。它可以是一个 URL 地址或一个电子邮件地址。
- method。用于指明提交表单的 HTTP 方法，可能的值为 post 和 get。用 post 方法提交的表单，数据将以数据块的形式提交到服务器，表单数据不会出现在 URL 中。get 方法把名称/值对加在 action 的 URL 后面并且把新的 URL 送至服务器。
- enctype。指明用来把表单提交给服务器时（当 method 值为"post"）的互联网媒体形式。这个特性的默认值是"application/x-www-form-urlencoded"。
- target。用于指定提交的结果文档显示的位置，和<a>标签中的 target 属性用法一致。

例如，一个表单元素，希望以 post 方式提交表单，提交表单时执行同一目录中的 login.php 文件，提交后在新页面显示返回结果，代码如下：

```
<form action="login.php" method="post" target="_blank"></form>
```

2. 表单域

<form>标签是一个集合，表单域是包含在这个集合中的，用于采集用户的输入或选择的具体元素，包括文本框、多行文本框、复选框和下拉选择框等。

1）<input>标签

<input>标签是表单域中最常用的一类标签，用于收集用户信息，表单中常见的文本框、密码框、单选按钮、复选按钮、按钮等元素，都是<input>标签元素。<input>标签是一个单标签，它的语法格式如下：

```
<input type="input 元素类型" value="input 元素的值" />
```

type 属性是<input>标签的重要属性，不同的表现形式就是根据不同 type 属性值来实现的。<input>标签中的 type 属性值如下所示。

（1）text，通常称为文本框，用于定义用户可输入文本的单行输入字段。语法如下：

```
<input type="text" id="..." name="..." size="..." maxlength="..." value=
"..." placeholder="..." />
```

常用属性如表 2-4-1 所示。

表 2-4-1　text 常用属性

属　性	含　义
id	定义文本框的 id，要保证数据的准确采集，必须定义一个独一无二的 id
name	定义文本框的名称，名称可以重复
size	定义文本框的宽度，单位是字符宽度，默认是 20 字符宽度（或称 20 个字符）
maxlength	定义最多输入的字符数，超出这个值就无法显示
value	定义文本框的初始值
placeholder	定义文本框的提示文字，只有在文本框值为空的时候显示
required	定义文本框在提交表单之前必须填写输入字段（布尔型属性）
readonly	定义文本框只读，可以通过 value 设置内容，但不能通过键盘输入（布尔型属性）
disabled	定义文本框禁用，被禁用的文本框显示灰色，不会被提交（布尔型属性）

如下代码：

```
用户名:
<input type="text" id="user" maxlength="5" size="30"  placeholder="手机号或邮箱" />
```

这里定义文本框 id 为 user；文本框的宽度为 30 个字符；最多输入字符数为 5 个。运行后输入字符的话就会发现，输入 5 个字符后，无论怎样敲键盘，都无法再输入字符；提示文本“手机号或邮箱”在文本框没有内容的时候以浅灰色字体显示，maxlength 属性的设置不会影响提示文本的长度。运行后的文本框如图 2-4-3 所示。

用户名：手机号或邮箱

图 2-4-3　文本框

（2）password，通常称为密码框，用于定义用户可输入文本的密码字段，密码字段中的字符会被掩码（显示为星号或原点）。语法如下：

```
<input type="password" />
```

密码框在显示方式上以掩码显示，其他用法和文本框都完全相同，常用属性也相同。如定义一个最多只能输入 10 个字符的密码框，代码如下：

```
密码: <input type="password" id="pwd" maxlength="8" />
```

运行后的密码框，如图 2-4-4 所示。

密码: ••••

图 2-4-4　密码框

（3）radio，通常称为单选按钮，用于定义用户可以选择的单选按钮。单选按钮允许用户选取给定一组单选按钮中的唯一一个选项。语法如下：

```
<input type="radio" name="..." />
```

单选按钮在网页中是一个可以单击的圆点，如图 2-4-5 左侧表示选中的单选按钮，右侧表示未选中的单选按钮。单选按钮不输入数据，因此和输入有关的属性在单选按钮中没有意义，如 maxlength、size、placeholder 等。文本框中的 id、name 和布尔型属性对单选按钮也适用，单选按钮的常用属性如表 2-4-2 所示。

图 2-4-5　单选按钮状态

表 2-4-2　单选按钮的常用属性

属　性	含　义
name	一组单选按钮必须定义相同的 name 属性值，这组单选按钮每次只能选其一
value	单选按钮的 value 值不会显示在网页中，但可以通过 JavaScript 代码获取
checked	表示选中状态。这是单选按钮的重要属性，是一个布尔类型的属性

这里定义两个单选按钮，分别代表男、女，默认“男”单选框被选中。代码如下：

```
性别：男<input type="radio" name="sex" value="male" checked />
      女<input type="radio" name="sex" value="female" />
```

运行后的效果如图 2-4-6 所示。两个单选框只能选择其一，因此两个<input>标签的 name 属性设置为相同的值“sex”。设置两个单选按钮 value 值为“male”和“female”，表示每个单选按钮的含义。默认选择代表“男性”的单选按钮，所以为第一个单选按钮设置 checked 属性。

性别：男◉ 女○

图 2-4-6　单选按钮

注意：千万不要把 value 值和网页中看到的文字“男”“女”混淆，<input>标签实现的单选按钮仅是小圆点，文字是<input>标签外输入的给用户提示的文本。

（4）checkbox，通常称为复选框，用于定义用户可以选择的复选框，允许用户选取给定一组复选框中的任意多个选项。语法如下：

```
<input type="checkbox" name="..." />
```

图 2-4-7　复选框状态

复选框在网页中是一个可以单击的方块，如图 2-4-7 左侧表示选中的复选框，右侧表示未选中的复选框，可以通过鼠标单击改变两种选择状态。复选框的常用属性和单选按钮相同，稍有不同的是 name 属性，一组单选按钮必须要设置成相同的 name 属性值，才能实现单选效果。复选框的 name 属性不会影响复选框的选择，但是作为一组出现的复选框，建议要定义相同的 name 属性值，从代码可读性上可以便于理解，也可以方便 JavaScript 代码对复选按钮的控制。

这里定义一道多选题，可以在 4 个选项中选择 1 个或多个答案。<input>标签定义的复选框只是小方块，其余的文字内容需要另外输入文本。<input>标签属于行标签，换行显示的话需要在换行处输入换行标签
。

```
下列哪几句诗是李白所作<br />
<input type="checkbox" name="libai" value="lbA" /> 李白乘舟将欲行，忽闻岸上踏歌声。
<br />
<input type="checkbox" name="libai" value="lbB" /> 昔人已乘黄鹤去，此地空余黄鹤楼。
<br />
<input type="checkbox" name="libai" value="lbC" /> 千呼万唤始出来，犹抱琵琶半遮面。
<br />
<input type="checkbox" name="libai" value="lbD" /> 蜀道之难，难于上青天！
```

运行后的效果如图 2-4-8 所示。

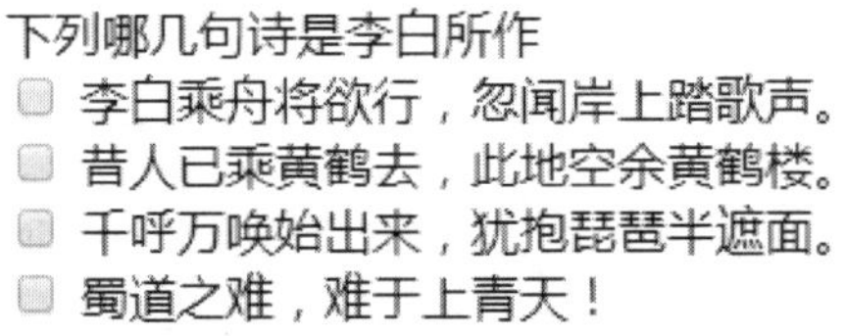

下列哪几句诗是李白所作
☐ 李白乘舟将欲行，忽闻岸上踏歌声。
☐ 昔人已乘黄鹤去，此地空余黄鹤楼。
☐ 千呼万唤始出来，犹抱琵琶半遮面。
☐ 蜀道之难，难于上青天！

图 2-4-8　多选框效果

（5）file，通常称为文件上传框，用于定义用户可以选择文件上传至服务器的上传框。文件上传框看上去和其他文本域差不多，只是它多了一个浏览按钮。用户可以通过输入需要上传的文件的路径或者单击浏览按钮选择需要上传的文件即可。语法如下：

```
<input type="file" />
```

注意：文件上传框只实现文件路径选择功能，要完成上传功能需要动态程序脚本的配合。

文本框中的属性都适用于文件上传框，文件上传框还有一个特有的属性 accept。accept 属性用于规定能够通过文件上传进行提交的文件类型，属性值是用逗号隔开的 MIME 类型列表。如定义一个选择 png 图片文件的文件上传框，代码如下：

```
<input type="file" id="pic" accept="image/png" />
```

运行后显示文件上传框，单击“选择文件”按钮弹出对话框，因为设置了文件类型，只筛选 png 文件显示，选择文件后单击“打开”按钮，选中的图片文件名会出现在“选择文件”按钮的右侧，如图 2-4-9 所示。

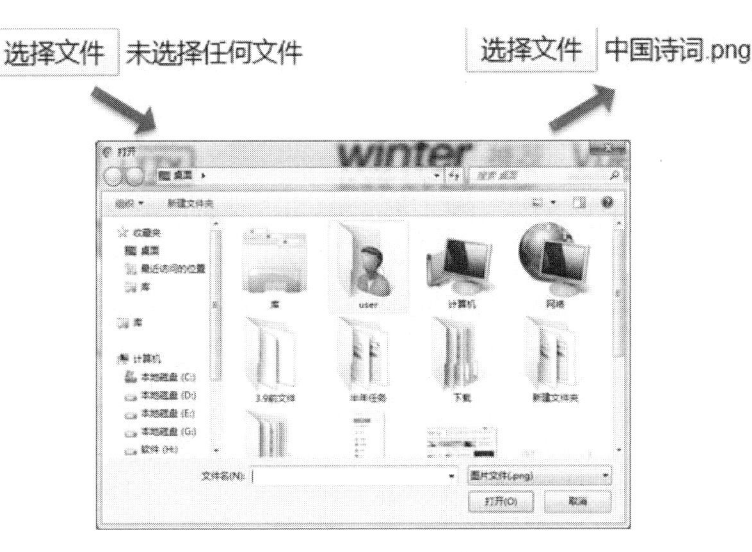

图 2-4-9　文件上传框

（6）hidden，通常称为隐藏域，用于定义一个不会被显示的隐藏域。隐藏域对于用户是不可见的，通常会存储一个默认值，它们的值也可以由 JavaScript 进行修改。语法如下：

```
<input type="hidden" id= "..." />
```

<input>标签的全局属性隐藏域都可以使用，隐藏域不可见，也不会占用页面区域。

上面介绍的 6 种输入类型，是常用的基本表单域元素。HTML5 新增了多个新的表单输入类型，这些新元素提供了更好的输入控制和验证功能。

（7）email，通常称为电子邮件输入框，用于定义一个会自动验证电子邮箱地址输入规范的输入框。在提交表单时，会自动验证输入的有效性，如果输入不正确，会弹出警示框。语法如下：

```
<input type="email" id="…"  />
```

输入规则的验证只有在提交表单时发生，我们在表单中添加一个“提交”按钮，代码如下：

```
<form action="" method="get">
   E-mail: <input type="email" id="user_email" /><br />
   <input type="submit" />
</form>
```

电子邮件输入框运行后显示和普通文本框无异，如果输入内容不符合判定规则，单击“提交”按钮后会出现错误提示，如图 2-4-10 所示。电子邮件输入框要求输入邮箱地址必须包含“@”字符，并且“@”前后必须有其他字符。

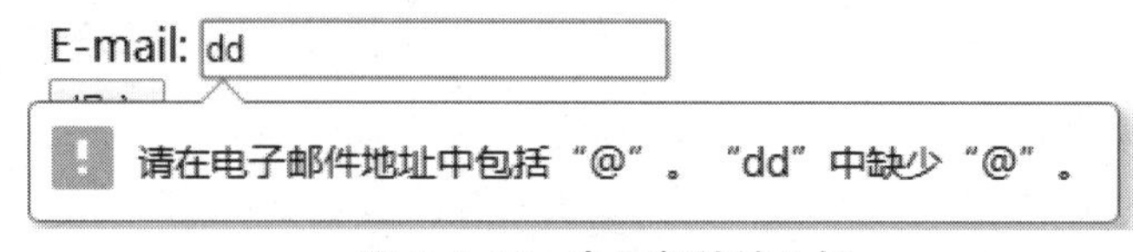

图 2-4-10　电子邮件输入框

（8）url，通常称为网址输入框，用于定义一个会自动验证网址输入规范的输入框。与电子邮件输入框类似，在提交表单时，会自动验证输入的有效性。语法如下：

```
<input type="url" id="…" />
```

网址验证的规则是必须以“http:”或“ftp:”开头，后面加上任意字符。代码如下：

```
<form action="" method="get">
    网址: <input type="url" id="user_url" /><br />
    <input type="submit" />
</form>
```

运行后在文本框中输入几个字符，单击“提交”按钮，出现错误提示“请输入网址。”，如图 2-4-11 所示。

图 2-4-11　网址输入框

（9）number，通常称为数字输入框，定义一个只允许数字输入的输入框。如果使用的是移动端支持 HTML5 的浏览器，输入时会自动切换至数字键盘。语法如下：

```
<input type="number" id="…" min="min" max="max" step="step" />
```

数字输入框默认宽度比普通文本框要小一些，获取焦点的时候，在输入框右侧会出现两个上下箭头的微调按钮，如图 2-4-12 所示。

图 2-4-12　数字输入框

数字输入框有三个新的属性 min、max 和 step：

- min。min 属性用于定义数字输入框可以输入的最小数值，单击向下箭头，数字递减到最小数值后就不会再减小。键盘输入数值时，不会马上验证最小值，如果输入的数值小于最小值，在提交表单时会弹出警示框。
- max。max 属性和 min 属性类似，用于定义数字输入框可以输入的最大数值。

● step。step 属性用于定义数字变化时的步长。单击上下箭头递增、递减时以步长为单位增减。数字输入框只允许输入首项是 min，公差是 step 的等差数列中的值。提交表单时会进行验证。

定义一个最小值为 1，最大值为 20，步长为 3 的数字输入框，这样数字输入框中只能输入数字“1,4,7,10,13,16,19”。代码如下：

```
<form action=" " method="get">
    数字输入框：<input type="number" id="num" min="1" max="20" step="3" />
    <input type="submit" />
</form>
```

运行后输入数字 3，单击“提交”按钮，会弹出警示框，如图 2-4-13 所示。单击向上箭头，数字变化为比当前数字值大且差最小的数列项值，这里会变为 4；单击向下箭头，数字变化为比当前数字值小且差最小的数列项值，这里会变为 1。

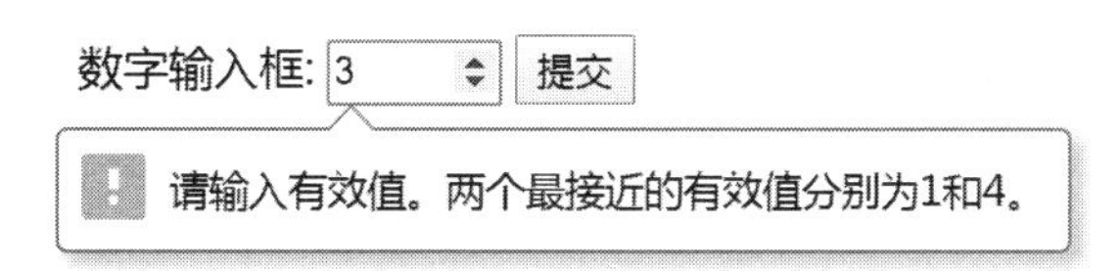

图 2-4-13　数字输入框

（10）range，通常称为滑动条，用于定义一个以滑杆方式显示的数字输入域。语法如下：

```
<input type="range" id="..." min="min" max="max" step="step" value=
"value" />
```

滑动条是一个设定了输入范围的数字输入区域，显示效果如图 2-4-14 所示，滑块滑动到滑竿的最左侧，就是最小值 min；滑动到最右侧，就是最大值 max。可以通过 value 属性设置滑块的初始位置，也可以在 JavaScript 中通过 value 属性获取移动后的值。

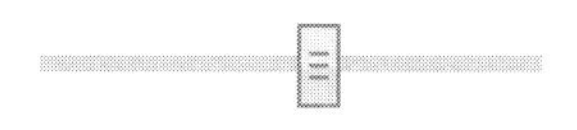

图 2-4-14　滑动条

（11）color，通常称为颜色选择框，用于定义一个可以选择颜色的选择框。颜色选择框的值是以“#”开头的十六进制颜色编码。

```
<input type="color" id="..." value="..." />
```

颜色选择框不能输入内容，只能通过颜色对话框选取颜色，可以通过 value 属性值获得选取的颜色，也可以通过设置 value 值来定义初始状态的颜色。如定义一个红色的颜色选择框，代码如下：

```
<input type="color" id="color" value="#FF0000" />
```

运行后的效果如图 2-4-15 所示，显示红色色块按钮，单击后弹出“颜色”对话框，选择新颜色后单击“确定”按钮，网页中按钮中的色块颜色替换为新选中的颜色，value 值也会改变。

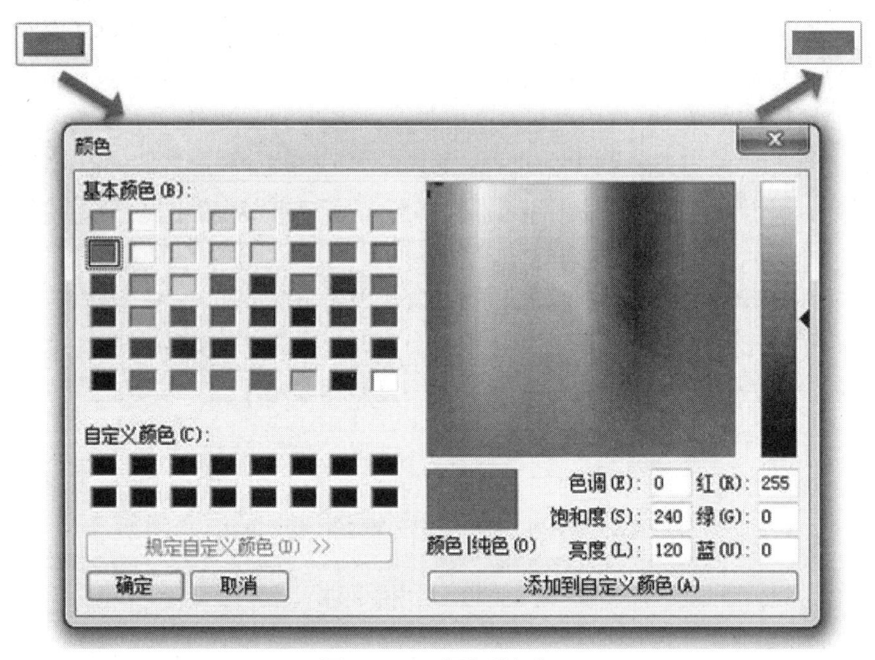

图 2-4-15　颜色选择框

（12）date pickers，通常称为日期选择框。HTML5 中提供了一组日期选择框，可以输入不同形式的日期和时间，具体如下所示。

- date：用于选取年、月、日。
- month：用于选取年、月。
- week：用于选取年和周数。
- time：用于选取时间，包括小时和分钟。
- datetime：用于选取时间、年、月、日（UTC 时间）。
- datetime-local：用于选取时间、年、月、日（本地时间）。

如定义一个 date 日期选择框，代码如下：

```
日期：<input type="date" id="date" />
```

运行后光标移到日期选择框，右侧会出现微调按钮和下拉按钮，如图 2-4-16 中①所示。可以直接输入年月日的值，也可以通过微调按钮修改。单击图中的下拉按钮，弹出如图 2-4-16 中②所示界面，切换到需要的日期单击即可实现日期输入。

图 2-4-16 日期选择框

（13）search，通常称为搜索框，定义一个用于搜索的文本框，比如百度搜索或站点搜索。目前只是含义上的区分，显示上和普通文本框没有什么区别。

2）多行输入文本框

<textarea> 标签用于定义多行输入文本框。多行输入文本框可以输入多行文字，需要输入的内容较多时，通常使用<textarea> 标签。语法如下：

```
<textarea id="message" rows="…" cols="…">
   输入文本
</textarea>
```

<textarea>标签是一个双标签，文本框中显示的内容是输入在开始标签和结束标签中的文本。rows 属性和 cols 属性用于定义文本框的大小，单位是字符。如定义一个 10 行，每行 30 个字符的文本框，代码如下：

```
<textarea id="message" rows="10" cols="30"></textarea>
```

这里 rows 和 cols 定义的值只是多行输入文本框的初始大小，输入文本内容长度并不受限制。输入内容超出文本框大小时会自动添加垂直滚动条。多行输入文本框的右下角是大小调整按钮，光标移到斜线上，按下鼠标可以调整文本框的大小。

3）下拉选择框

<select>标签用于定义下拉选择框，下拉选择框允许在一个有限的空间设置多种备选选项。在<select>标签内部，用<option>标签来定义选项，语法如下：

```
<select id="…">
  <option value ="option1">选项一</option>
  <option value ="option2">选项二</option>
  <option value=" option3">选项三</option>
</select>
```

<option>标签是一个双标签，标签中输入的内容（“选项一”“选项二”……）会显示在

下拉选择框的选项列表中，通常我们也会给每个<option>标签加上 value 属性，value 属性值用于 JavaScript 代码动态获取。

<option>标签有一个重要属性 selected，selected 属性用于定义在页面加载时预先选定该选项，这是一个布尔型属性。被预选的选项会在下拉选择框中显示。也可以在页面加载后通过 JavaScript 设置 selected 属性。如下代码可以定义一个下拉列表：

```
<select id="libai">
  <option>静夜思</option>
  <option>行路难</option>
  <option selected>古朗月行</option>
  <option>梦游天姥吟留别</option>
</select>
```

运行后下拉选择框显示“古朗月行”，如图 2-4-17 中①，点开下拉列表显示如图 2-4-17 中②所示。

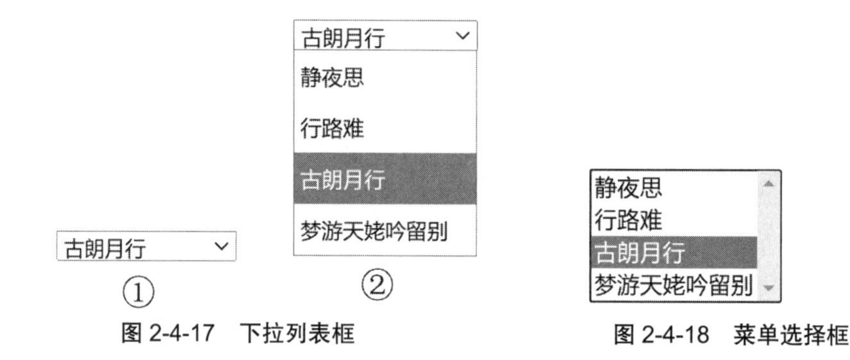

图 2-4-17　下拉列表框　　图 2-4-18　菜单选择框

图 2-4-17 中的下拉选择框是<select>标签的常用形式，它还有另外一种表示形式，如图 2-4-18 所示，通常称为菜单选择框。要实现这样的显示效果，设置<select>标签的 size 属性值即可。size 属性用于定义菜单选择框的行数，size 属性值大于 1 时，就显示成菜单选择框的形式。

<select>标签还有一个属性 multiple，这是一个布尔型属性，定义了 multiple 属性的<select>元素可以同时选中多个<option>元素，按住 Ctrl 键可以选择不连续的多个选项，按住 Shift 键可以选择连续的多个选项。<select>标签只有作为菜单选择框显示时，多选才有效。

4）标注

<label> 标签为前面介绍的三类表单域元素定义标注。前面在介绍表单域的代码中我们为表单域添加标注时都是直接输入的文本，这样输入的标注不包含标签，无法作为独立的元素对象进行设置和操作。<label>标签是一个双标签，把标注文本输入<label>标签中，这样就可以成为一个元素对象，可以通过 CSS 或者 JavaScript 来设置和操作。<label> 标签有一个常用属性 for，for 属性值应当与标注的表单域元素的 id 属性值相同。

如文本框 text 那段代码可以改写为：

```
<label for="user">用户名：</label>
<input type="text" id="user" maxlength="5" size="30"  placeholder="手机号或邮箱" />
```

运行后的效果和图 2-4-3 完全相同。

3. 表单按钮

表单按钮用于控制表单操作，分为提交按钮、重置按钮、一般按钮和图片按钮。表单按钮也用<input>标签定义，通过 type 属性设置不同的按钮类型。

- 提交按钮。提交按钮 type 属性值为 submit，用来将输入的信息提交到服务器。单击提交按钮后，会执行<form>标签 action 属性设置的动态程序文件。语法如下：

```
<input type="submit" />
```

- 重置按钮。重置按钮 type 属性值为 reset，用来重置表单内容。单击重置按钮后，所有表单域元素恢复初始值。语法如下：

```
<input type="reset" />
```

- 一般按钮。一般按钮 type 属性值为 button，用来控制其他定义了处理代码的处理工作。单击一般按钮后，触发按钮的 click 事件，执行该事件函数中定义的操作。语法如下：

```
<input type="button" />
```

- 图片按钮。一般按钮 type 属性值为 image，用来定义一个图片提交按钮。该按钮显示为 URL 路径下的图片，执行提交按钮的功能。语法如下：

```
<input type="image"  src="URL"/>
```

提交按钮、重置按钮、一般按钮执行的操作不同，但在显示上并没有不同，都是以普通按钮的方式显示的，文本框 text 中介绍的<input>标签基本属性在按钮中也适用。value 值设置的是按钮上显示的文字。

4. 表单分组

<fieldset>标签可将表单内的相关元素分组显示。<fieldset> 标签将表单内容的一部分打包，生成一组相关表单的字段。当一组表单元素放到 <fieldset> 标签内时，浏览器会以特殊方式来显示它们，它们可能有特殊的边界、3D 效果，甚至可创建一个子表单来处理这些元素。

<fieldset>通常不包含属性，如果为了方便 CSS 和 JavaScript 找到这个元素，可以为<fieldset>标签设置 id 属性。<fieldset>标签是一个双标签，分在一组的表单元素要定义成这个标签的子元素。可以在<fieldset>标签子元素中用<legend> 标签定义分组标题。

如定义一个表单分组，分组标题为多选题，包含前面复选框中的多选题，代码如下：

```
<fieldset>
    <legend>多选题</legend>
    下列哪几句诗是李白所作<br />
    <input type="checkbox" name="libai" value="lbA" /> 李白乘舟将欲行，忽闻岸上踏歌声。<br />
    <input type="checkbox" name="libai" value="lbB" /> 昔人已乘黄鹤去，此地空余黄鹤楼。<br />
    <input type="checkbox" name="libai" value="lbC" /> 千呼万唤始出来，犹抱琵琶半遮面。<br />
    <input type="checkbox" name="libai" value="lbD" /> 蜀道之难，难于上青天！
</fieldset>
```

运行后的效果如图 2-4-19 所示，在多选题外部多了一个实线框，实线框左上方显示标题“多选题”。

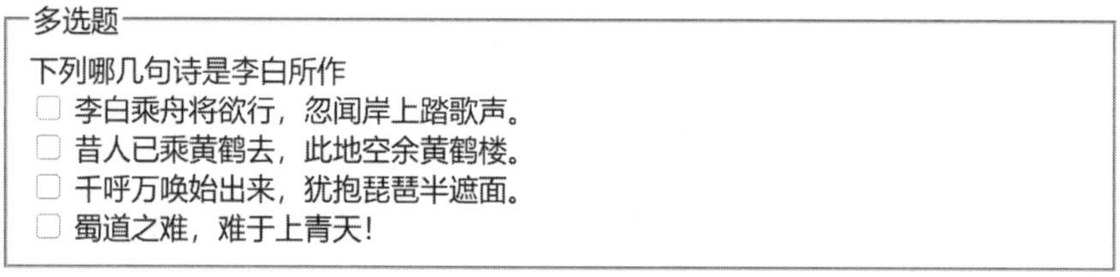

多选题
下列哪几句诗是李白所作
☐ 李白乘舟将欲行，忽闻岸上踏歌声。
☐ 昔人已乘黄鹤去，此地空余黄鹤楼。
☐ 千呼万唤始出来，犹抱琵琶半遮面。
☐ 蜀道之难，难于上青天！

图 2-4-19 表单分组效果

注意：<fieldset>标签的默认宽度是 100%，改变浏览器窗体的大小，灰色边框宽度也会改变。

任务实现

“注册”网页文件是站点根目录下的网页文件 register.html。打开网页文件 register.html，编写注册表单代码。

1. 搭建网页基本结构

我们通常为网站中的主要页面设置相同的 Banner。一方面保证网站风格统一，另一方面在页面切换时保持比较稳定的视觉效果。对于“注册”网页本身来说，页面上部显示

Banner，表单元素就可以显示在页面较中间区域，这也是视觉集中的区域，可以吸引用户的视线。因此首先在网页最上方插入 Banner，代码如下：

```
<html>
<head>
    <meta charset="utf-8">
    <title>注册页面</title>
</head>
<body>
    <img src="img/top_bg.jpg"/>
   </body>
</html>
```

再添加一个标题段落说明页面功能，代码如下：

```
<html>
<head>
    <meta charset="utf-8">
    <title>注册页面</title>
</head>
<body>
    <img src="img/top_bg.jpg"/>
    <h1>注册</h1>
</body>
</html>
```

根据图 2-4-1，表单分为“基本信息”和“详细信息”两部分，需要两个<fieldset>标签，给它们添加 id 属性，定义一个唯一的名称。我们现在只实现表单的元素，不涉及功能，因此<form>标签的 action 属性值设置为空字符串即可。插入表单和表单分组标签，代码如下：

```
<body>
  <img src="img/top_bg.jpg"/>
  <h1>注册</h1>
  <form action="" method="get">
    <fieldset id="baseInfo">
      <legend>基本信息</legend>
    </fieldset>
    <fieldset id="info">
      <legend>详细信息</legend>
    </fieldset>
  </form>
</body>
```

运行代码“注册”网页基本结构效果如图 2-4-20 所示。此时如果觉得两个表单分组上下间距太小，可以在<fieldset id="baseInfo">标签的结束标签的后面添加一个换行符
。

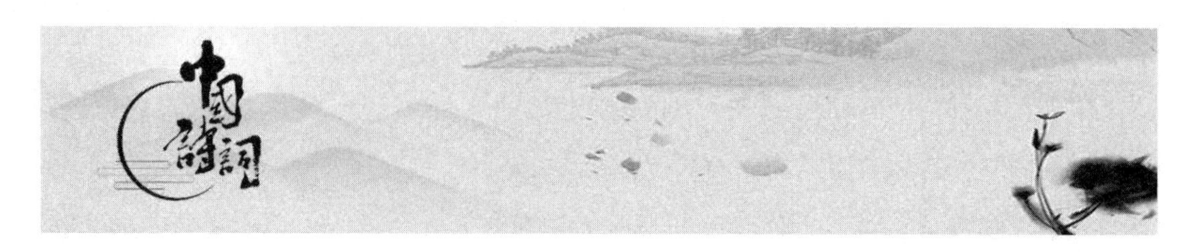

注册

基本信息

详细信息

图 2-4-20 “注册”网页基本结构效果

2. 插入表单域元素

接下来根据图 2-4-1 依次插入表单域元素。基本信息包含用户名、密码和确认密码。用户名是普通文本框元素，密码和确认密码需要隐藏输入内容，选择密码框，并给三个输入框设置相应的提示文本，提示用户输入内容。这里将“用户名”等标注文本设置为<label>元素。具体代码如下：

```
<fieldset id="baseInfo">
  <legend>基本信息</legend>
  <label for="username">用  户  名</label>
  <input type="text" id="username" placeholder="请输入手机号" maxlength=
"11"/><br />
  <label for="password"> 密         码
</label>
  <input type="password" id="password" placeholder="请输入密码"/><br />
  <label for="repwd">确认密码</label>
  <input type="password" id="repwd" placeholder="请再次输入密码"/><br />
</fieldset>
```

用户名是手机号码，最多只有 11 位数字，这里给用户名输入框添加一个 maxlength 属性，用于控制输入框最多只能输入 11 个字符。为了<label>标签中的字符能够等宽对齐，字符与字符间添加了“ ”，在 Chrome 浏览器中测试显示基本正常。表单域元素默认顺序显示，在每个<input>标签后加上
标签换行。运行后的效果如图 2-4-21 所示。

注册

基本信息

用 户 名 请输入手机号

密　　码 请输入密码

确认密码 请再次输入密码

详细信息

图 2-4-21 基本信息效果图

详细信息包含“出生年月”、“常用邮箱”、“年龄”、“性别”和“喜欢诗人”。“出生年月”框输入的是年、月、日时间，选用日期选择框 date；“常用邮箱”框输入的是电子邮件地址，选用电子邮件输入框 email；“年龄”框只需要输入数字，选用数字输入框 number，并利用 value 属性设置默认值 20；“性别”框在男、女中取其一，选用两个单选按钮 radio，设置相同的 name 属性值“sex”；“喜欢诗人”框在一组诗人中可以多项选择，选用复选框 checkbox。最后在需要换行的位置加上
标签，添加“ ”调整文字间距，完成代码如下：

```
    <fieldset id="info">
      <legend>详细信息</legend>
      <label>出生年月</label><input type="date" id="born"/><br />
      <label>常用邮箱</label><input type="email" id="email" size="20"/><br />
      <label> 年         龄 </label><input
type="number" id="age" value="20"/><br />
      <label> 性         别 </label><input
type="radio" name="sex">男<input type="radio" name="sex">女<br />
      <label>喜欢诗人</label><br />
      <input type="checkbox" name="like">李白
      <input type="checkbox" name="like">杜甫
      <input type="checkbox" name="like">白居易
      <input type="checkbox" name="like">杜牧
      <input type="checkbox" name="like">李商隐
      <input type="checkbox" name="like">苏轼
      <input type="checkbox" name="like">孟浩然<br />
    </fieldset>
```

运行后的效果如图 2-4-22 所示。

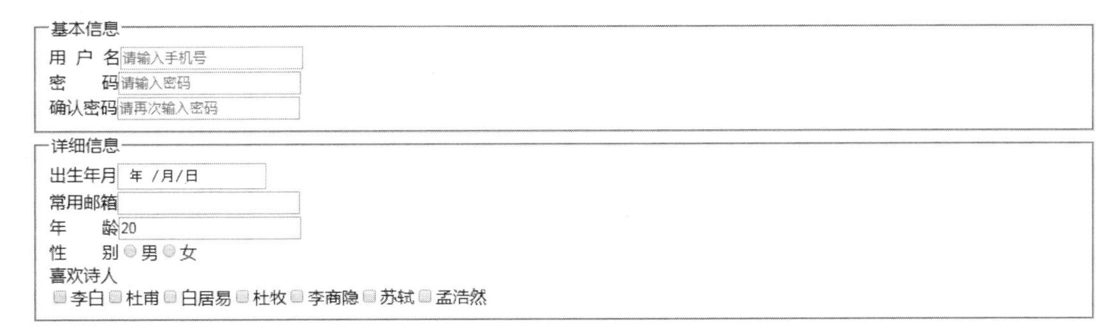

图 2-4-22 详细信息效果图

3. 插入表单按钮元素

根据图 2-4-1，表单的最下方是两个表单按钮“提交”和“重置”。按钮显示在表单分组外部，代码插在</fieldset>标签后，<form>标签内部的最下方，代码如下：

```
<form>
……
  </fieldset><br />
  <input type="submit" id="register" value="注册" />  
  <input type="reset" id="reset" value="重置" />
</form>
```

完成后运行即可实现图 2-4-1 所示网页效果。

能力提升

1. HTML5 中新增的列表标签<datalist>

在表单域元素中，大部分表单域元素都可以通过<input>标签来实现，这样的相同标签元素方便 CSS 和 JavaScript 获取所有表单域元素批量处理。下拉列表也是表单域中非常常用的一种元素，由于使用<select>标签，给批量处理带来很多不便。HTML5 新增的<datalist>标签很好地解决了这一问题。

<datalist> 标签用于定义选项列表，每个选项采用一个<option>标签。语法如下：

```
<datalist id="...">
  <option value="opt1" />
  <option value="opt2" />
  <option value="opt3" />
</datalist>
```

和<select>标签中的<option>标签稍有不同，这里的<option>标签是单标签，value 属性值定义的就是下拉列表中显示的内容，属性值也可以是中文。<datalist>标签定义后不会被显示出来，仅仅是合法的输入值列表，它可以被定义在网页中的任何位置。

datalist 元素需要被绑定到 input 元素上才能显示，如下代码：

```
<input type="text" list="libai" />
<datalist id="libai">
  <option value="静夜思" / >
  <option value="行路难" / >
  <option value="古朗月行" / >
  <option value="梦游天姥吟留别" / >
</datalist>
```

<input>标签通过 list 属性绑定 datalist 元素，将 list 属性值设置为<datalist>的 id 属性值，这个选项列表就被绑定到了文本框上。光标移到绑定了 datalist 元素的文本框上时，右

侧会出现下拉标记▼，单击就可以展开列表选项，单击其中一个选项，选项值就会填充到文本框中。运行效果如图 2-4-23 所示。

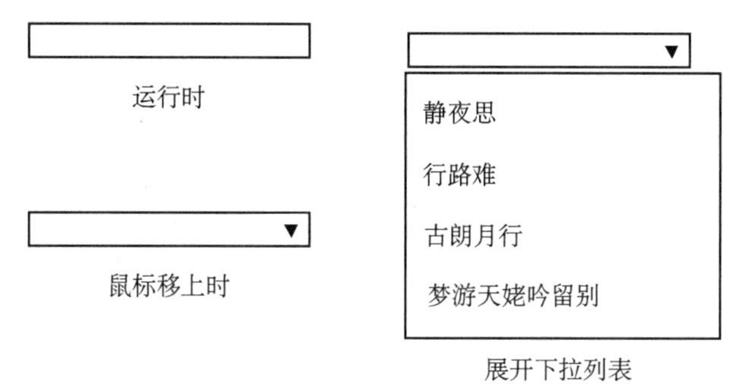

图 2-4-23　<datalist>标签

2. 列表项分组标签<optgroup>

<optgroup> 标签用于定义 option 选项组。当使用一个长的选项列表时，对相关的选项进行组合会使处理更加容易。用<optgroup>标签包含分在一组的多个<option>标签，还可以为<optgroup>标签设置 label 属性，用于定义分组的描述。如修改原来的下拉列表框代码，将选项分成两组，代码如下：

```
<select id="libai">
   <optgroup label="格律诗">
      <option>静夜思</option>
      <option selected>古朗月行</option>
   </optgroup>
   <optgroup label="非格律诗">
      <option>行路难</option>
      <option>梦游天姥吟留别</option>
   </optgroup>
</select>
```

运行后点开下拉列表显示如图 2-4-24 所示。

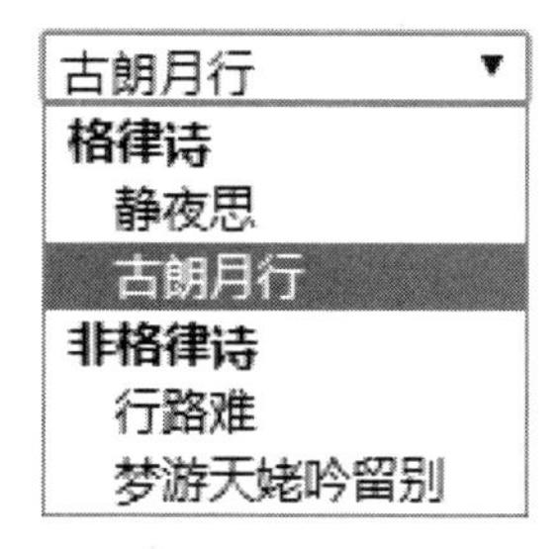

图 2-4-24　<optgroup>列表项分组

任务二　“排行榜”的实现

任务描述

继续编辑 HTML 文件 register.html，单击超链接文本“查看诗人排行榜“，在表单下方显示几位诗人的受欢迎程度，如图 2-4-25 所示。“排行榜”是在另一个 HTML 文件 brand.html 中实现的，本任务中我们介绍内嵌框架 iframe 的使用，用以实现在一个网页中嵌套另一个网页。

详细信息
出生年月 年 /月/日
常用邮箱
年　　龄 20
性　　别 男 女
喜欢诗人
李白 杜甫 白居易 杜牧 李商隐 苏轼 孟浩然
查看诗人排行榜

注册 重置

李白：
杜甫：
白居易：
杜牧：
李商隐：
苏轼：
孟浩然：

图 2-4-25　任务二效果图

知识准备

1. 进度条

在网页制作中，经常会遇到处理进度的问题，比如下载文件时可能需要向用户显示当前下载进度，处理项目时需要显示项目进展情况。在 HTML4 中，设计进度条需要手动完成，过程非常麻烦，到了 HTML5，单独提供了一个标签<progress>处理进度。语法格式如下：

```
<progress id="…" value="val" max="max"></progress>
```

进度条显示如图 2-4-26 所示。<progress>标签有两个常用属性 max 和 value。

- max：用于定义最大值，也就是一共需要完成的量，进度条的总长度就代表最大值。
- value：用于定义当前值，也就是当前完成的量，进度条蓝色部分表示当前值。如果 value=0，整个进度条显示白色，如果 value=max，那么整个进度条显示蓝色。

图 2-4-26 进度条

<progress> 标签本身只能显示一个静态的进度条，将它与 JavaScript 一同使用，通过动态改变 value 属性值来显示动态的任务进度。

注意：<progress>标签是双标签，因此要有结束标签</progress>。

2. 浮动框架

在页面设计时，有时需要在一个网页中引入其他的网页页面，可以通过<iframe>标签定义的浮动框架来实现。<iframe>标签会创建一个内联框架，在这个框架中可以引入一个新的文档。目前所有主流浏览器都支持 <iframe> 标签。语法如下：

```
<iframe src="URL" width="800" height="400">
  您的浏览器不支持 iframe 标签。
</iframe>
```

<iframe>标签的主要属性有 src、width、height 和 frameborder。

- src 属性用于定义要加载的页面路径，可以是当前站点中文件的相对路径，也可以是一个有效的网址。
- width 属性用于定义框架的宽度。
- height 属性用于定义框架的高度。width 和 height 决定了加载的外部页面在当前网页中的显示大小。
- frameborder 属性用于定义框架的边框宽度，浮动框架默认有灰色边框，如果不希望显示边框，可以把 frameborder 属性值定义为 0。

<iframe>标签是双标签，可以在标签内添加文字，只有浏览器不支持<iframe>标签时，文字才会显示。如想要在网页中定义一个 600px×400px 的区域显示百度网页，代码如下：

```
<html>
  <head>
  </head>
  <body>
    <h2>百度</h2>
```

```
    <iframe src="http://www.baidu.com" width="600" height="400">
         您的浏览器不支持  iframe 标签。
    </iframe>
  </body>
</html>
```

运行后的效果如图 2-4-27 所示，当导入的页面尺寸比框架尺寸大时会自动添加滚动条。

百度

图 2-4-27　<iframe>标签浮动框架示例

任务实现

诗人受欢迎度排行榜在站点根目录下网页文件 brand.html 中实现，register.html 网页页面打开时不显示排行榜，单击多选框下方超链接“查看诗人排行榜”后在表单下方显示排行榜页面。

1. 插入超链接

继续编辑网页 register.html，在多选框下方插入超链接<a>标签，设置<a>标签的 href 属性指向网页 brand.html，这两个页面在同一目录下，因此直接输入网页完整文件名即可。brand.html 文件打开的位置是在浮动框架中显示的，前面我们学过 target 属性用于定义目标文件打开的位置，除了“_blank”和“_self”，也可以指定网页在框架中打开。只要给浮动框架起个名字（name 属性），target 属性值设置为浮动框架的名字，那么单击超链接后，目标网页就会在浮动框架中显示。代码如下：

```
<fieldset id="info">
  ……
  <input type="checkbox" name="like">苏轼
  <input type="checkbox" name="like">孟浩然<br />
  <a href="brand.html" target="brand">查看诗人排行榜</a><br />
</fieldset>
<input type="submit" id="register" value="注册" />  
<input type="reset" id="reset" value="重置" />
```

2. 实现排行榜页面

打开网页 brand.html，在网页中插入多个进度条。进度条<progress>是行元素，需要在代码中设置换行，前面我们都通过添加换行标签
的方式来换行，这里换一种方式，把每个<progress>标签包含到一个<p>标签中，作为一个段落。

诗人受欢迎程度满分值设置为 100，给每位诗人在 0~100 间定义一个满意度。这里无须给每个进度条定义 id 属性，只定义相同的 max 属性值 100 和不同的 value 属性值即可。这里有 7 位诗人，每位诗人均有一个进度条，类似的代码要重复 7 次。这里可以用 Emmet 输入法来输入代码，在代码编辑器中找到 brand.html 文件的<body>标签，在它中间输入：

```
(p>progress[max="100" value="90"])*7
```

输入后直接按下 Tab 键，生成如下代码：

```
<P> <progress max="100" value="90"></progress> </P>
<P> <progress max="100" value="90"></progress> </P>
<P> <progress max="100" value="90"></progress> </P>
<P> <progress max="100" value="90"></progress> </P>
<P> <progress max="100" value="90"></progress> </P>
<P> <progress max="100" value="90"></progress> </P>
<P> <progress max="100" value="90"></progress> </P>
```

在每个<progress>标签前输入诗人名，再修改不同的 value 值，完成后运行网页 brand.html，效果如图 2-4-28 所示。这里对比图 2-4-25，可以发现进度条的样子稍有不同，这只是不同版本浏览器对进度条的默认显示效果不同。

3. 插入浮动框架

继续编辑网页 register.html，在表单下方插入一个浮动框架<iframe>，为其设定一个大小，并定义 frameborder 属性值为 0 即不显示边框，最重要的一定要定义 name 属性值为 brand，也就是和超链接<a>标签的 target 属性值一致。代码如下：

李白：

杜甫：

白居易：

杜牧：

李商隐：

苏轼：

孟浩然：

图 2-4-28　brand.html 运行效果图

```
    <fieldset id="info">
        ……
        <input type="checkbox" name="like">苏轼
        <input type="checkbox" name="like">孟浩然<br />
        <a href="brand.html" target="brand">查看诗人排行榜</a><br />
    </fieldset>
    <input type="submit" id="register" value="注册" />  
    <input type="reset" id="reset" value="重置" />
  </form>
  <iframe name="brand" width="400" height="280" frameborder="0"></iframe>
```

运行网页 register.html，效果如图 2-4-29 所示，单击超链接“查看诗人排行榜”，在浮动框架显示网页 brand.html，如图 2-4-25 所示。

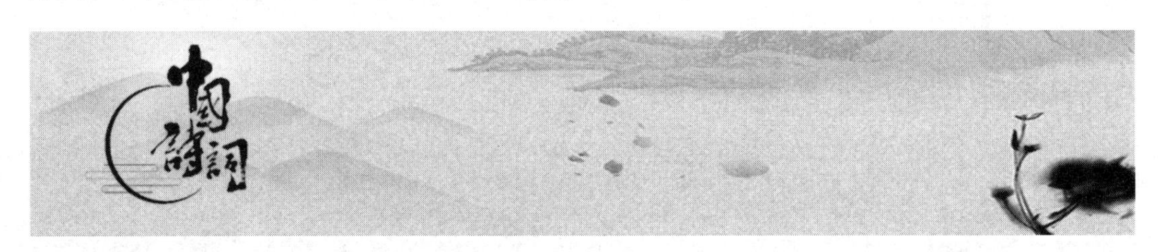

注册

基本信息

用 户 名 请输入手机号

密　　码 请输入密码

确认密码 请再次输入密码

详细信息

出生年月 年 /月/日

常用邮箱

年　　龄 20

性　　别 ○男 ○女

喜欢诗人

□李白 □杜甫 □白居易 □杜牧 □李商隐 □苏轼 □孟浩然

查看诗人排行榜

注册　重置

图 2-4-29　register.html 运行效果图

能力提升

1. 计量条<metre>

<metre> 标签用于定义设定范围内的标量测量，也被称为计量条。计量条的显示方式和进度条类似，但通常被用来表示用量，而不是表示进度。如果要标记进度，仍需使用 <progress> 标签。<metre>标签有 5 个重要属性 min、max、low、high 和 value。

- min：min 属性用于定义<metre>标签表示范围的最小值，也就是尺度最左侧代表的值。
- max：max 属性用于定义<metre>标签表示范围的最大值，也就是尺度最右侧代表的值。min 和 max 属性不能省略。
- low：low 属性用于定义被视作低的值的范围。
- high：high 属性用于定义被视作高的值的范围。low 和 high 属性可以被省略。
- value：value 属性用于定义计量条的当前值。value 值应该是 min～max 范围内的一个值。

计量条类似一个标尺，左侧是 min 刻度，右侧是 max 刻度，按照比例计算出 value 值应该显示的位置，计量条 min 到 value 区域显示为绿色。如图 2-4-30 所示的是几种不同值的显示效果，虽然 value 值都是“7”，但是因为 min 和 max 值不一样，计量条显示也不同。

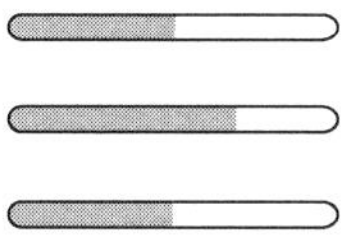

	value	min	max
	7	6	8
	7	0	10
	7	4	10

图 2-4-30 不同范围的计量条

计量条除了可以显示量值，还可以通过 low 和 high 属性设定一个判定范围，用不同的颜色表示量值所属的范围。value 值小于 low，表示量值低，显示绿色；value 值大于 high，表示量值高，显示红色；value 值在 low 和 high 之间，表示量值中，显示橙色。如下代码定义三个计量条：

```
<!DOCTYPE html>
<html>
  <head>
  </head>
  <body>
        <meter value="2" min="0" max="10" low="6" high="8"></meter><br>
        <meter value="7" min="0" max="10" low="6" high="8"></meter><br>
        <meter value="9" min="0" max="10" low="6" high="8"></meter>
```

```
  </body>
</html>
```

运行后 3 个计量条显示不同的颜色。

2. 输出框<output>

HTML5 新增了一个<output>标签，用于在表单中输出信息。<output>标签本身只在网页中显示一个区域，要实现输出功能还是需要 JavaScript 代码才可以实现的。如下这段代码，可以实现一个加法算式的计算。

```
<!DOCTYPE html>
<html>
  <body>
    <form oninput="x.value=parseInt(a.value)+parseInt(b.value)">
      0<input type="range" id="a" value="50">100
      +<input type="number" id="b" value="50">
      =<output id="x" for="a b"></output>
    </form>
    <p><b>注释：</b>滑动滑杆或输入数字，查看计算结果</p>
  </body>
</html>
```

运行后的效果如图 2-4-31 所示。当两个输入数字改变的时候，滑动滑杆或者微调/输入数字，等号后实时出现计算结果。<output>标签中的 for 属性用于定义和输出框相关的一个或多个元素。但是这里的定义实际只是语义上的定义，和计算无关。计算是由<form>标签中的 oninput 事件代码实现的。

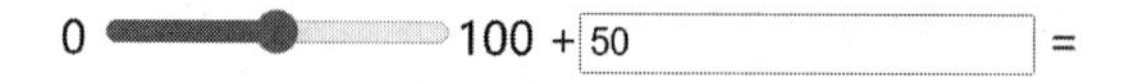

注释：滑动滑杆或输入数字，查看计算结果

图 2-4-31　带输出框的加法计算效果

“中国诗词”网站首页布局实现

任务一　布局实现

任务描述

编辑 HTML 文件 index.html，按照“准备篇”中“布局方式的选择”任务中设计的布局结构，编写 “中国诗词”网站首页布局的 HTML 代码，为下一章 CSS 篇的学习做准备。本任务中我们介绍通用布局标签<div>的使用，用以实现首页布局。

知识准备

网页布局是对网页文本、图片、表格等元素的统一管理。就像我们的家一样，分为卧室、客厅、厨房……每个区域有特有的功能，这样的区域划分，我们可以对不同的空间进行单独的管理，彼此互不干扰。网页布局也是一样，它可以将我们的网页划分为多个区域，整个网页风格统一，每个区域又通过边框、背景、形状等方式独立区分，各具特色，实现不同风格的视觉效果。在 HTML5 发布之前，实现网页布局，对网页元素进行分类的主要标签是<div>。即使现在 HTML5 已经发布很多年，DIV+CSS 的布局方式仍是被普遍应用的布局方式。

1. <div>标签

<div> 标签可以把文档分割为独立的、不同的部分，通常用作严格的组织工具。<div>是一个块级元素。这意味着它的内容自动地开始一个新行。如下段代码中两个<div>标签，运行后效果如图 2-5-1 所示，会分在两行显示。

```
<html>
```

```
    <body>
        <div>飞流直下三千尺</div>
        <div>疑是银河落九天</div>
    </body>
</html>
```

飞流直下三千尺
疑是银河落九天

图 2-5-1　<div>标签文本效果

注意：尽管<div>标签也可以实现文本换行，但每个标签有自己固定的语义，<div>作为布局标签，应用于对区域的规划，单纯的文本还是使用<p>标签或其他文本标签。

从图 2-5-1 中可以看出，<div>标签本身并没有任何显示效果，它仅仅作为块级元素进行分块分区域的处理，后期需要通过 CSS 来设置它的样式，实现灵活的布局。为了便于在 CSS 和 JavaScript 中选中标签，通常用 id 属性或 class 属性来标记 <div>。

<div>标签代表一个区块，区块就有一定的大小，div 元素的大小通常在 CSS 中定义。没有定义的<div>标签默认宽度是 100%，也就是父元素的宽度。默认高度是 auto，表示高度值会根据标签中的内容自动变化。如果<div>标签内没有任何元素，高度值即为 0，因此一个空<div>标签在网页中是不会占用任何区域的。

2. <span>标签

HTML 中还有一个用于组合元素的标签<span>。<span> 标签被用来组合文档中的行内元素，如<a>、<input>等。<span> 标签没有固定的格式表现。当对它应用样式时，它才会产生视觉上的变化。如果不对 <span> 应用样式，那么 <span> 元素中的文本与其他文本不会有任何视觉上的差异。<span> 标签提供了一种将文本的一部分或者文档的一部分独立出来的方式。

<span>标签只能用来组合行内元素，它本身也是一个行内标签。关于行内元素和块级元素的不同，在 CSS 中会详细介绍。标签使用时要注意，行内元素可以作为块级元素的子元素，但不要把块级元素作为行内元素的子元素。如下面这行代码是正确的写法（通过 CSS 样式可以为“提示”设置特有的样式，这也是在成段文本中突出显示部分文本常用的一种方式）：

```
<p><span>提示：</span>格律诗是古代汉语诗歌的一种，主要分为绝句和律诗</p>
```

但是下面的写法是不被允许的：

```
✕ <span>提示：<p>格律诗是古代汉语诗歌的一种，主要分为绝句和律诗</p></span>
```

尽管 HTML 不像高级程序语言那样有严格的语法要求，这段代码也可以被显示运行，但这不符合标签规则，也可能会影响 CSS 样式实现。上面的代码可以改为<div>标签：

```
✔ <div>提示：<p>格律诗是古代汉语诗歌的一种，主要分为绝句和律诗</p></div>
```

任务实现

根据图 1-2-2 的首页布局图分析，“中国诗词”网站首页页面需要 Banner、导航、图片轮转、排行榜、唐诗、宋词、元曲和页脚，一共 8 个区块。<div>标签用在页面布局中时，给每个标签定义一个唯一 id 属性值，便于后期在 CSS 样式实现时可以直接找到元素。

打开站点根目录下网页文件 index.html，在<body>标签中输入 8 个<div>标签，并为每个标签定义一个可以体现区块含义的 id 属性值，代码如下：

```
<!DOCTYPE html>
<html>
  <head>
    <meta charset="UTF-8">
    <meta name="keywords" content="诗词,中国诗词,唐诗,诗歌">
    <meta name="author" content="中国诗词">
    <meta name="description" content="唐诗、宋词、元曲，中国古诗词源远流长，学习
诗词，了解诗词之美。">
    <title>中国诗词</title>
  </head>
  <body>
    <div id="header">banner</div >
    <div id="nav">导航</div>
    <div id="turn">图片轮转</div>
    <div id="brand">排行榜</div>
    <div id="tang">唐诗</div>
    <div id="song">宋词</div>
    <div id="yuan">元曲</div>
    <div id="footer">页脚</div>
  </body>
</html>
```

由于<div>标签本身没有任何样式，如果输入 8 个空标签，运行后网页中不会显示任何内容。这里在每个标签中先输入文字做一个临时的提示，运行后可以看到 8 行文字。

能力提升

可折叠元素

HTML5 中新增的<details>标签用于定义一个可展开可折叠的元素，让一段文字或标题

包含一些隐藏信息。<details>标签通常用来对显示在页面中的内容做进一步解释，类似折叠面板的功能。

<details>标签需要包含一个子标签<summary>，<summary>标签中输入折叠面板的标题，<details>标签中的其他子元素（包括文本）是被折叠的元素。如下一段代码：

```
<!DOCTYPE html>
<html>
  <head>
  </head>
  <body>
    <details>
        <summary>唐诗分类</summary>
        <dl>
            <dt>山水田园诗</dt>
            <dd>代表人物：王维、孟浩然</dd>
            <dt>边塞诗派</dt>
            <dd>代表人物：高适、岑参、王昌龄、李益、王之涣、李颀</dd>
            <dt>浪漫诗派</dt>
            <dd>代表人物：李白</dd>
            <dt>现实诗派</dt>
            <dd>代表人物：杜甫</dd>
        </dl>
    </details>
  </body>
</html>
```

运行后只看到标题“唐诗分类”，如图 2-5-2 中①所示。单击展开按钮▶显示被隐藏的元素，如图 2-5-2 中②所示。可以给<details>标签添加 open 属性，这是一个布尔型属性。一旦添加了 open 属性，可折叠元素默认展开状态，也就是打开网页时就可看到图 2-5-2 中②的效果。

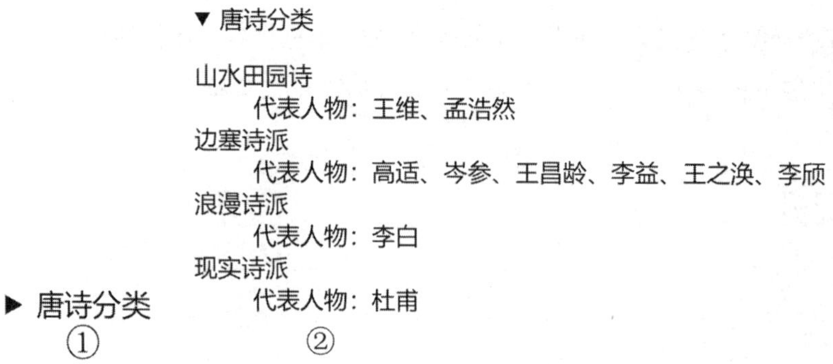

▶ 唐诗分类

①

▼ 唐诗分类

山水田园诗
    代表人物：王维、孟浩然
边塞诗派
    代表人物：高适、岑参、王昌龄、李益、王之涣、李颀
浪漫诗派
    代表人物：李白
现实诗派
    代表人物：杜甫

②

图 2-5-2　可折叠元素

任务二　布局优化

任务描述

继续编辑 HTML 文件 index.html，利用 HTML5 新增的语义布局标签优化“中国诗词”网站首页布局。本任务中我们介绍 HTML5 中语义标签的使用，用以优化首页布局代码。

知识准备

DIV+CSS 是目前主流的网页布局方式，但也存在一些问题。从上一任务代码中可以看出，布局一个网页，需要多个<div>标签，在开始标签中，可以通过 id 属性区分不同区块的标签，但是结束标签都是相同的</div>，一旦标签中插入大量代码，甚至内部还有嵌套<div>标签时，就很难判断</div>结束标签对应的开始标签是哪一个。尤其是 HTML 的代码编辑器是没有调试功能的，一旦出现错误很难发现。

在 HTML5 出现之前，通常是通过添加注释的方式，在每个</div>结束标签前加上注释说明匹配的开始标签。在 HTML5 中，这一问题得到了很好的解决。HTML5 新增了一组语义标签，这组标签在使用上和<div>并没有不同，只是通过不同的标签名代表不同的含义，根据它们的含义用在适合的区域。常用的语义标签如下。

1. <header>

<header>标签代表整个网页或是一个内容块的页眉。在页面或者内容块的最上方，通常包含 Banner、目录、搜索框、导航等元素。整个页面没有限制 header 元素的个数，可以拥有多个，可以为每个内容块增加一个 header 元素。

2. <nav>

<nav>标签代表网页的导航链接区域，用于定义页面的主要导航部分。<nav>标签用在整个页面主要导航部分上，诸如侧边栏上的导航，页脚中的导航等并不建议使用<nav>标签。

3. <section>

<section>标签代表网页中的“节”或“段”，“段”可以是指一篇文章中按照主题的分

段;“节”可以是指一个页面中的分组。<section>标签中包含标题段落<h1>～<h6>时，HTML5会自动降级显示。如下代码运行后，效果如图 2-5-3 所示，同是<h1>标签，<section>标签中的<h1>标签和<body>标签中的<h2>标签显示效果相同。

```
<html>
  <head>
  </head>
  <body>
    <h1>网页中的一级标题</h1>
    <h2>网页中的二级标题</h2>
    <section>
     <h1>section 中的一级标题</h1>
    </section>
    <p>比一比三个标题段落的大小，你发现什么？</p>
  </body>
</html>
```

网页中的一级标题

网页中的二级标题

section中的一级标题

比一比三个标题段落的大小，你发现什么?

图 2-5-3 <section>标签中的标题段落效果

4. <article>

<article>标签代表一个在网页或一个内容块中自成一体的内容，其目的是让开发者独立开发或重用。譬如论坛中的帖子，博客上的文章，一篇用户的评论等。<article>标签中的标题段落和<section>中一样，也会降级。

<article>标签和<section>标签都可以表示网页中的一个内容块，<section>标签侧重于有相互关联的一组元素组成的内容；<article>标签侧重于具有独立含义的一组内容。它们的用法并没有严格的规定，彼此之间也可以互相嵌套。如果担心相互嵌套会引起语义混淆，可以在<article>标签和<section>标签中需要再分区域的时候，使用<div>标签作为子元素。

5. <aside>

<aside>标签代表整个网页或是一个内容块的附属信息部分，通常用作网页的侧边栏，其中的内容可以是与当前文章有关的相关资料、标签、名词解释等。

6. <footer>

<footer>标签代表整个网页或是一个内容块的页脚，在页面或者内容块的最下方，通常含有这部分的一些基本信息，例如，作者、相关文档链接、版权资料。

HTML5 中新增的语义标签可以帮助我们更好地进行网页布局，但是也不要随意用之，错误地使用肯定会事与愿违。也不要忘记<div>标签，因为<div>标签没有任何含义，仅仅用来构建外观和结构，是最适合做容器的标签。

任务实现

学习了 HTML5 新增的语义标签，使用这些语义标签替换<div>标签，可以更好地体现每一个区块的意义。根据图 1-2-2 中网页布局每个部分的含义分析，为 8 个区块选择合适的语义标签，如图 2-5-4 所示。

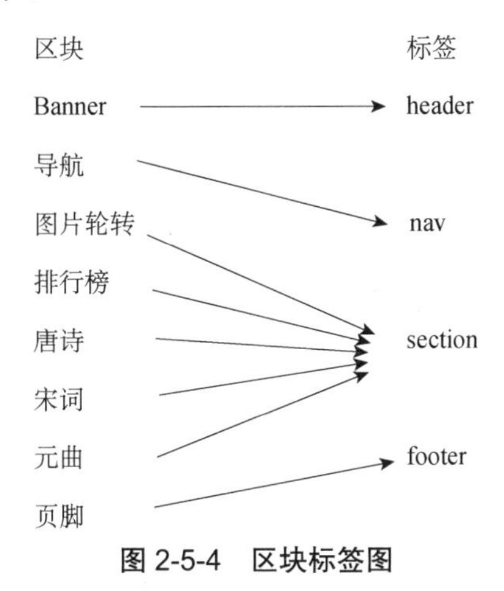

图 2-5-4 区块标签图

修改后的代码如下：

```
<body>
     <header id="header">banner</header>
     <nav id="nav">导航</nav>
     <section id="turn">图片轮转</section>
     <section id="brand">排行榜</section>
     <section id="tang">唐诗</section>
     <section id="song">宋词</section>
     <section id="yuan">元曲</section>
     <footer id="footer">页脚</footer>
</body>
```

能力提升

hgroup 元素

hgroup 元素代表“网页”或“section”的标题组。当“网页”或“section”有多组标题时，可以将每组 h1 到 h6 元素放在<hgroup>标签中，例如，文章的主标题和副标题的组合：

```
<hgroup>
    <h1>什么是格律诗</h1>
    <h2>结构特点</h2>
</hgroup>
```

注意：如果只需要一组<h1>~<h6>标签就不用 hgroup，只有有连续多个<h1>~<h6>标签时才用 hgroup。

CSS篇

通过上一篇的学习，我们了解了丰富的 HTML 标签。HTML 标签被用于定义网页文档内容，即定义网页的元素。但这些元素如何显示，在哪里显示，仅靠 HTML 标签处理此类问题会很困难。因此，万维网联盟（W3C）推出了样式标准 CSS。本篇通过实现“中国诗词”网站首页（见图 3-1），学习 CSS 的基本原理及使用 CSS 优化网页（图中“图片轮转”区展现的正是图片轮转时的效果）。

图 3-1 网站首页效果图

项目一 “中国诗词”网站首页布局

任务一　初识 CSS

任务描述

了解 CSS 样式表的引入方法及 CSS 选择器的使用。在首页 HTML 文件中引入外部 CSS 样式表文件。

知识准备

1. 什么是 CSS

CSS 的全称为层叠样式表（Cascading Style Sheets），用于控制网页内容的外观。

HTML 与 CSS 是“结构”与“表现”的关系，即 HTML 确定网页的结构，CSS 设置网页的表现形式，从而真正实现了结构和表现形式的分离。利用 CSS 样式可以实现丰富多彩的网页效果，从精确的页面布局、定位到特定的字体和样式效果都能实现，功能非常强大。CSS 样式表可以将所有的样式声明统一存放，进行统一管理，使网页样式的修改和维护变得更加方便。

2. CSS 引入

样式表允许以多种方式规定样式信息。样式可以定义在单个 HTML 元素中，也可以定义在 HTML 网页的头元素中，还可以定义在一个外部的 CSS 文件中。

1）行内样式

行内样式是在 HTML 元素中通过 style 属性来设置元素样式的，如设置段落文本颜色为红色可以定义为：

```
<p style="color:red;">中国诗词源远流长</p>
```

每一个 HTML 标签都有 style 属性，都可以通过行内样式设置元素样式。通过行内样式设置的样式效果，仅对当前元素有效。

2）内嵌样式

内嵌样式是在 HTML 页面文件的头元素中定义的，需要定义在<style>标签中，还需要通过选择器组织样式。其语法结构如下：

```
<style>
    选择器 {
        样式表;
    }
</style>
```

HTML 元素中符合选择器规则的元素会套用样式表中定义的样式。通过内嵌样式设置的样式效果，仅对当前 HTML 页面有效。

3）外部样式表

外部样式表是一个独立的扩展名为“.css”的文件，定义在外部样式表中的样式可以被多个 HTML 网页使用。当样式需要应用于很多页面时，外部样式表将是理想的选择。一个外部样式表如果链接到多个页面，浏览器只需加载一次；如果页面相同地方出错，只需要一次性修改外部样式表即可，便于管理和维护。一个 HTML 页面也可以同时使用多个外部样式表。引入的方式有链接和导入两种。

（1）链接。通过<link>标签将外部样式表链接到 HTML 网页中，示例代码如下：

```
<link href="style.css" type="text/css" rel="stylesheet" />
```

<link>标签是单标签，放在<head>标签中。href 属性定义外部样式表文件的 URL，URL 可以采用相对路径，也可以采用绝对路径。

（2）导入。导入指在<style>标签内通过 import 关键词引入外部样式表文件，示例代码如下：

```
<style>
    @import url("style.css ");
</style>
```

采用链接方式时，样式表会在 HTML 文件主体加载前加载 CSS 文件，因此显示出来的网页从一开始就是带样式效果的。而导入方式会在整个网页加载完成后再加载 CSS 文件，这就导致了一个问题：如果网页比较大会先显示无样式页面，加载完成后，再出现有样式的页面。这是导入式固有的一个缺陷。

3. CSS 特性

CSS 有层叠和继承两大特性。

1）层叠

CSS 允许一个元素被定义多个 CSS 样式。当多个 CSS 样式中的属性不冲突时，这些属性会同时被应用到这个元素上；当属性发生冲突时，属性由 CSS 样式的优先级决定，优先级高的属性会覆盖比它优先级低的同一属性。示例代码如下：

```
<!DOCTYPE html>
<html>
<head>
    <meta charset="UTF-8" />
    <style>
        div{
            color: red;                          ①
        }
        div{
            font-size:25px;                      ②
        }
    </style>
</head>
<body>
    <div style="color: green;">层叠性</div>      ③
</body>
</html>
```

这段代码中一共有 3 处定义了<div>元素的样式，其中①、②两处的属性不同，因此两个属性都会被应用；而③的属性和①冲突，层叠样式的优先级主要遵循就近原则，因此③的绿色会覆盖①的红色。

CSS 的层叠特性可以概括为各样式间的优先级顺序，即样式产生“冲突”时的解决方法。关于优先级我们会在后面做详细分析。

2）继承

CSS 的继承特性是指定义的样式不仅能应用到指定的元素，还会应用到其后代元素。所谓后代元素即一个元素 a 如果嵌套在另一个元素 b 中，则 a 元素就是 b 元素的后代元素（或子元素）。继承性的特点有：

（1）子元素会继承父元素的 CSS 属性，属性值会传播到其后代元素，并一直继续，直到没有更多的后代元素为止或者后代元素定义了新的同类样式。

（2）并不是所有的 CSS 属性都会被子元素继承。可以继承的属性有字体颜色、字体大小、行高、背景颜色等。

（3）子元素的样式不会影响其父元素的样式。

任务实现

在 HTML 篇创建 Web 项目中已经新建了外部 CSS 样式表文件 style.css，首页中所有元素的样式都定义在该文件中，通过链接的方式将该文件引入 index.html 文件。

在 index.html 文件的<head>标签中加入<link>标签引入 CSS 文件，CSS 文件存放在网站源文件根目录的 css 文件夹下，其与 index.html 文件的相对路径表示为“css/style.css”。修改后的首页代码如下：

```
<!DOCTYPE html>
<html>
    <head>
        <meta charset="UTF-8">
        <title>中国诗词</title>
        <link href="css/style.css" type="text/css" rel="stylesheet" />
    </head>
    <body>
    </body>
</html>
```

能力提升

CSS 引入方式的优先级，采用就近优先原则决定。离元素越近，CSS 样式的优先级越高，因此行内样式的优先级最高，内嵌样式的优先级次之，导入样式的优先级最低，如图 3-1-1 所示。

链接样式的优先级比较复杂，需要考虑 HTML 文件中引入链接样式的位置，如果链接样式在内嵌样式（<style>标签）前引入，则内嵌样式优先级高于链接样式；如果链接样式在内嵌样式后引入，则链接样式优先级高于内嵌样式。试试下面两段代码，看看段落会是什么颜色？

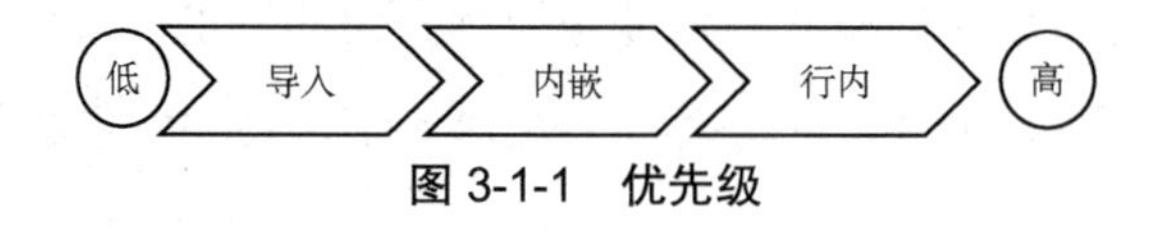

图 3-1-1　优先级

代码 1：

```
<!DOCTYPE html>
<html>
    <head>
        <meta charset="UTF-8">
        <link href="css/style.css" type="text/css" rel="stylesheet" />
        <style>
```

```
            p{
                color:red;
            }
        </style>
    </head>
    <body>
        <p>测测优先级</p>
    </body>
</html>
```

代码 2：

```
<!DOCTYPE html>
<html>
    <head>
        <meta charset="UTF-8">
        <style>
            p{
               color:red;
            }
        </style>
        <link href="css/style.css" type="text/css" rel="stylesheet" />
    </head>
    <body>
        <p>测测优先级</p>
    </body>
</html>
```

其中，style.css 文件中的代码如下：

```
p{
   color:green;
}
```

任务二　首页布局搭建

任务描述

利用 HTML 篇学过的标签知识搭建“中国诗词”网站首页，并通过 CSS 基本属性的设置使每个区块放置在指定的位置，实现首页布局搭建。完成后，首页布局效果如图 3-1-2 所示。

Banner

导航

图片轮转 排行榜

唐诗 宋词 元曲

页脚

图 3-1-2 首页布局效果

知识准备

1. CSS 样式规则

CSS 样式规则的语法格式如下：

```
选择器 { 声明 1 ; 声明 2 ;…}
```

CSS 样式规则由选择器和一组声明组成。选择器决定可以应用当前设定样式的 HTML 元素；声明决定当前设定的样式。声明可以是一条也可以是多条，需要用花括号括起来，每条声明结尾处用“;”隔开。每条声明定义了一种样式，由属性和属性值组成，中间用冒号“:”隔开。例如，定义标题文字的字体大小为 20px，颜色为红色，代码如下：

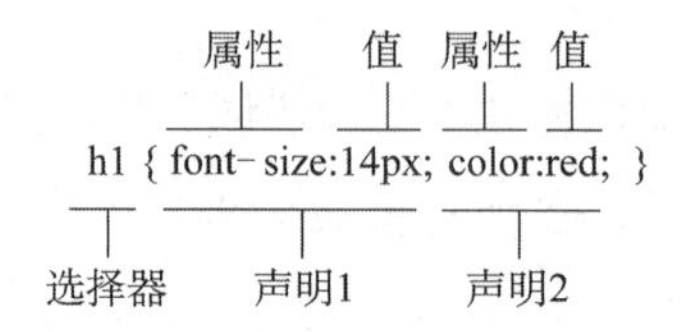

一组样式中需要声明的属性较多时，可以每行描述一个属性，这样可以增强样式定义

的可读性，如对上面的样式代码进行修改：

```
h1 {
    font-size:14px;
    color:red;
}
```

CSS 样式规则本身不区分大小写，但当 id 和 class 选择器的名称在 HTML 文件中应用时，要注意区分大小写，两处名称必须完全一致才可以正常使用。

2. CSS 基本选择器

CSS 样式和 HTML 页面中的元素可以一对一、一对多或者多对一对应，哪些 HTML 元素应用 CSS 样式由 CSS 选择器决定。CSS 选择器有三类基本类型：标签选择器、id 选择器和类选择器。

1）标签选择器

标签选择器指用 HTML 元素的标签名做选择器的名字。被标签选择器定义的样式，所有同名 HTML 标签都会自动套用该样式，我们通常把所有同类标签都相同的样式用标签选择器定义。例如，网页中所有<h1>元素都是 30px 大小的红色文字，那么可以定义<h1>标签选择器样式，具体代码如下：

```
<!DOCTYPE html>
<html>
     <head>
          <meta charset="utf-8">
          <title></title>
          <style>
               h1 {
                   color: red;
                   font-size: 30px;
               }
          </style>
     </head>
     <body>
          <h1>咏柳</h1> ◄──── 红色，30px
          <p>
               碧玉妆成一树高，万条垂下绿丝绦。不知细叶谁裁出，二月春风似剪刀。
          </p>
          <h1>江南逢李龟年</h1> ◄──── 红色，30px
          <p>
               岐王宅里寻常见，崔九堂前几度闻。正是江南好风景，落花时节又逢君。
          </p>
          <h1>望天门山</h1> ◄──── 红色，30px
          <p>
               天门中断楚江开，碧水东流至此回。两岸青山相对出，孤帆一片日边来。
```

```
        </p>
    </body>
</html>
```

2）id 选择器

id 选择器以“#”开头，选择器名称自定义，可以包含字母、数字、下画线或美元符号，必须以字母或下画线开头。id 选择器定义的样式，HTML 中具有同名 id 属性的元素会套用。HTML 元素的 id 属性必须是唯一的，因此，一个 id 选择器样式唯一对应一个 HTML 元素，我们通常把元素特有的样式用 id 选择器来定义。例如，网页中某一个段落呈现蓝色背景白色文字，那么我们给这个落段的 id 属性值定义为“bw”，然后利用 id 选择器“#bw”定义 CSS 样式。具体代码如下：

```
<!DOCTYPE html>
<html>
    <head>
        <meta charset="utf-8">
        <title></title>
        <style>
            #bw {
                background: blue;
                color: white;
            }
        </style>
    </head>
    <body>                          蓝色背景，白色文字
        <h1>咏柳</h1>
        <p id="bw">
            碧玉妆成一树高，万条垂下绿丝绦。不知细叶谁裁出，二月春风似剪刀。
        </p>
        <h1>江南逢李龟年</h1>
        <p>
            岐王宅里寻常见，崔九堂前几度闻。正是江南好风景，落花时节又逢君。
        </p>
        <h1>望天门山</h1>
        <p>
            天门中断楚江开，碧水东流至此回。两岸青山相对出，孤帆一片日边来。
        </p>
    </body>
</html>
```

注意：尽管 HTML 标准要求 id 属性必须唯一，但是如果只是单纯地添加 CSS 样式，id 不唯一时相同 id 的 HTML 元素也会同时应用样式。然而，如果嵌入的 JavaScript 代码通过 id 获取元素，则 id 不唯一时会出现错误。因此，我们在定义 HTML 元素的 id 属性时，要保证其唯一性。

3）类选择器

类选择器以“.”开头，选择器名称自定义，可以包含字母、数字、下画线或美元符号，必须以字母或下画线开头。类选择器定义的样式，HTML 元素包含同名 class 属性的元素会套用。多个 HTML 元素（可以是不同的 HTML 标签元素）可以拥有相同的 class 属性值，因此一个类选择器样式可以被多个 HTML 元素套用，我们通常把多个 HTML 元素共有的样式用类选择器来定义。例如，前面代码中《咏柳》整首诗文字样式呈现 30px 大小、红色字体，那么我们将《咏柳》的<h1>标签和<p>标签的 class 属性都定义为“red”，利用类选择器“.red”定义 CSS 样式，具体代码如下：

```
<!DOCTYPE html>
<html>
    <head>
        <meta charset="utf-8">
        <title></title>
        <style>
            .red {
                color: red;
                font-size: 30px;
            }
        </style>
    </head>
    <body>
        <h1 class="red">咏柳</h1>
        <p class="red">
            碧玉妆成一树高，万条垂下绿丝绦。不知细叶谁裁出，二月春风似剪刀。
        </p>
        <h1>江南逢李龟年</h1>
        <p>
            岐王宅里寻常见，崔九堂前几度闻。正是江南好风景，落花时节又逢君。
        </p>
        <h1>望天门山</h1>
        <p>
            天门中断楚江开，碧水东流至此回。两岸青山相对出，孤帆一片日边来。
        </p>
    </body>
</html>
```

红色，30px

3. 布局常用属性

选择器决定了可以应用当前设定样式的 HTML 元素，HTML 元素具体样式由声明设定，一个声明包含了属性和该属性的值两部分。网页中的元素布局由一个个区块元素按指定大小、间距、位置排列构成。接下来我们介绍在布局中常用的几种属性，即区块的常用属性。

1）区块大小

在 CSS 中通过 width 和 height 两个属性设置区块的宽和高，如果没有给区块设置这两个属性，区块默认宽度会以父元素的内容区域为限，高度是显示内容的最小高度。<div>、<h1>、<p>、<table>等区块标签都具有这两个属性。例如，设置<div>元素宽度为 500px、高度为 300px，代码如下：

```
div {
    width: 500px;
    height:300px;
}
```

这里的“px”是 CSS 的长度单位，中文为“像素”。“像素”指的是计算机屏幕中最小的点，它的大小由屏幕分辨率决定。例如，屏幕分辨率为 800px×600px，指屏幕水平方向有 800 个像素点，垂直方向有 600 个像素点，每一个像素点的长度就是 1px。因此，如果屏幕分辨率不同，1px 的大小也就不同。严格来讲，“px”是一个相对单位。CSS 中常用的相对单位如下：

● %（百分比），是相对于父元素“相同属性”的值来计算的。区块元素默认的 width 值是 100%，即和父对象的宽度值一致。

● em，是相对于“当前元素”的字体大小而言的。其中，1em 等于“当前元素”的字体大小。如果当前元素的 font-size 属性没有定义，则当前元素会继承父元素的 font-size 属性。如果当前元素的所有祖先元素都没有定义 font-size 属性，则当前元素会继承浏览器默认的 font-size 属性。其中，所有浏览器默认的 font-size 属性值都是 16px。通常我们使用 em 作为单位来定义字体。当需要改变页面整体的文字大小时，我们只需要改变根元素的字体大小即可，工作量变得非常少。em 这个特点在跨平台网站开发中有着明显优势。

● rem，全称 font-size of the root element，指相对于根元素（<html>元素）的字体大小。rem 是 CSS3 中新引入的单位，目前除了 IE8 及以前版本的浏览器，大部分主流浏览器都是支持 rem 的。

2）区块间距

区块的 width 和 height 属性只能设置区块可输入内容区域的大小，但 HTML 中一个区块的大小绝不仅仅是内容区域的大小。接下来我们就详细了解一下区块的内容结构，如图 3-1-3 所示。

在 CSS 中，一个独立的区块模型由内容、border（边框）、padding（内边距）和 margin（外边距）四部分组成。这四部分之间的关系如下。

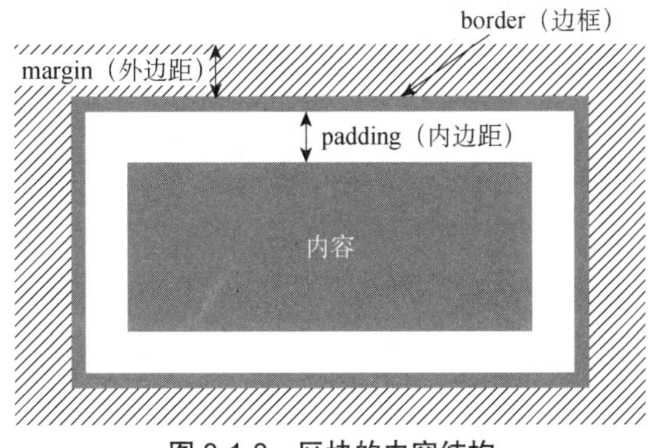

图 3-1-3 区块的内容结构

（1）border 用于设定边框，区块的其他部分是相对 border 而言的。

（2）padding 是指内容与 border 之间的距离，padding 是透明的。

（3）margin 是 border 到图中的最外边虚线的范围，也是透明的。

（4）最中间部分是区块中应该显示的内容，属性 width 和 height 设置的也是这部分的大小。

这四部分中，每一部分的尺寸都可以设置为任意长度，因此一个区块的实际大小是由这四部分共同决定的，可以按如下公式进行计算：

```
一个区块的实际宽度（或高度）=
width（或 height）+padding（两侧）+border（两侧）+margin（两侧）
```

这样的区块模型在计算区块实际尺寸的时候，容易因为漏算某一部分而导致布局效果和预期不一致。CSS3 中新增了一个属性 box-sizing ，这个属性允许以特定的方式定义匹配某个区域的特定元素。它的语法格式是：

```
box-sizing: content-box|border-box|inherit;
```

如果属性值设置为 border-box，则 padding（内边距）和 border（边框）都将被包含在属性 width 和 height 设置的范围中（见图 3-1-4）。

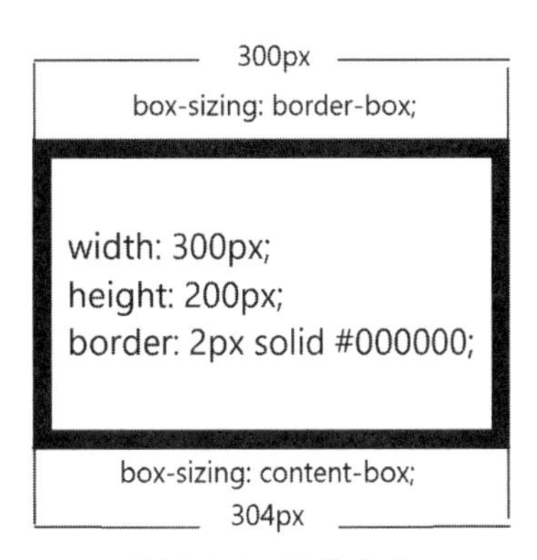

图 3-1-4 区块大小

无论是内边距（padding）还是外边距（margin），都有上、下、左、右 4 个值，分别对应 4 个子属性：padding-left 、 padding-right 、 padding-top 、 padding-bottom 和 margin-left、margin-right、margin-top、margin-bottom。在定义边距的时候，我们可以分别定义每一个子属性，也可以一起定义。一起定义时，属性值有 4 种表示方法，可以是 1 个长度值，也可以是 4 个长度值，不同表示方法和边距的上、下、左、右对应关系如下：

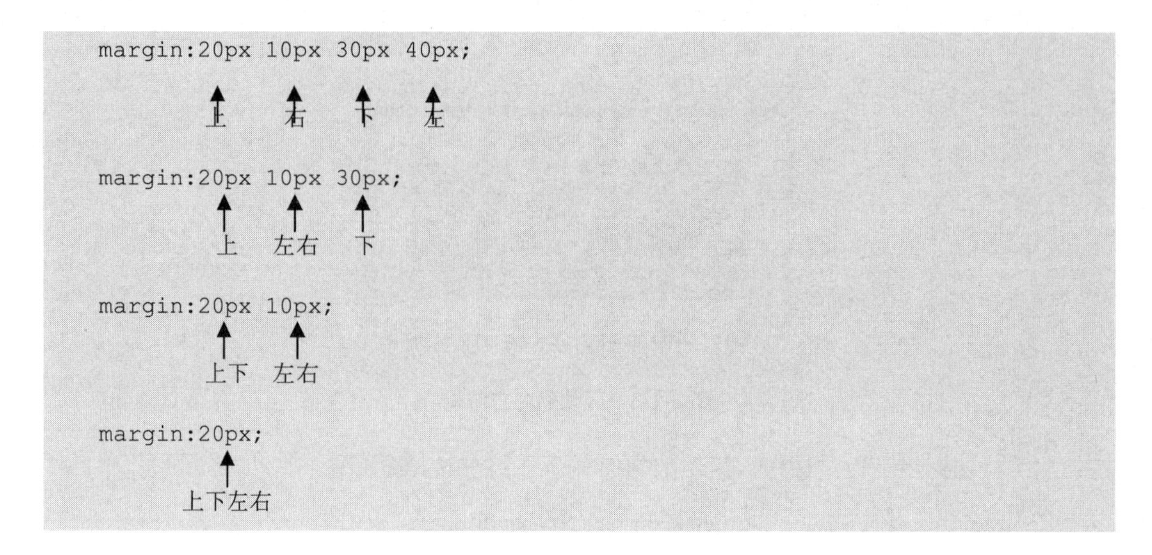

3）区块位置

网页默认的排版方式是标准流排版方式。在这种方式下，区块元素垂直排版，又由于区块元素的默认宽度是父元素的宽度，因此标准流中所有区块元素按出现的顺序从上到下依次出现。在实际应用中，仅按照标准流方式进行排版，有时不能达到所需要的效果，这时可以使用“浮动”或“定位”方式，满足页面排版的需要。

（1）浮动。在 CSS 中，通过设置块级元素的 float 属性，可以实现元素“浮动”，语法格式如下：

```
float:none|left|right;
```

float 属性的默认值为 none，当属性值设置为 left 时，元素向左浮动，表示向其父元素的左侧靠紧；设置为 right 时，元素向右浮动，表示向其父元素的右侧靠紧。在默认情况下，盒子的宽度不再伸展而是能容纳下里面内容的最小宽度。当块级元素设置浮动后，其将脱离“标准流”，但还占据着父元素的空间，而其他“标准流”中的兄弟元素或相邻的内容紧随其后。父元素的高度不再受浮动的子元素的影响，而由处在标准流中的子元素的高度决定。对块级元素进行浮动设置可以使多个块级元素达到水平排列的效果。

如果希望其他标准流中的元素不受浮动元素的影响，在 CSS 中可以设置该元素的 clear 属性，清除浮动元素带来的影响。clear 属性值有 4 个，分别是 left、right、both、none，其默认值为 none。当一个父元素中的所有子元素都进行了浮动时，它的高度与里面的浮动元素无关，由它里面的标准流内容决定。 在实际应用中，往往需要父元素的高度能容纳它里面的浮动元素，可以在父元素内部末尾所有浮动元素的后面再增加一个<div>元素，然后设置该元素的 clear 属性来扩展父元素的高度，设置如下：

```
.clear{clear:both;}
<div class = "clear"></div>
```

注意：①使用 float 属性的时候同行的多栏元素要等高，否则整个页面会错乱；②float 属性会影响它后面的元素，因此要在后面第一个不需要分栏的元素中设置 clear 属性。

（2）定位。在使用 CSS 进行网页布局时，还可以利用元素的 position 属性来指定元素的位置，position 属性一共有 4 个值，分别为 static、absolute、relative 和 fixed，position 属性值及其描述如表 3-1-1 所示。

表 3-1-1　position 属性值及其描述

值	描　述
absolute	生成绝对定位元素，相对于 static 定位以外的第一个父元素进行定位。元素的位置通过 left、top、right 及 bottom 属性进行规定
fixed	生成绝对定位元素，相对于浏览器窗口进行定位。元素的位置通过 left、top、right 及 bottom 属性进行规定
relative	生成相对定位元素，相对于其正常位置进行定位。例如，“left:20”会向元素的左边添加 20px 间距
static	默认值。没有定位，元素出现在正常的流中（忽略 top、bottom、left、right 或 z-index 声明）

任务实现

双击打开 index.html 文件，继续优化结构并设置结构样式。

1. 优化网页布局结构

这里考虑到网页有固定宽度，并且区块要在页面居中显示，因此定义一个大区块包含区块标签，由大区块控制整个页面的宽度和位置。大区块没有特殊意义，我们就选择<div>标签来定义。页脚具有通栏显示效果，因此<footer>标签要放在大区块的外部，修改后的 index.html 代码如下：

```
<body>
    <div id="container">
        <header id="header">Banner</header>
        <nav id="nav">导航</nav>
        <section id="turn">图片轮转</section>
        <section id="brand">排行榜</section>
        <section id="tang">唐诗</section>
        <section id="song">宋词</section>
        <section id="yuan">元曲</section>
    </div>
```

```
        <footer id="footer">页脚</footer>
    </body>
```

2. 编写 CSS 样式

打开 css 目录下的 style.css 文件，编写 index.html 页面文件需要的样式代码。

1）重置默认边距

有些 HTML 元素默认包含边距样式，如<body>元素就包含了 8px 的外边距（margin），<ul>元素包含了 1em 的上、下外边距（margin）和 40px 的左侧内边距（padding）。默认的边距样式会影响 HTML 元素的显示效果，利用 CSS 样式的层叠特性，我们通过重定义将 margin 和 padding 属性值设为 0 覆盖默认属性值，从而消除默认边距。在 style.css 文件中添加如下代码：

```
*{
    margin: 0;
    padding: 0;
}
```

*选择器代表所有元素，我们通常在 CSS 样式文件的开头添加以上代码，用来清除所有元素的内边距和外边距。对于有特殊边距需求的元素，在相应的选择器中再进行定义即可。

2）<body>标签

一个网页中不同元素中的主体文字样式应尽量统一，根据 CSS 样式的继承性，我们通常在<body>标签中定义网页的文本样式，包括字体、字号、颜色等属性。我们给首页中的文字设置样式。在 style.css 文件中添加如下代码：

```
body{
     font-family: "微软雅黑";
     font-size: 14px;
     color: #333;
}
```

3）<div>标签

id 属性值为 container 的<div>标签的作用是控制网页中另外 8 个小区块的宽度和位置。“中国诗词”网站首页采用固定布局，需要给网页定义一个固定的宽度。目前主流计算机显示器的分辨率都在 1028px 以上，因此，我们为首页设定 1000px 的整体宽度，这能保证所有浏览器完整地显示全部网页，取整数值也便于计算每个小区块的宽度。由于 HTML 元素的宽度小于最大化时窗体的宽度，因此为了效果，区块需要水平居中显示，这可以通过设置外边距（margin）来实现。在 style.css 文件中使用 id 选择器#container 定义样式，代码如下：

```
#container {
    width: 1000px;
    margin: 0 auto;
}
```

这两个样式都是<div>标签独有的样式，因此我们使用 id 选择器“#container”来定义样式。

注意：设置区块元素在父元素中居中的办法是设置区块左右外边距的值为 auto，这表示区块距离父对象左右边界的位置自动调整并保持一致。

4）Banner 区块

区块元素默认大小是父元素的 100%，Banner 区块的宽度就是父元素（#container）的宽度，因此不需要再为 Banner 区块设置 width 属性。Banner 区块需要指定高度，这里我们将其高度设置为与 Banner 中图片 top_bg.jpg 的一致，即 180px。在 style.css 文件中添加如下代码：

```
#header {
    height: 180px;
    background: #999;
}
```

为了便于调试网页布局结构，这里添加一个背景属性，设置背景色为#999。

5）导航区块

导航区块和 Banner 区块相似，高度设为 50px。从效果图中可以看出，导航和下方<section>区块间有一小段间距。布局标签默认是连续显示的，而且在样式开始设置时我们已消除了所有元素的间距，这里我们给导航区块单独设置 5px 的下边距。在 style.css 文件中添加如下代码：

```
#nav {
    height: 50px;
    background: #ccc;
    margin-bottom: 5px;
}
```

6）<section>区块

按照三类基本选择器的特性，同类标签相同样式用标签选择器定义，元素特有的样式用 id 选择器定义。我们先把 5 个<section>区块共有的样式或多数区块共有的样式定义在<section>标签选择器中，然后有特殊样式的再通过 id 选择器单独设置。根据效果图分析，定义在标签选择器中的样式有：

（1）区块大小。除了“图片轮转”区块，其他 4 个区块大小相同，所以 4 个区块统一设置，宽度为 326px，高度为 284px。

（2）外间距。每个区块之间都有一定的间距，“图片轮转”区块和“排行榜”区块之间的距离是“图片轮转”区块的左间距，也是“排行榜”区块的右间距，其他区块间也类似，因此只需选择其一设置即可，这里我们设置右间距为11px。同理，上、下间距也只要选择其一设置即可，因为“导航”区块已经设置过下间距，因此这里我们也设置下间距为5px。

（3）浮动属性。5个区块多栏分布，需要设置float属性，按先后顺序从左到右排列，因此float属性值设置为left。

设置<section>标签选择器样式，在style.css文件中添加如下代码：

```
section {
    width: 326px;
    height: 284px;
    margin-right: 11px;
    margin-bottom: 5px;
    float: left;
    background: #999;
}
```

注意：在实际网页设计过程中，可以先预估宽度、高度、间距等属性的值，浏览器加载页面后再通过浏览器调试窗口进行调试。具体调试方法在HTML篇项目一的能力提升中有详细介绍。

标签选择器样式定义可以避免代码重复。但有些区块有自己独有的样式，比如“图片轮转”区块宽度和其他区块不一样。“排行榜”和“元曲”两个区块在最右侧，不需要再设置右间距值。这些独有的样式我们通过id选择器样式来实现。在style.css文件中添加如下代码：

```
#turn {
    width: 663px;
}
#brand {
    margin-right: 0;
}
#yuan {
    margin-right: 0;
}
```

7）页脚区块

<section>区块的float属性破坏了文档流，需要为页脚区块设置clear属性，指定页脚区块两侧不能出现浮动元素，恢复页脚区块位置，同时定义页脚区块高度和背景颜色。在style.css文件中添加如下代码：

```
#footer {
    height: 50px;
    background: #999;
```

```
    clear: both;
}
```

能力提升

1. 层叠优先级

在本项目任务一中我们提到 CSS 样式的层叠特性，如果同一元素被多次定义标签样式，将按就近原则选择离自己最近的层叠样式应用。如果我们给同一个元素设置样式时使用了 id 选择器、类选择器和标签选择器，则会出现怎样的结果呢？我们先看下面一段代码：

```
<!DOCTYPE html>
<html>
    <head>
        <meta charset="utf-8">
        <title></title>
        <style>
            p { color: red; }
            .color{ color: green;   }
            #one{    color: blue;   }
        </style>
    </head>
    <body>
        <p>没有 id 和 class 的段落</p>
        <p class="color">仅有 class 的段落</p>
        <p id="one" class="class">既有 id 又有 class 的段落</p>
    </body>
</html>
```

试想代码运行后三段文本分别会呈现什么颜色，再运行代码检验是否正确。

通过查看运行结果，我们发现第一个段落“没有 id 和 class 的段落”不存在样式冲突，能被它应用的样式仅有标签样式一个，因此字体颜色为红色。第二个段落“仅有 class 的段落”应用的样式有标签样式和类样式两个，两个样式同时设置了 color 属性，产生冲突，文本呈现绿色，说明最终应用了类样式，这就说明类样式的优先级高于标签样式。第三个段落“既有 id 又有 class 的段落”，标签样式、类样式和 id 样式都符合应用范围，从运行结果可以看出文本呈现蓝色，所有三种样式中 id 样式优先级最高。因此，我们可以推断出三种选择器的层叠优先级如下：

```
id 选择器>类选择器>标签选择器
```

CSS 中可以利用“!important”声明设置优先级，被它声明过的属性优先级最高。语法格式如下：

```
p{
    color:red !important;
}
```

如果给标签选择器中的 color 属性加上声明，则运行后三段文本都会呈现红色。注意“!important”声明要加在“;”的里面。

分析样式的优先级是一个比较复杂的过程，但有一个基本原则，就是“样式越特殊，优先级越高；离得越近，优先级越高”。

2. 标准文档流

标准文档流是指元素排版布局过程中，自动从左往右、从上往下地遵守某种流式排列方式。当浏览器渲染 HTML 文档时，从顶部开始渲染，为元素分配所需要的空间，每一个块级元素单独占一行，行内元素则按照顺序被水平渲染直到遇到了边界，然后换到下一行的起点继续渲染。那到底什么是块级元素，什么是行内元素呢？

1）块级元素

块级元素，顾名思义，元素是呈块状的。作为一个块，它有自己的宽度和高度，而且每个块级元素默认占一行高度。块级元素一般作为容器使用，常见的块级元素有<from>、<select>、<textarea>、<h1>～<h6>、<table>、<button>、<hr>、<p>、<ol>和<ul>等。块级元素的特点如下。

（1）每个块级元素都独自占一行。

（2）元素的高度、宽度、行高和边距都是可以设置的。

（3）元素的宽度如果不设置，则默认为父元素的宽度。

2）行内元素

行内元素，顾名思义，这种元素存在于一行内，且能与别的行内元素共同享有一行。常见的行内元素有：<span>、<input>、<a>、<em>、<strong>、<b>、
、<img>、<select>和<button>等。行内元素的特点如下。

（1）每一个行内元素可以和别的行内元素共享一行，相邻的行内元素会排列在同一行里，直到一行排不下了，才会换行。

（2）对行内元素设置宽、高无效，宽度随元素的内容变化。

（3）行内元素水平方向的 padding-left 和 padding-right 都会产生边距效果，但是竖直方向上的 padding-top 和 padding-bottom 都不会产生边距效果。

这里有一个特殊情况，如<img>、<input>、<select>和<textarea>等元素，它们也是行内元素，但是它们可以设置宽、高，其实并不是所有的行内元素都不能设置宽、高。如果行内元素并不能直接显示标签中的内容，而是通过元素的标签和属性来决定，（如浏览器根据

<img>标签的 src 属性显示图片，根据<input>的 type 属性决定显示输入框还是按钮)，那么这些行内元素的宽度和高度是可以设置的。

3）display 属性

块级元素和行内元素可以通过 display 属性进行转换。常用的 display 属性值及其描述如表 3-1-2 所示。

表 3-1-2　常用的 display 属性值及其描述

值	描　述
none	元素不会被显示
block	元素将显示为块级元素，此元素前后会带有换行符
inline	默认值。此元素会被显示为内联元素，元素前后没有换行符
inline-block	行内块级元素
table	元素会作为块级表格来显示，表格前后带有换行符
inline-table	此元素会作为内联表格来显示，表格前后没有换行符

3. 标准流中的 margin 属性

标准流中 margin 属性决定了元素和元素间的距离。例如，网页中有两个元素，分别是元素 A 和元素 B，则这两个元素的左右间距取值就会有三种可能：

（1）元素 A 的右边距；

（2）元素 B 的左边距；

（3）元素 A 的右边距与元素 B 的左边距的和。

元素 A 和元素 B 上下外间距也类似。每个块级元素独占一行，因此，对块级元素起作用的间距只有上下边距，同理，对于行内元素起作用的只有左右边距。运行如下所示的一段代码，查看运行结果后再进行分析。

```
<!DOCTYPE html>
<html>
    <head>
        <meta charset="utf-8">
        <title></title>
        <style>
            div {
                border: 2px solid #000;
                margin:20px;
            }
            span{
                border: 2px solid #000;
                margin:20px;
            }
        </style>
    </head>
```

```
    <body>
        <div>标准流中的 div</div>
        <div>标准流中的 div</div>
        <span>标准流中的 span</span>
        <span>标准流中的 span</span>
    </body>
</html>
```

标准流中的 margin 属性效果图如图 3-1-5 所示。

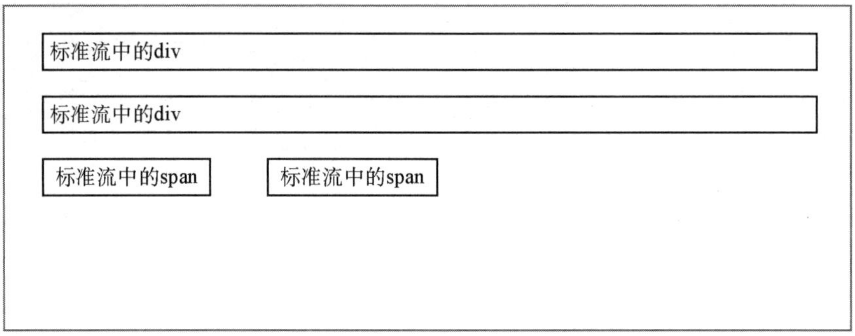

标准流中的div

标准流中的div

标准流中的span　标准流中的span

图 3-1-5　标准流中的 margin 属性效果图

从效果图中不难看出，块级元素和行内元素对 margin 属性的呈现结果是不一样的，两个块级元素的上下间距要小于行内元素的左右间距。标准流中的 margin 属性有如下几个特点。

（1）当两个行内元素相邻的时候，它们之间的距离为左边元素的 margin-right 与右边元素的 margin-left 之和。

（2）当两个块级元素上下相邻时，上下之间的距离是上面元素 margin-bottom 与下面元素 margin-top 两者中的较大者。

（3）当一个<div>元素包含另一个<div>元素时，就构成了嵌套，形成了父子关系。其中子元素的 margin 取值将以父元素的内容区域为参考。

（4）当 margin 属性值为负数时，元素向相反的方向移动，甚至会覆盖在其他的元素上。当块级元素之间形成父子关系时，通过将子元素的 margin 属性设置为负数，可以使子元素从父元素中“分离”出来。

项目二 “中国诗词”网站首页 Banner 制作

任务一 Banner 背景的实现

任务描述

继续编辑 CSS 文件 style.css，设置网页的 Banner，效果图如图 3-2-1 所示。Banner 部分由一张主体图片和标题文字两部分组成，在一个区块元素<header>中既要有图片元素，又要有文字元素，而且要叠加显示，这时我们通常把图片作为背景图片。本任务中我们主要介绍网页中背景样式的实现，并展开分析背景样式的属性，最终实现 Banner 背景。

图 3-2-1 Banner 背景效果图

知识准备

网页的背景属性是一个常用属性，块级元素和行内元素都可以设置元素的背景颜色、背景图片等样式。background 是一个复合属性，可以在一个声明中简写设置所有的背景属性，属性值间用空格隔开，如：

```
background: #00ff00 url(bgimage.gif) no-repeat fixed top;
```

background 属性可以分开设置子属性，也可以用 background 集合属性声明。通常建议使用 background 属性声明所需要的全部背景样式，这样可以更加简洁清晰，声明中无须设置所有属性，允许只设置其中的某几个值。下面我们就分别分析每个子属性。

1. background-color

background-color 属性用于设置元素背景颜色，即为元素设置一种纯色背景。这种颜色会填充元素的内容、内边距和边框区域，扩展到元素边框的外边界（但不包括外边距）。如果边框有透明部分（如虚线边框），会透过这些透明部分显示出背景色。

background-color 属性的值是网页可使用的所有颜色值，表示方法包括颜色名称、十六进制数和 rgb()函数。颜色名称是诸如 red、yellow、green 等浏览器可以识别的颜色单词；十六进制数是以“#”开头的十六进制颜色编码；rgb( )函数是用 3 个参数定义红、绿、蓝的颜色强度，可以是 0～255 间的任意整数或百分数。用 3 种方式设置<div>元素背景颜色的代码如下：

```
div{
    background-color: red;
    background-color: #ff0000;
    background-color: rgb(255,0,0);
}
```

2. background-image

background-image 属性用于设置元素背景图片，语法格式如下：

```
background-image: url("URL");
```

默认状态下，背景图片位于元素的左上角，并在水平和垂直方向上重复。背景图片占据了元素的全部空间，包括内边距和边框，但不包括外边距。

background-image 属性的值指向图片的 URL，URL 可以是相对路径也可以是绝对路径。如果没有背景图片，可以设置值为 none，这也是该属性的默认值。这个属性设置的仅是背景图片的 URL，要设置更详细的样式需要其他子属性的配合。如下代码可以设置<div>元素背景图片，图片是 img 文件夹下的 bg.jpg。

```
div{
    background-image: url("img/bg.jpg");
}
```

注意：background-color 和 background-image 属性可同时设置，背景图片会覆盖背景颜色，背景图片覆盖不到的地方，会显示背景颜色。

3. background-repeat

background-repeat 属性用于设置背景图片的平铺模式，即重复效果。默认情况下，背景图片在水平和垂直方向上都是重复显示的，如果背景图片比区块小，那么会在水平方向和垂直方向上平铺显示，如图 3-2-2（a）所示。

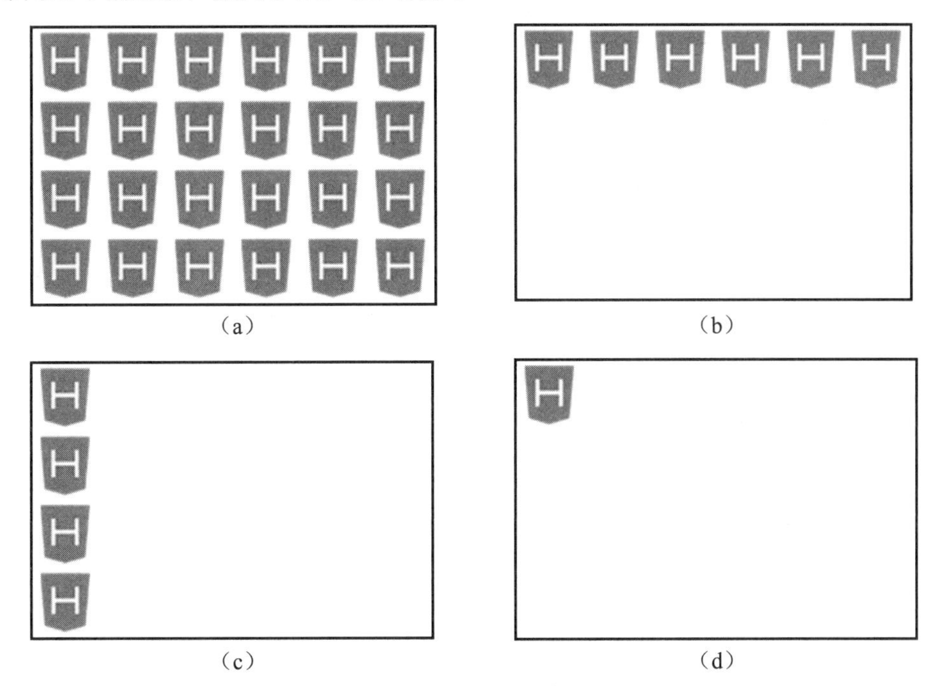

图 3-2-2　背景图片平铺效果图

background-repeat 的值有 repeat、repeat-x、repeat-y 和 no-repeat，分别表示水平垂直都重复（默认值）、水平方向重复、垂直方向重复和不重复，对应的效果图如图 3-2-2 所示。

4. background–position

background-position 属性用于设置背景图片的起始位置。背景图片的默认位置在区块左上角边框内部，如图 3-2-3 所示。

background-position 的属性值有水平位置和垂直位置两个，用空格隔开。

```
background-position: horizontal vertical
```

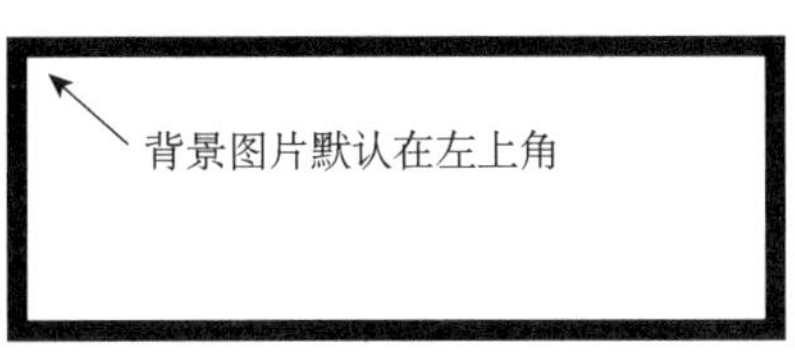

图 3-2-3　背景图片默认位置

horizontal 和 vertical 可以用关键词或具体数值表示。horizontal 关键词可以是 left、right 和 center，vertical 关键词可以是 top、bottom 和 center。如果只设置一个方向上的属性值，则另一个方向上的属性值是 center。具体数值可以是长度值也可以是百分比，两者可以混合使用。如果只设置了一个值，则其代表水平方向位置，垂直方向的属性值将是 50%。如图 3-2-4 所示的 background-position 属性示例，左侧图片只设置了一个值为 10px，则图片左边距为 10px，垂直方向在区块中间；中间图片设置的水平和垂直方向的值都是 50%，则图片在中间显示；右侧图片设置水平方向关键词为 right，垂直方向关键词为 bottom，则图片在右下角显示。

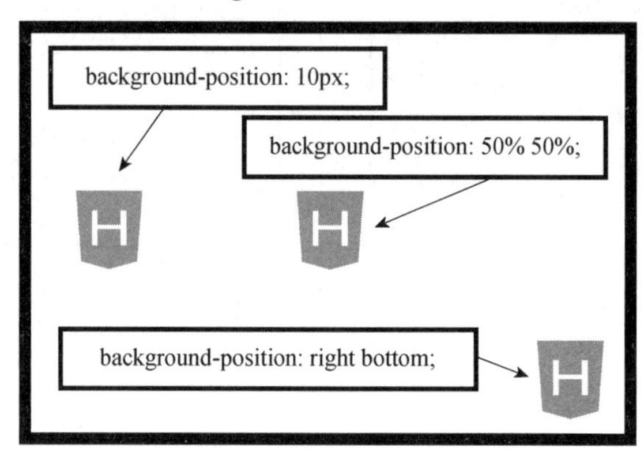

图 3-2-4　background-position 属性示例

5. background-size

background-size 属性用于设置背景图片的尺寸，语法格式如下：

```
background-size: length | percentage | cover | contain;
```

把一张图片作为一个区块的背景图片，如果不设置 background-size 属性，图片会保持原始尺寸，超出区块的部分被隐藏。CSS3 中新增了 background-size 属性，可以自定义图片尺寸，省去了利用图片处理工具处理图片的工作。

background-size 属性的值可以是具体长度值、百分比和关键词。长度值是指定图片的显示宽度和高度，两个值用空格隔开。如果只设置一个值，那么这个值表示图片宽度，图片高度会按比例缩放；也可以把宽度定义为 auto，长度设置一个值，那么宽度会按高度值成比例缩放。属性值为百分比表示按父元素的宽度和高度的百分比设置背景图片的宽度和高度。属性值为 cover 表示把背景图片扩展至足够大，使背景图片能完全覆盖背景区域，这可能导致背景图片的某些部分无法显示在区块中。属性值为 contain 表示把图片扩展至最大尺寸，直至其宽度或高度完全适应内容区域，这可能导致区块某些区域无法被图片覆盖。

一张背景图片如图 3-2-5 所示，图片原始尺寸为 500px×250px。CSS 样式设置如下：

```
div {
      width: 300px;
      height: 200px;
      border: 10px solid #000000;
      background-image: url(img/bg.png);
      background-repeat: no-repeat;
}
```

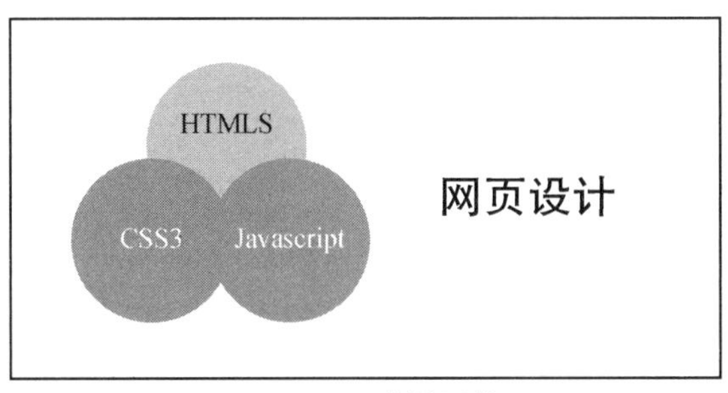

图 3-2-5 背景图片

给上面 CSS 样式添加不同的 background-size 属性值后，背景图片显示效果发生变化，background-size 不同属性值效果如图 3-2-6 所示。

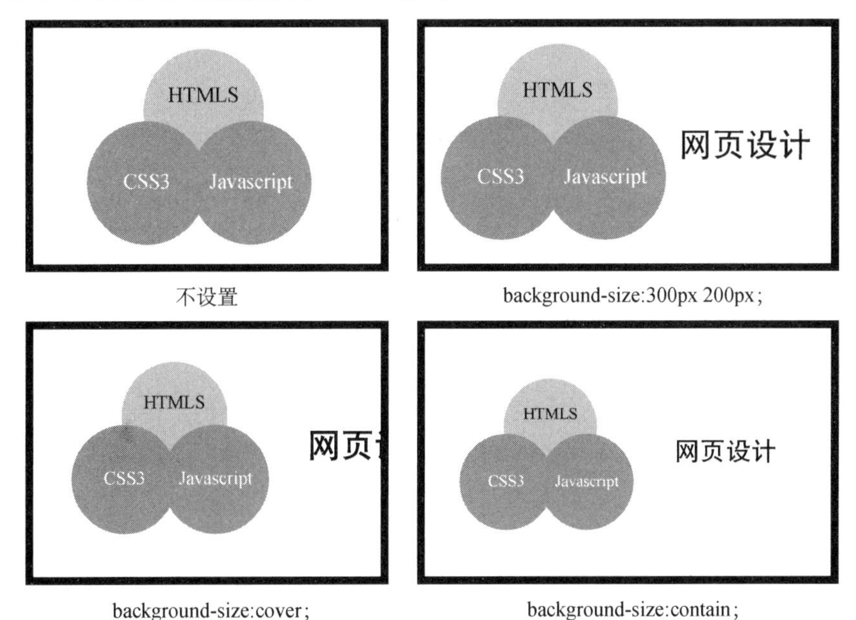

图 3-2-6 background-size 不同属性值效果

6. background-origin

background-origin 属性用于设置 background-position 属性相对于什么位置来定位。前面我们提到过，背景图片默认在区块左上角边框内定位，background-origin 属性可以改变这个位置，语法格式如下：

```
background-origin: padding-box|border-box|content-box;
```

background-origin 属性的值可以设置为 padding-box、border-box 和 content-box。padding-box 表示背景图像相对于内边距框定位；border-box 表示背景图片相对于边框盒定位；content-box 表示背景图片相对于内容框定位。CSS 样式设置如下：

```
div {
    width: 300px;
    height: 200px;
    border: 20px dashed #000;
    padding: 30px;
    background-color: #666666;
    background-image: url(img/bg.png);
    background-repeat: no-repeat;
    background-size: 100% 100%;
}
```

给样式添加上 background-origin 属性值，不同的属性值效果如图 3-2-7 所示。

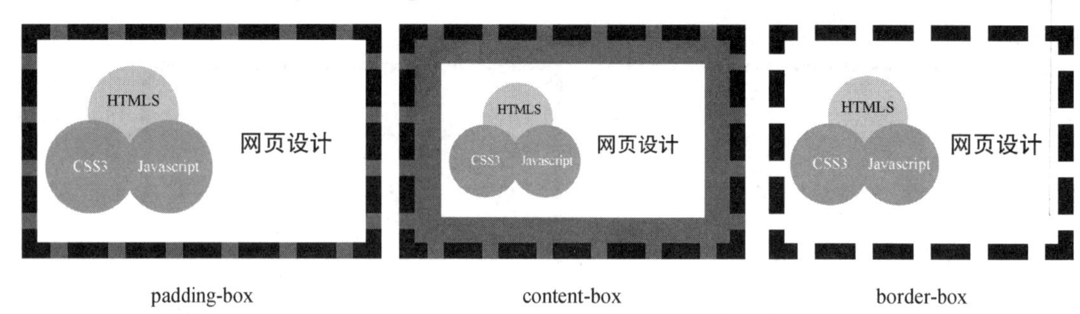

图 3-2-7　background-origin 不同属性值效果

7. background–clip

background-clip 属性用于设置背景的绘制区域，也就是设置在哪个区域显示背景图片，设置区域外的背景图片部分将被剪切掉，不会显示，语法格式如下：

```
background-clip: border-box|padding-box|content-box;
```

background-clip 属性值的含义和 background-origin 一样。在如图 3-2-7 所示的 border-box 样式基础上添加属性设置“background-clip:padding-box”，那么边框部分的背景图片会被剪切掉，如图 3-2-8（a）所示；如果添加属性设置“background-clip:content-box”，那么边框和内边距部分的背景图片都会被剪切掉，如图 3-2-8（b）所示。

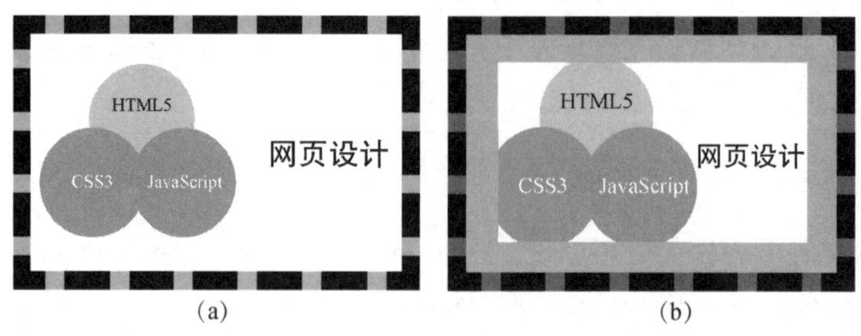

图 3-2-8　background-clip 属性

8. background-attachment

background-attachment 属性用于设置背景图片是否固定或者随着页面的其余部分滚动，基本语法格式是：

```
background-attachment: scroll | fixed
```

background-attachment 属性值有 scroll 和 fixed。scroll 是该属性的默认值，设置为这个属性值时，背景图片会随着页面其余部分的滚动而移动。而设置为 fixed 时，当区块出现滚动条，且滚动滚动条时，仅仅元素内容会上移，而背景图片不会移动。

注意：当背景图片的 background-attachment 属性设为“fixed”时，设置 background- origin 属性没有效果。

任务实现

“中国诗词”首页 Banner 的背景图片比较简单。首先，将 img 文件夹中的图片 top_bg.jpg 作为 Banner 的背景图片，通过 background-image 设置图片的 URL；其次，用属性 background-repeat 设置图片的重复形式；最后，用属性 background-size 设置图片的大小。在本篇项目一中我们已经定义过 Banner 部分的 id 选择器（#header），打开 style.css 文件，找到#header 选择器，在声明中添加背景图片设置代码，修改后的#header 选择器声明如下：

```
#header {
    height: 180px;
    background-image: url(../img/top_bg.jpg);
    background-repeat: no-repeat;
    background-size: 100% 100%;
}
```

style.css 文件在 css 文件夹内，top_bg.jpg 文件在 img 文件夹内，css 和 img 文件夹都是网站根目录下的二级目录，style.css 文件要访问 top_bg.jpg 文件需要先返回上一级目录（根目录），再到 img 文件夹中找到图片文件，因此相对路径表示为“../img/top_bg.jpg”。背景图片正好完全显示在 Banner 区块，因此背景图片设置为不重复（no-repeat），并且图片大小设置为和 Banner 区块一样大（100%　100%）。

我们也可以用 background 集合属性来声明所有的背景样式，但是这里要注意，background-size 属性需要和 background-position 属性一起定义，格式为“background-position/ background-size”。因此，如果我们想要用一条语句声明背景样式，则必须添加一个 background-position 属性，图片正好显示时位置设为“0 0”。声明如下：

```
#header {
```

```
        height: 180px;
        background: url(../img/top_bg.jpg) 0 0/100% 100% no-repeat;
    }
```

注意：运行时记得删除 index.html 文件<header>标签中的文字“Banner”。

能力提升

1. 多背景图片

通常一个区块使用一张背景图片，但有时我们也希望在一个区块中同时使用多张叠加图片。CSS3 为 background-image 属性增加了多背景图片功能，语法格式如下：

```
    background-image: url("URL1"), url("URL2")[, url("URL3"), …];
```

多张图片叠加时，先设置的图片会覆盖后设置的图片。当有多张背景图片的时候，可以分别为每张背景图片设置其他子属性，属性值用逗号分隔，和背景图片出现顺序一一对应。下面一段代码运行后，多背景图片效果如图 3-2-9 所示。

```
    div {
        width: 500px;
        height: 250px;
        background-image:url(img/bg.jpg) ,url(img/bg.png);
        background-repeat: repeat-y,no-repeat;
    }
```

我们为<div>元素设置了两张背景图片：bg.jpg（小图）和 bg.png（大图）。因为 bg.jpg 在 bg.png 前面定义，因此小图显示在大图的上层。其中，图片 bg.jpg 设置为垂直方向重复，图片 bg.png 设置为不重复。

图 3-2-9 多背景图片效果

2. 渐变背景

CSS3 为我们提供了渐变效果，这可以让区块背景实现两个或多个颜色之间的平稳过渡。CSS3 中的渐变效果是通过两个渐变函数实现的，即通过渐变函数返回图片对象。渐变函数要作为 background-image 的属性值设置。

CSS3 定义了两种渐变类型。

1）线性渐变（Linear Gradients）——向下/向上/向左/向右/对角方向

线性渐变的语法格式为：

```
background-image: linear-gradient(direction, color-stop1, color-stop2,…);
```

线性渐变是直线方向的颜色变化，direction 设置这个方向，这个值可以是 left、bottom 等位置关键词，也可以是具体的一个角度值。用关键词的时候前面要加上 to，用角度值的时候必须加上单位 deg。color-stop1, color-stop2, …用于设置平稳过渡的颜色，如果有更多的颜色可以依次在后面定义。几种不同的线性渐变代码如下：

```
//从上向下、蓝色到粉色渐变，颜色结点在距上方 20%的位置
.color-hint {
   background: linear-gradient(blue, 20%, pink);
}
//从上向下、蓝色到粉色渐变，颜色结点在距上方 50%的位置
.simple-linear {
   background: linear-gradient(blue, pink);
}
//从左向右、蓝色到粉色渐变
.horizontal-gradient {
   background: linear-gradient(to right, blue, pink);
}
//从左上向右下、蓝色到粉色渐变
.diagonal-gradient {
   background: linear-gradient(to bottom right, blue, pink);
}
//顺时针 70°、从蓝色到粉色渐变
.angled-gradient {
   background: linear-gradient(70deg, blue, pink);
}
```

2）径向渐变（Radial Gradients）——由中心向外定义

径向渐变的语法为：

```
background-image: radial-gradient(shape, size, position, start-color,…,
last-color);
```

径向渐变是由中心向外的圆环状颜色变化。shape 用于设置圆环形状，可以是圆也可以是椭圆。size 用于设置渐变半径的大小，它可以是以下 4 个值之一。

（1）closest-side，渐变半径选择靠圆心近的边的距离。

（2）farthest-side，渐变半径选择靠圆心远的边的距离。

（3）closest-corner，渐变半径选择靠圆心近的角的距离。

（4）farthest-corner，渐变半径选择靠圆心远的角的距离。

position 用于设置圆心位置，可以是位置关键词，也可以是长度值或百分比，水平位置和垂直位置用空格隔开。start-color, …, last-color 用于设置平稳过渡的颜色，几种不同的径向渐变代码如下：

```
//从区块中心向外径向渐变，半径是到两条邻边的距离，红黄绿均匀分布
#grad { background-image: radial-gradient(red, yellow, green);}
//从区块中心向外径向渐变，红色 5%、黄色 15%、绿色 60%
#grad { background-image: radial-gradient(red 5%, yellow 15%, green 60%);}
//从区块中心向外圆形径向渐变，半径取小值
#grad { background-image: radial-gradient(circle, red, yellow, green);}
//渐变中心在水平 60%、垂直 55%处，半径取到离圆心远的边的距离
#grad { background-image: radial-gradient(farthest-side at 60% 55%, red, yellow, black);}
```

任务二　Banner 边框的实现

任务描述

继续编辑 CSS 文件 style.css，设置 Banner 的边框，如图 3-2-10 所示。我们为 Banner 设计 4 条不同的边框效果。本任务中，我们主要介绍 Banner 边框样式，并展开分析边框样式属性，最后实现 Banner 边框。

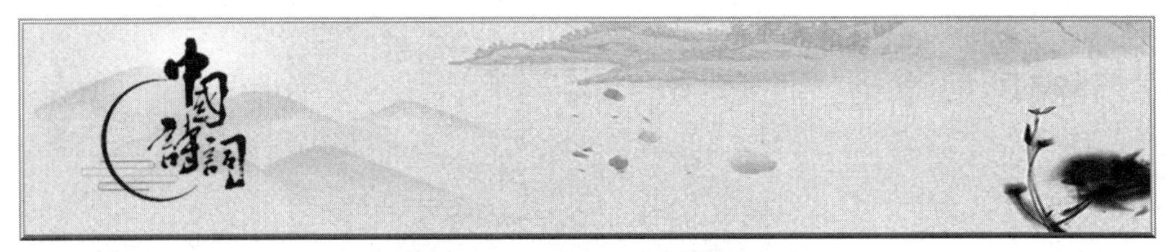

图 3-2-10　Banner 边框效果图

知识准备

1. 基本边框样式

边框属性也是一种复合属性，一个边框样式至少需要定义颜色、线型和线宽三个基本属性才能显示出边框效果，对应了三个子属性，border 子属性如下所述。

1）border-color

border-color 用于设置边框颜色，border-color 值可以是任意能表示颜色的值。如果希望

区块保留边框的位置，却又不显示边框，可以将 border-color 值设置为 transparent，表示边框是透明的。这个值用于创建有宽度的不可见边框，在需要边框显示的时候可以通过 JavaScript 修改边框颜色使其可见。

2）border-style

border-style 用于设置边框样式，CSS 定义了 10 种不同的边框样式，border-style 的值及其描述如表 3-2-1 所示。

表 3-2-1　border-style 的值及其描述

值	描　述
none	定义无边框
hidden	与"none"相同。应用于表时，hidden 用于解决边框冲突
dotted	定义点状边框
dashed	定义虚线
solid	定义实线
double	定义双线。双线的宽度等于 border-width 的值
groove	定义 3D 凹槽边框。其效果取决于 border-color 的值
ridge	定义 3D 垄状边框。其效果取决于 border-color 的值
inset	定义 3D inset 边框。其效果取决于 border-color 的值
outset	定义 3D outset 边框。其效果取决于 border-color 的值

3）border-width

border-width 用于设置边框线的宽度。border-width 值可以是任意长度值，也可以是关键词（thin、medium 和 thick）。但 CSS3 并没有对关键词指定具体宽度，所以不同浏览器显示效果可能会有偏差。

可以用复合属性 border 直接声明边框样式，三个子属性用空格隔开，语法格式如下：

```
border: border-color  border-style  border-width;
```

其中，border-style 不可省去，否则边框无法显示。其余两个值都有默认值，如不设置，会显示为默认值效果。border-color 的默认值为 black，border-width 的默认值为 medium。这样声明的区块边框的 4 条边框样式相同，我们也可以给 4 条边框设置不同的样式，有两种方法可以使用。一种方法是对单边边框样式分别设置，单边边框样式子属性是：

（1）border-top，上边框；

（2）border-bottom，下边框；

（3）border-left，左边框；

（4）border-right，右边框。

每个子属性声明规则和 border 相同。另一种方法是用颜色、线型和线宽三个子属性分别设置，多个位置的设置方式和本篇项目一任务二中区块边距的设置相同，设置顺序为上、右、下、左，几种不同的边框代码如下：

```
//设置 4 条灰色 5px 实线
border: #ccc 5px solid;
//设置上、下边框颜色红色，左、右边框颜色蓝色
border-color: red blue;
//设置左、右边框线性实线，上边框点线，下边框虚线
border-style: dotted solid dashed;
//设置上边框 2px，右边框 1px，下边框 5px，左边框 3px
border-width: 2px 1px 5px 3px;
```

注意：边框的颜色、线型和线宽属性也可以细化到单边边框上，如可以用 border-top-style 子属性设置上边框的线型，也可以用 border-top-color 子属性设置上边框的颜色。通常设置边框时，我们先用复合属性设置所有边框通用的样式，再根据需要选择合适的子属性设置特殊样式。

2. 圆角样式

在 CSS3 应用之前，想要实现区块边框的圆角效果，只能通过图片实现。CSS3 中新增了 border-radius 属性，使实现圆角效果变得非常容易，语法格式如下：

```
border-radius: length1 / length2;
```

这里的 length1 表示圆角的水平偏移量，length2 表示圆角的垂直偏移量，圆角边框示意图如图 3-2-11 所示。偏移量可以用长度值或百分比表示。一个区块有 4 个角，因此在设置圆角的时候对应了 4 个值，length1 和 length2 都可以用 1～4 个值来定义。当定义 4 个值时，应按图 3-2-11 所示的 4 个角的顺序进行。

如果我们要在角 1 和角 3 处设置 10px 的较小圆角，角 2 和角 4 处设置 50px 的较大圆角（见图 3-2-12），那么可以这样声明：

```
border-radius: 10px 50px /10px 50px;
```

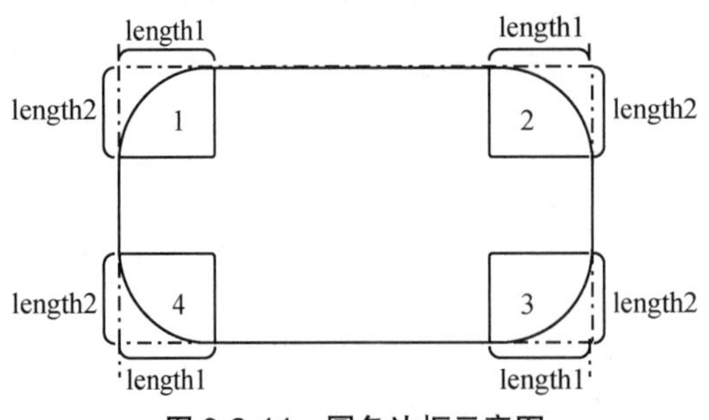

图 3-2-11　圆角边框示意图

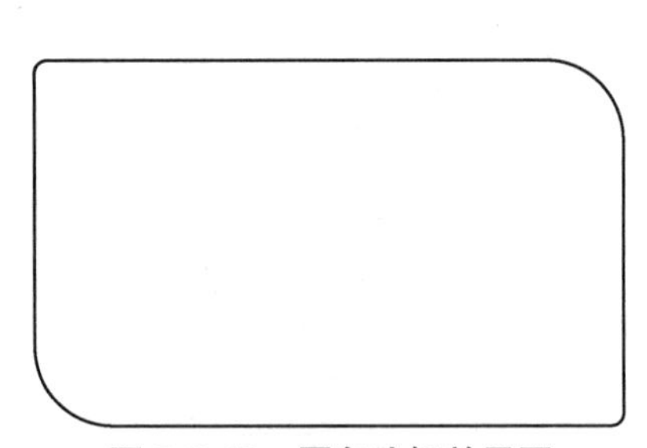
图 3-2-12　圆角边框效果图

当水平方向和垂直方向偏移量一样时，我们也可以省略“/length2”。上面的声明可以简写为：

```
border-radius: 10px 50px;
```

3. 图片边框

border-image 用于设置图片边框样式。将原始图片进行 9 宫格划分，如图 3-2-13 所示，分割后 4 个角处的小图按边框尺寸缩放后放置在区块对应的角处，上、下、左、右的 4 张小图按设置方式填充区块上、下、左、右 4 条边框（4 个角除外），中间的小图会重复填充区块背景部分。

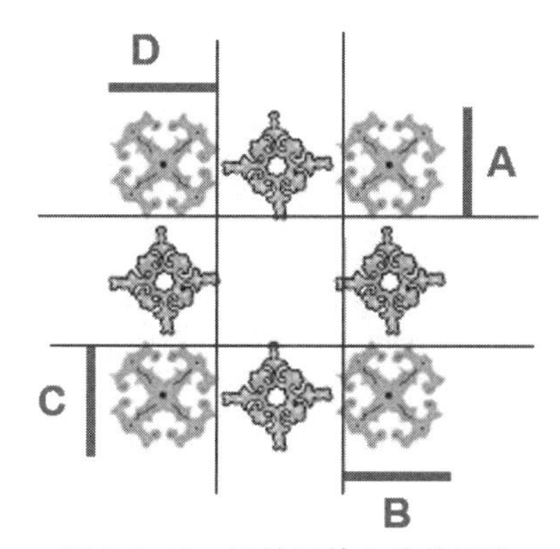

图 3-2-13　原始图片 9 宫格划分

border-image 的语法格式为：

```
border-image:url("URL") A B C D / border-width topbottom leftright
```

（1）URL：图片的相对路径。

（2）A B C D：图片分割宽度（见图 3-2-13）。默认单位是 px，这里只需要设置数值。如果 4 个值相同，则只设置一个值即可。

（3）border-width：区块边框的宽度。

（4）topbottom：上、下两条边中图片的显示方法，repeat 表示重复，stretch 表示拉伸（默认），round 表示平铺。

（5）leftright：左、右两条边中图片的显示方法。

图 3-2-13 中的原始图片大小是 150px×150px，为这张图片做一个 300px×180px 大小的边框，边框宽度为 30px，上、下边框重复（repeat）显示，左、右边框平铺（round）显示，代码如下：

```
div {
    width: 300px;
    height: 180px;
```

```
        border-image: url("img/bg_border.jpg") 50 / 30px repeat round;
        -webkit-border-image:  url("img/bg_border.jpg")  50  /  30px  repeat
round;
        -moz-border-image: url("img/bg_border.jpg") 50 / 30px repeat round;
        -o-border-image: url("img/bg_border.jpg") 50 / 30px repeat round;
    }
```

这里要注意，由于有些低版本的浏览器对 border-image 属性不支持，因此需要为该属性加上浏览器私有属性，-moz-代表 Firefox 浏览器私有属性，-ms-代表 IE 浏览器私有属性，-webkit-代表 Safari、Chrome 浏览器私有属性。运行后的效果如图 3-2-14 所示，可以看出 repeat 和 round 都是重复显示小图，但是 round 会自动调整小图间距，使其完整地显示在边框范围内。如果将上、下边框的显示方式改为 stretch，则显示效果如图 3-2-15 所示。

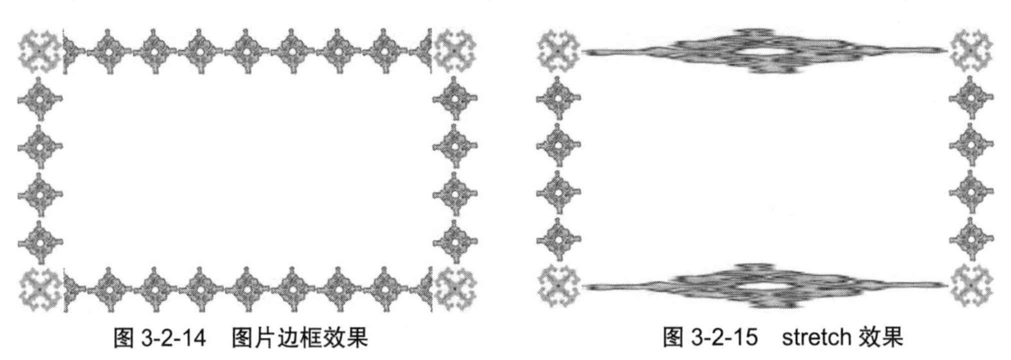

图 3-2-14　图片边框效果　　图 3-2-15　stretch 效果

任务实现

“中国诗词”网站首页中 Banner 的边框选用基本边框样式，上、左、右边框为双线边框，下边框选用垄状边框 ridge，并将颜色设置为稍暗一些的颜色，产生一定的 3D 效果。考虑到 4 条边框中的 3 条边框都是相同的样式，我们先用 border 属性统一声明，再将特殊的下边框用 border-bottom 属性单独声明。

打开 style.css 文件，找到选择器#header，添加 border 相关属性，完成后的#header 选择器代码如下：

```
#header {
    height: 180px;
    background: url("../img/top_bg.jpg") 0 0/100% 100% no-repeat;
    border: #bba147 5px double;
    border-bottom: #916c4f 5px ridge;
}
```

这里要特别注意两个 border 属性的先后顺序，因为浏览器从上向下执行代码，先执行 border 属性代码为所有边框设置双线边框，再执行 border-bottom 属性代码为下边框设置垄状边框。根据 CSS 样式的层叠特性，后设置的样式覆盖前面属性设置，因此只会修改 border-bottom 属性的样式。

能力提升

我们通常使用的都是基本边框样式，但是如果灵活使用边框样式，也可以实现一些意想不到的效果。

1. 巧用边框样式 1

我们先来看图 3-2-16 中的三角形色块是如何实现的。当区块的边框有一定的宽度时，4 个角上有相同宽度的 4 个小正方形。这 4 个小正方形对于相邻的两条边框来说是共用的（如右上角的小正方形既是右边框的一部分，也是上边框的一部分）。

CSS 中将这个小正方形按对角线分割，每个邻边各占一半，我们给一个区块的 4 条边框设置不同的颜色，就能看到 4 个角的分割效果，如图 3-2-17 所示。我们将图中空白区域不断缩小，当空白区域完全消失时，就形成了如图 3-2-16 所示的三角形色块效果。中间空白区域包含 padding 和 width（height）两部分，只要把它们的值设为 0，空白区域即可消失。生成如图 3-2-16 所示的三角形色块效果的代码如下：

图 3-2-16　三角形色块效果图

图 3-2-17　4 个角的分割效果图

```
div {
    width: 0px;
    height: 0px;
    border:20px solid red;
    border-top-color:blue;
    border-bottom-color:blue;
}
```

2. 巧用边框样式 2

CSS2 中，网页使用的区块多数是矩形区块，要使用圆形、三角形、平行四边形等形状的区块通常要通过外部图片辅助实现。CSS3 新增了一些样式属性，可以帮助我们展现更灵活的区块形状。接下来我们就来学习圆形区块的实现方法。

利用 border-radius 属性实现圆角矩形效果，从图 3-2-11 可以看出，如果把 length1 和 length2 的值不断增加，矩形的圆角弧度就会不断变大，最终相邻两个角的邻边会交于一点。如果交于一点时 length1 和 length2 大小相同，那么这条边框就变成了一条弧线。如果 4 条边框都变成弧线，就形成一个椭圆；如果矩形宽高相等，就形成一个圆形。如下代码可以呈现一个半径为 100px 的圆形。

```
div {
    width: 200px;
    height: 200px;
    background: red;
    border-radius: 50%;
}
```

项目三 “中国诗词”网站首页导航制作

任务一 利用列表项实现导航栏

任务描述

继续编辑 CSS 文件 style.css，设置网页的导航栏，效果图如图 3-3-1 所示。导航栏包含左、右两部分，左侧是网站的主导航，包含 5 个导航项，可以分别超链接到对应的页面，“首页”导航项是当前页面，用加粗的文本效果突出显示；右侧是“注册”和“登录”链接，选用较小的普通文本样式。本任务中我们主要介绍更多的选择器类型和列表样式，用以实现导航栏。

首页	诗人	唐诗	宋词	元曲	注册 登录

图 3-3-1 导航栏效果图

知识准备

1. 交集选择器

我们已经介绍了三类基本选择器，除三类基本选择器外，CSS 选择器还包含更加灵活多样的组合形式，可以准确地定位、选择元素。交集选择器就是这样一种复合选择器。

交集选择器是由两个选择器直接连接构成的，语法格式如下：

```
selector1. selector2
```

其中 selector1 必须是标签选择器，selector2 可以是类别选择器、id 选择器或伪类、伪元素选择器，两个选择器之间不能有空格，必须连续书写。交集选择器可以解释为符合 selector2 条件的 selector1 元素，如：

```
p.one{
    color:red;
    font-size:16px;
}
h1#two{
    font-size:30px;
    color:blue;
}
```

交集选择器的选择范围要同时符合两个选择器。p.one 的选择范围是 class 属性值为 one 的<p>标签；h1#two 的选择范围是 id 属性值为 two 的<h1>标签。类选择器选择所有具有相同 class 属性值的元素，这些元素可能是具有不同标签的元素。如果我们只希望选择这些元素中的某一种标签元素，就可以通过交集选择器来实现。

2. 派生选择器

派生选择器又叫作上下文选择器。它允许根据文档的上下文关系来确定某个标签的样式。通过合理地使用派生选择器，可以使 HTML 代码变得更加整洁。派生选择器包括后代选择器、子元素选择器、兄弟选择器和邻居选择器。

1）后代选择器

后代选择器的语法格式如下：

```
selector1 selector2
```

其中，selector1 和 selector2 可以是任意类型的选择器，它的选择范围是 selector1 选择器选择的元素中包含的符合 selector2 选择器的元素。可以解释为在 selector1 中找到 selector2，或者解释为 selector1 后代中的 selector2。

后代选择器是非常常用的一种选择器，它可以帮助我们区分不同区块包含的元素，精简 HTML 代码。例如，有两个<div>元素，每个<div>元素中都包含多个<p>标签， HTML 结构如下：

```
<div id="front">
    <p>HTML5</p>
    <p>CSS3</p>
    <p>JavaScript</p>
</div>
<div id="back">
    <p>PHP</p>
    <p>Java</p>
    <p>C#</p>
</div>
```

我们使用后代选择器，就无须修改 HTML 代码了，div#front p 即可表示第一个<div>元素中的所有<p>元素，div#back p 即可表示第二个<div>元素中的所有<p>元素。

注意：后代选择器中，两个元素之间的层次间隔可以是无限的。

2）子元素选择器

子元素选择器的语法格式如下：

```
selector1 > selector2
```

子元素选择器的使用方法和后代选择器类似，不同的是子元素选择器只能选择 selector1 选择范围内元素的直接子元素。HTML 结构如下：

```
<div id="front">
    <p>HTML5</p>
    <div>
        <p>CSS3</p>
        <p>JavaScript</p>
    </div>
</div>
```

如果给出选择器 div#front p，那么代码中所有的<p>标签都在选择范围内；如果给出的选择器是 div#front>p，那么只有“<p>HTML5</p>”一个子元素符合要求。

3）兄弟选择器

兄弟选择器的语法格式如下：

```
selector1 ~ selector2
```

兄弟选择器是在选择器 selector1 所选择元素后面的、并且拥有相同父节点的元素中查找符合 selector2 条件的元素。可以解释为和 selector1 同父元素的且在 selector1 后的所有 selector2，HTML 结构如下：

```
<p>xml</p>
<p id="h5">HTML5</p>
<h1>样式和交互</h1>
<p>CSS3</p>
<p>JavaScript</p>
```

p#h5~p 可以解释为和 id 为“h5”同父元素的且在它后面出现的所有<p>元素，符合选择器 p#h5~p 样式规则的<p>元素包括“<p>CSS3</p>”和“<p>JavaScript</p>”。

4）邻居选择器

邻居选择器的语法格式如下：

```
selector1 + selector2
```

邻居选择器和兄弟选择器类似，但是它只找选择器 selector1 所选择元素后面的且拥有相同父节点元素的第一个元素，符合 selector2 样式规则的就选定，不符合样式规则的就无效。例如，同样是兄弟选择器的 HTML 结构，如果选择器改为 p#h5+p 就不会选择任何元素，因为 p#h5 后面紧挨着的那个节点是<h1>元素，不是<p>元素，因此没有任何符合该规则的元素。如果改成 p#h5+h1，那么符合规则的元素是“<h1>样式和交互</h1>”。

3. 列表样式

HTML 中的列表元素非常重要，从某种意义上讲，不是描述性文本的任何内容都可以认为是列表。列表的两层元素嵌套结构，可以把多个具有相同含义的区块组织成一个整体，统一进行样式管理。一个列表项<li>元素可以看成是一个普通的块级元素，它具有块级元素的所有属性。除此之外，列表<ul>元素还有一个专有属性 list-style，这是一个复合属性，用于设置所有的列表属性，包括 list-style-image、list-style-position 和 list-style-type 三个子属性。

1）list-style-type

list-style-type 属性用于设置列表项标志，其语法格式如下：

```
ul { list-style-style:listType; }
```

listType 是 CSS 定义好的关键词，list-style-type 常用属性值如表 3-3-1 所示。

表 3-3-1　list-style-type 常用属性值

值	描　述
none	无标志
disc	无序列表的默认值。标志是实心圆●
circle	标志是空心圆○
square	标志是实心方块■
decimal	有序列表的默认值。标志是数字（1,2,3 等）
lower-latin	小写拉丁字母（a, b, c, d, e 等）
lower-roman	小写罗马数字（ⅰ,ⅱ,ⅲ,ⅳ,ⅴ等）
upper-roman	大写罗马数字（Ⅰ,Ⅱ,Ⅲ,Ⅳ,Ⅴ等）
lower-alpha	小写英文字母（a, b, c, d, e 等）

CSS 为 list-style-type 属性设置了默认值，如果没有重新声明，无序列表的列表项标志为实心圆，有序列表的列表项标志为普通数字。如果不希望列表项出现标志，可以把 list-style-type 属性值设置为 none。

2）list-style-image

list-style-image 属性用于设置图片列表项标志，其语法格式如下：

```
ul { list-style-image:url("URL"); }
```

list-style-image 属性可以用于无序列表，也可以用于有序列表。图片列表项标志优先级高于圆形和数字等列表项标志，一旦设置了 list-style-image 属性，list-style-type 属性就失效了。

3）list-style-position

list-style-position 属性用于设置列表项标志的位置，即声明列表项标志相对于列表项内容的位置。外部（outside）标志会放在离列表项边框边界一定距离处，不过这段距离在 CSS 中未定义。内部（inside）标志表现为像是插入列表项内容最前面的行内元素一样。

除了分别设置三个子属性，也可以利用 list-style 属性一起声明设置，每个子属性值用空格隔开。list-style 属性值的个数和顺序没有要求，可以只设置其中一个子属性，也可以三个子属性都设置，如：

```
//列表标志是 list.jpg 图片，位置在内部
ul {list-style : url("img/list.jpg") square inside}
//列表标志是 list.jpg 图片
ul {list-style:url("img/list.jpg")}
//列表标志是空心圆
ul {list-style:circle}
```

任务实现

1. 修改“index.html”文件，添加导航栏元素

打开 index.html 文件，找到<nav>标签，添加“首页”“诗人”“唐诗”“宋词”“元曲”5 个导航项。我们通常用<ul>标签来实现导航。整个导航栏是一个无序列表（<ul>元素），导航栏中的每一个导航项是一个列表项（<li>元素）。导航项中的文字需要超链接到其他内容页面，需要给列表项中的文字包裹<a>标签。“首页”作为当前页面，需要用特殊样式区分，给“首页”列表项添加一个特殊标志——class 属性。修改后的导航栏代码如下：

```
<nav id="nav">
    <ul>
        <li class="active"><a href="#">首页</a></li>
        <li><a href="#">诗人</a></li>
        <li><a href="#">唐诗</a></li>
        <li><a href="#">宋词</a></li>
        <li><a href="#">元曲</a></li>
    </ul>
</nav>
```

注意：这里因为没有创建其余子页面，所以用了空链接“#”，需要链接页面时用页面相对路径替换#号即可。

导航栏的右侧还有两个文字链接，我们用一个<div>标签包裹这两个链接，直接用<a>

标签来实现，“注册”文字超链接到 register.html 页面。修改后的导航栏代码如下：

```
<nav id="nav">
    <ul>
        <li class="active"><a href="#">首页</a></li>
        <li><a href="#">诗人</a></li>
        <li><a href="#">唐诗</a></li>
        <li><a href="#">宋词</a></li>
        <li><a href="#">元曲</a></li>
    </ul>
    <div><a href="register.html">注册</a> <a href="#">登录</a></div>
</nav>
```

2. 设置导航栏样式

没有设置样式的导航栏效果图如图 3-3-2 所示。

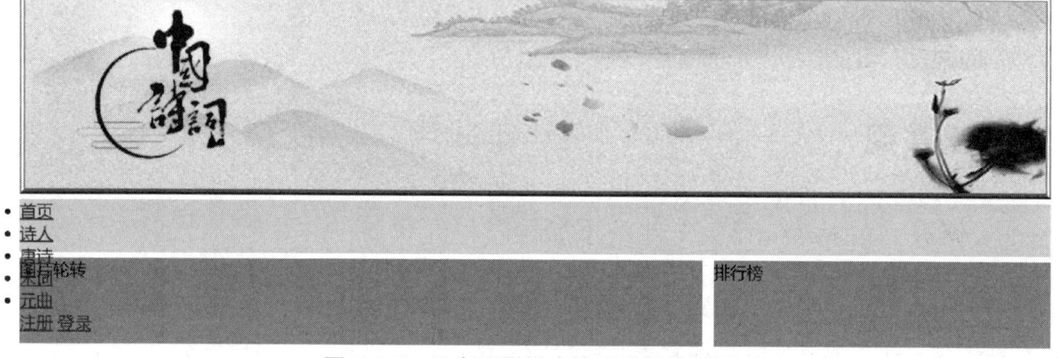

图 3-3-2　没有设置样式的导航栏效果图

对照效果图分析导航栏样式，这里要解决 3 个问题。

（1）将纵向排列的列表项变为横向排列的导航栏。列表项是块级元素，在标准文档流中块级元素独占一行，因此列表项是纵向的。我们介绍过 float 属性，该属性会破坏标准文档流，使区块横向排列。我们可以为每个<li>元素设置 float 属性，以实现横向导航栏。

定义样式需要先确定选择器，我们现在要设置的是导航区块中的所有<li>标签，要把选择范围限定在导航区块中。使用派生选择器，先用 id 选择器#nav 限定范围，再使用标签选择器 li 指明备选元素。

打开 style.css 文件，修改样式表文件，添加一个新的选择器声明，代码如下：

```
#nav li{
    float:left;
}
```

添加样式代码后再预览网页文件，发现导航栏中所有内容横向显示，设置 float 属性后的导航栏如图 3-3-3 所示。

- 首页诗人唐诗宋词元曲注册 登录

图 3-3-3 设置 float 属性后的导航栏

（2）去除导航项前面的列表项标志。将列表属性 list-style 的属性值设置为 none，即可去除列表项标志。list-style 属性可以定义在<ul>标签中，也可以定义在<li>标签中，我们这里就直接在派生选择器#nav li 中设置 list-style 属性，修改后的代码如下：

```
#nav li{
    float:left;
    list-style: none;
}
```

（3）优化列表项样式。现在导航栏效果已经初显，我们需要进一步设置区块属性、优化样式直到实现效果图中的样式。

line-height 用于设置一行文字的行高，区块的高度由它包含元素的高度决定，因此设置了行高后，就可以不再设置区块的 height 属性。这里我们把行高设置为与导航区块<nav>元素的高度一致。修改选择器#nav li 中的声明，代码如下：

```
#nav li{
    list-style: none;
    float: left;
    width: 155px;
    line-height: 50px;
    text-align: center;
}
```

浏览器为超链接文本设置了默认效果（蓝色、带下画线）。要改变这一默认效果，只需要重新定义<a>标签样式。我们现在要设置的是列表项中的超链接文本，因此在定义选择器时选择派生选择器限定范围，在样式表文件中添加新选择器，代码如下：

```
#nav li a{
    text-decoration: none;
    color: #666;
    font-size: 16px;
}
```

第一个导航项“首页”是当前导航项，要设置加粗效果突出显示。我们在 HTML 中为第一个<li>标签设置了 class 属性，在 style.css 文件中添加类选择器设置文本加粗样式。这里我们之所以定义 class 属性而不用 id 属性，是考虑 style.css 样式文件可以被网站的多个页面应用，每个导航链接页面中需要突出显示的元素会有变化，如首页突出显示的文字是“首页”，诗人页面突出显示的就应该是“诗人”，不唯一的元素用 class 属性更加合理。加粗样式代码如下：

```
#nav li.active a{
    color: #333;
    font-weight: 600;
}
```

这里需要注意的是文字“首页”是超链接<a>标签中的内容，因此这里的选择器要用派生选择器定位到<a>标签。运行网页，导航栏效果如图 3-3-4 所示。

首页 诗人 唐诗 宋词 元曲 注册 登录

图 3-3-4 导航栏效果

3. 设置右侧“注册”和“登录”链接样式

我们先设置<div>元素样式，让“注册”和“登录”出现在效果图中的位置上。由于列表项<li>标签设置了 float 属性，列表项浮动在导航栏中。<div>元素要移到导航栏右侧显示，也同样需要设置 float 属性并调整宽度。

选择器用派生选择器，限定导航栏范围，添加代码如下：

```
#nav div{
    width: 197px;
    text-align: right;
    line-height: 50px;
    float: left;
}
```

文本“注册”和“登录”也是超链接文本，重设<a>元素样式如下：

```
#nav div a{
    text-decoration: none;
    color: #666;
    font-size: 13px;
}
```

完成后运行网页文件，即能看到如图 3-3-1 所示的效果图中的样式，即导航栏完成。

能力提升

1. 属性选择器

属性选择器是用“[]”括起来的属性和值，可以根据元素的属性及属性值来选择元素。属性选择器有简单属性选择器、具体属性选择器和子串属性选择器。

1）简单属性选择器

简单属性选择器只有属性名，表示只要有这个属性，不管值是什么，都会被选择，语法格式如下：

```
[attribute]
```

属性选择器前通常会加上标签选择器，表示具有 attribute 属性的标签元素。如果想表示具有 attribute 属性的所有元素，可以使用通配符“*”，也可以将多个属性选择器连接在一起，表示根据多个属性进行选择。属性选择器的示例代码如下：

```
//具有 type 属性的所有元素
*[type] {color:red;}
//具有 href 属性的<a>元素
a[href] {color:red;}
//具有 href 和 class 属性的<a>元素
a[href][class] {color:red;}
```

2）具体属性选择器

除了选择拥有属性的元素，还可以进一步缩小选择范围，只选择有特定属性值的元素。语法格式如下：

```
[attribute="value"]
```

例如，在一系列表单元素中仅选择文本框元素，设置背景色为黄色，代码如下：

```
input[type="text"]{background: yellow;}
```

3）子串属性选择器

具体属性选择器中的属性值必须完全匹配的时候才能被选择，CSS 还提供了 5 种子串属性选择器，只要元素属性值中包含选择器中设定的值，就会被选择。5 种子串属性选择器如表 3-3-2 所示。

表 3-3-2　子串属性选择器

类　型	描　述
[attr^="val"]	选择 attr 属性值以 val 开头的所有元素
[attr$="val"]	选择 attr 属性值以 val 结尾的所有元素
[attr*="val"]	选择 attr 属性值中包含子串 val 的所有元素
[attr~="val"]	选择 attr 属性值中包含 val 的元素，val 是一个独立的属性值
[attr|="val"]	选择 attr 属性值以 val 开头的所有元素，val 必须是一个单词

两个子串属性选择器的示例代码如下：

```
img[title~="img"]{border: 1px solid gray;}
img[src|="img/img"]{border: 1px solid gray;}
```

HTML 元素是否符合选择条件如图 3-3-5 所示。

```
<img title="img 1" src="img/img-1.jpg" />
<img title="img 2" src="img/img-2.jpg" />
```

✓

```
<img title="img1" src="img/img1.jpg" />
<img title="img2" src="img/img2.jpg" />
```

✗

图 3-3-5　HTML 元素是否符合选择条件

2. 用浏览器调试窗口调试 CSS

在本任务中，我们设置样式值时都采用了精确的值，但在实际应用中，很多时候我们无法在设计时就明确宽度、边距等属性的准确值，如果要得到准确值就需要花费大量的时间计算。这时我们可以先为属性设置一个预估值，然后再利用浏览器调试窗口进行微调。在 HTML 篇中我们介绍了浏览器调试窗口，如图 3-3-6 所示。接下来我们就来学习如何对 CSS 样式进行调试。图 3-3-6 中被方框圈住的区域就是 CSS 样式的调试区域，这里显示了所选元素的所有 CSS 样式。每个选择器右侧有一行斜体说明文字，如果显示“user agent stylesheet”，则说明这个样式是浏览器默认样式，这个样式是不能被修改的。除此之外，调试区域会显示定义这个选择器的文件名，这可以在调试窗口修改。

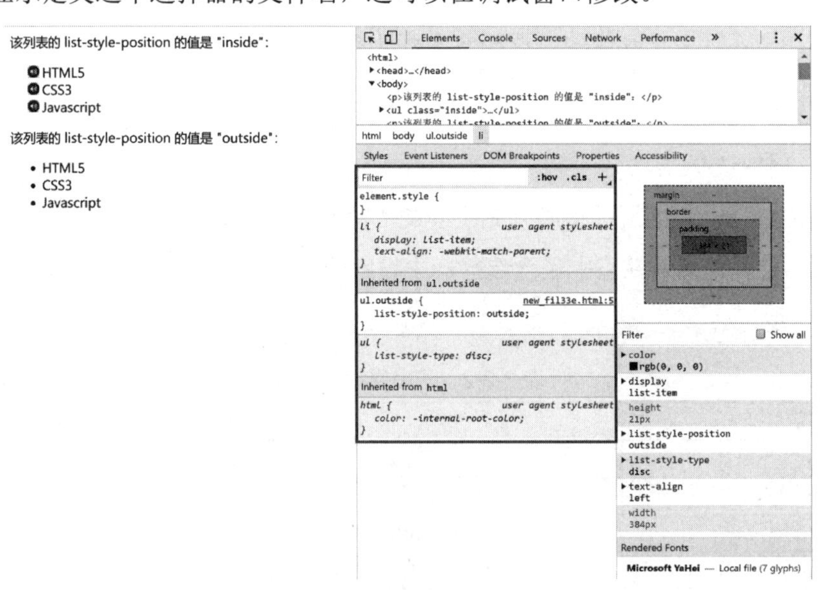

图 3-3-6　浏览器调试窗口

鼠标指针移动到可以修改的声明上时，如图 3-3-7 所示，在声明左侧会出现一个复选框，单击选择可以查看这个声明不设置时的样式效果。声明右下角出现更多功能按钮（竖排三个点），鼠标指针移动到其上方后可以快速添加背景颜色、文字颜色、盒子阴影、文字阴影声明，如图 3-3-8 所示。单击图中“+”按钮，会根据所选元素添加一个新的选择器，可以在新选择器中添加新声明。

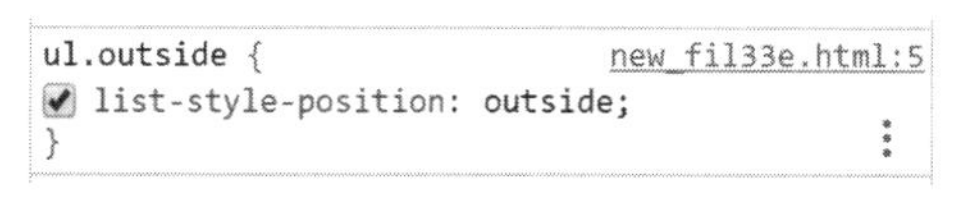

图 3-3-7　鼠标指针移动到可以修改的声明上

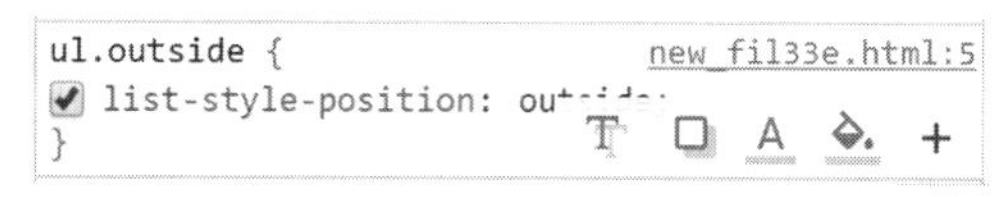

图 3-3-8　更多功能

使用鼠标单击声明语句，此时属性值会变成可编辑状态，可以输入新的值。当值是数值的时候，还可以通过滚动鼠标微调数值。如果设置的属性是颜色，在值的左侧有一个小色块，单击色块会弹出调色板，如图 3-3-9 所示。不仅可以在调色板中选择颜色，而且当鼠标指针移动到网页上时还会出现颜色放大镜，可以吸取在网页中想要选取的颜色。编辑过程中每一个值的变化都会实时在网页中查看到效果。样式调整合适后单击一下空白处，即可以确认修改。

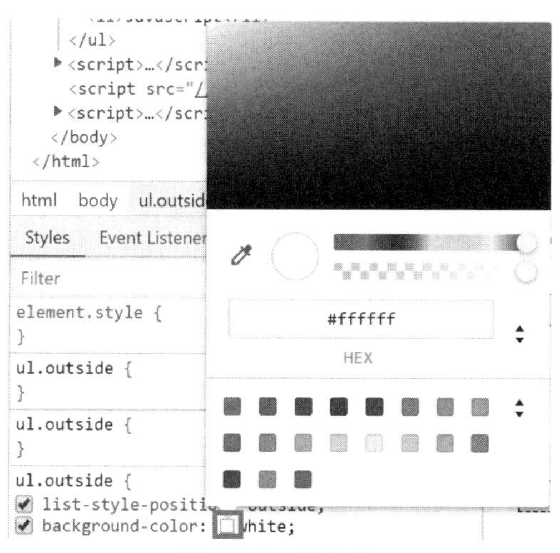

图 3-3-9　调色板

这里需要特别注意，调试窗口中修改新增的声明会实时显示到网页窗口中，但是一旦页面刷新后就会恢复页面原有的样式。所以在调试过程中，一旦调试到满意的样式后要及时复制到 HBuilder 编辑器中替换原有的 CSS 代码。

任务二　导航栏优化

任务描述

本任务中我们利用伪类、伪元素选择器优化导航栏样式，实现如图 3-3-10 所示的箭头导航栏效果。

图 3-3-10　箭头导航栏效果

知识准备

1. 伪类选择器

伪类选择器是 CSS 内置类本身具有的一些特性和功能，这些特征和功能使我们不用再为 HTML 元素定义 class 或 id 属性就可以直接选择元素。因为这是基于文档之外的抽象，所以叫伪类。伪类选择器可以筛选指定元素或指定要选择元素的特殊状态。下面我们介绍几种常用的伪类选择器。

1）:first-child 和:last-child

伪类选择器:first-child 选择第一个元素，伪类选择器:last-child 选择最后一个元素。它们的使用方式都一样，只是一个是从前往后选择，另一个是从后往前选择。由于两种伪类选择器使用方式相同，这里我们仅分析:first-child 的使用方法。

通常使用时，会把伪类选择器与交集或后代选择器一同使用，这里要区分交集和后代选择器的选择范围。一段 HTML 示例代码如下：

```
<body>
    <div>
        <h1>第一个标题</h1>
        <p>第一个 p 段落</p>
        <p>第二个 p 段落</p>
        <p>第三个 p 段落</p>
    </div>
</body>
```

不同的选择器组合方式会产生不同的选择效果，具体如下：

```
div:first-child{ color: red; }
```

div 和:first-child 连在一起，是一个交集选择器。交集选择器要求两个条件同时满足，选择对象是一个具有<div>标签的元素，同时要作为所有兄弟节点中第一个节点元素。上述 HTML 代码中<body>元素只有<div>一个元素，因此符合兄弟节点中第一个条件，div:first-child 选择的对象即是<div>元素，由于文本颜色的继承性，<div>元素中的所有文本都会显示红色。

```
div :first-child{ color: red; }
```

div 和:first-child 中间有一个空格，这是一个后代派生选择器。选择对象是<div>元素的子元素中排在第一位的节点元素。<div>元素的子元素有一个<h1>元素和 3 个<p>元素，其中第一个是<h1>元素，因此 div :first-child 选择的对象是<h1>元素，文字“第一个标题”显示红色。

```
p:first-child{ color: red; }
```

p:first-child 作为交集选择器，选择对象是一个<p>元素，同时要作为所有兄弟节点中的第一个节点元素。上述 HTML 元素中，3 个<p>标签都不符合作为兄弟节点第一位的条件，因此在这里 p:first-child 不能选中任何对象。

```
h1:first-child{ color: red; }
```

h1:first-child 选择的对象是一个<h1>元素，同时要作为所有兄弟节点中第一个节点元素。上述 HTML 元素中，<h1>元素和三个<p>元素互为兄弟节点，<h1>元素是第一个，因此在这里 h1:first-child 选中的对象是<h1>元素，文字“第一个标题”显示红色。

2）:nth-child(n)

:first-child 和:last-child 只能选择第一个和最后一个元素，如果我们想要选择任意位置的元素，就要用:nth-child(n) 伪类选择器来实现。:nth-child(n)的使用原则和:first-child 相同，这里的参数 n 可以是数字、关键词或公式，我们用下面这段 HTML 代码分析参数 n 的不同用法：

```
<body>
    <p>第一个 p 段落</p>
    <p>第二个 p 段落</p>
    <p>第三个 p 段落</p>
    <p>第四个 p 段落</p>
    <p>第五个 p 段落</p>
    <p>第六个 p 段落</p>
</body>
```

参数 n 是数字时，可以是任意大于 0 的整数。选择具体的第 n 个节点，元素索引从 1 开始。如下代码表示选择第三个兄弟节点，又是<p>标签的节点元素，因此文本“第三个 p 段落”显示红色。

```
p:nth-child(3){ color: red; }
```

参数 n 可以用 odd 和 even 关键词代替，odd 表示排序为奇数的元素，even 表示排序为偶数的元素。如下代码为排序是奇数和偶数的元素分别指定不同的文本颜色，因此文本第 1、3、5 个段落显示红色，第 2、4、6 个段落显示蓝色：

```
p:nth-child(odd){ color: red; }
p:nth-child(even){ color: blue; }
```

参数 n 也可以用公式 an + b 表示（n=1, 2, 3, …），位置符合公式计算结果的节点都会被选择。如下代码可以选择第 1, 3, 5, …个元素，因此第 1、3、5 个段落显示红色。

```
p:nth-child(2n-1){ color: red; }
```

3）状态伪类

状态伪类定义元素在某一状态下所呈现的样式。常用状态伪类如表 3-3-3 所示。

表 3-3-3　常用状态伪类

选 择 器	描　述	常 用 标 签
:link	未被访问的元素	<a>
:visited	已被访问的元素	<a>
:hover	鼠标指针位于元素上	<a>
:active	鼠标指针在元素上左键被按下还没有松开	<a>
:focus	获取焦点的元素	<input>
:checked	被选中的元素	<input>

:link、:visited、:hover 和:active 常被用在超链接<a>标签中，用于定义超链接文本不同状态下的样式。例如，我们给超链接文本定义如下样式：

```
a:link{ color: green; }
a:hover{ color: blue; }
a:active{ color: red; }
a:visited{ color: orange; }
```

超链接文本没有被单击时显示绿色，鼠标指针移到元素上时显示蓝色，鼠标左键被按下还没松开时显示红色，鼠标单击过后显示橙色。

:focus 和:checked 常用在表单的<input>标签中，用于定义表单元素不同状态时的样式。例如，我们给文本框设置获取焦点时显示黄色背景的样式，当光标定位在文本框内时可以看到黄色背景效果，代码如下：

```
input[type="text"]:focus{background: yellow;}
```

2. 伪元素选择器

伪元素选择器利用 CSS 中已经定义的伪元素向某些选择器设置特殊效果。前面讲过选择器选择的是节点元素，而伪元素选择器选择的是节点元素中的内容。常用的伪元素选择器如表 3-3-4 所示。

表 3-3-4　常用的伪元素选择器

选 择 器	描　述
:first-letter	内容文本的第一个字母
:first-line	内容文本的第一行字母
:before	在元素之前添加内容
:after	在元素之后添加内容

:first-line 用于指定元素内容文本的第一行文字的样式，这里的换行可以是文本自动换行或遇到
标记换行。:first-letter 用于指定元素内容文本的第一个字符的样式，若同时设置了:first-letter 和:first-line，那么第一个字符仍然会应用:first-letter 中指定的样式。伪元素选择器代码运行效果如图 3-3-11 所示，第一行文字为蓝色，第一个文字为红色，字体大小为 26px，代码如下：

```
<html>
    <head>
        <style type="text/css">
            div {width: 300px;}
            div:first-letter {
                color: red;
                font-size: 26px;
            }
            div:first-line {color: blue;}
        </style>
    </head>
    <body>
       <div>
            潜龙腾渊，鳞爪飞扬。乳虎啸谷，百兽震惶。鹰隼试翼，风尘翕
            张。奇花初胎，矞矞皇皇。干将发硎，有作其芒。天戴其苍，地
            履其黄。纵有千古，横有八荒。前途似海，来日方长。美哉我少
            年中国，与天不老！壮哉我中国少年，与国无疆！
       </div>
    </body>
</html>
```

潜龙腾渊，鳞爪飞扬。乳虎啸谷，百兽震
惶。鹰隼试翼，风尘翕张。奇花初胎，矞
矞皇皇。干将发硎，有作其芒。天戴其
苍，地履其黄。纵有千古，横有八荒。前
途似海，来日方长。美哉我少年中国，与
天不老！壮哉我中国少年，与国无疆！

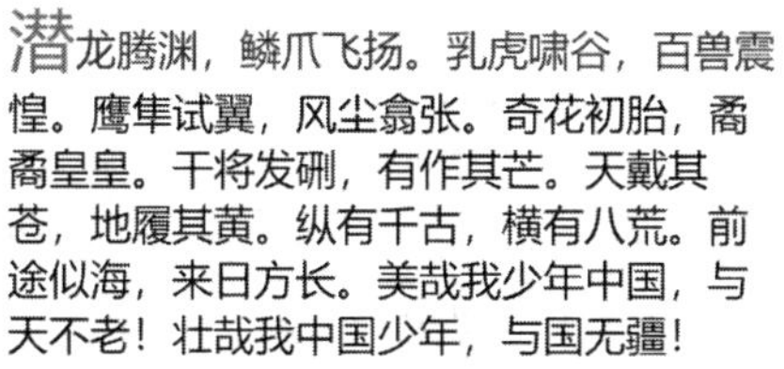

图 3-3-11 伪元素选择器代码运行效果

:before 和:after 可以在元素内容前或后插入新的内容，内容可以是文字或者图片。这需要配合 content 属性来实现，语法格式如下：

```
:before{
   content: "txt" | url("URL");
}
```

这相当于在原有内容前插入了一个新的元素，这个元素是一个行内元素，可以通过 display 属性修改元素性质，也可以在选择器中为插入元素设置更丰富的样式。

任务实现

导航栏的优化分为两步，先设置导航项的背景颜色，再设置箭头效果。

1. 设置导航项的背景颜色

导航栏分深浅两种颜色，首页、唐诗、元曲三个导航项是深色的，其余都是浅色的，因此我们首先设置整个导航栏的背景颜色为浅色#e2dad0。打开 style.css 文件，找到#nav 选择器的代码，该选择器已经具有 background 属性，只要将属性值改为#edeae1 即可，修改后的#nav 选择器代码如下：

```
#nav {
    height: 50px;
    background: #edeae1;
    margin: 5px 0;
}
```

深色导航项对应的元素是导航栏中第 1、3、5 个<li>标签元素，也是奇数项标签，伪类选择器:nth-child(odd)可以指定奇数项元素。在导航栏<nav>元素包含的<li>元素中选择奇数项，选择器可以定义为：

```
#nav li:nth-child(odd)
```

在 style.css 文件中添加新的选择器，设定背景颜色为#bba687，代码如下：

```
#nav li:nth-child(odd){
    background: #bba687;
}
```

设置背景颜色后的导航栏如图 3-3-12 所示。

图 3-3-12 设置背景后的导航栏

2. 设置箭头效果

对比图 3-3-12 和图 3-3-13，我们发现如果在图 3-3-12 中的每个导航项后加上一个如图 3-3-13 所示的框矩形区块，那么就实现了箭头导航的效果。因此我们要做的就是给所有列表项后面加上一个区块，:after 选择器可以在元素之后添加内容。打开 style.css 文件，添加新的选择器：

```
#nav li:nth-child(even):after{
}
#nav li:nth-child(odd):after{
}
```

图 3-3-13 箭头导航

因为奇数项导航项和偶数项导航项添加的小区块颜色不一样，因此我们分奇、偶项元素添加两个选择器。

在本篇项目二任务二的能力提升中，我们介绍了三角形色块的实现方法，把图 3-2-16 中的正方形沿垂直中轴线一分为二，左侧的就是我们要添加的矩形。三角形色块是上、下、左、右 4 条边框重叠拼成的正方形，如果右边一条边宽度为 0，那么就只剩下左侧矩形。为:after 选择器添加声明，代码如下：

```
#nav li:nth-child(even):after{
    content:"";
    display: block;
    width: 0;
    height: 0;
    float: right;
    border-top:25px solid #bba687;
    border-bottom:25px solid #bba687;
    border-left:25px solid #edeae1;
}

#nav li:nth-child(odd):after{
    content:"";
    display: block;
    width: 0;
    height: 0;
    float: right;
    border-top:25px solid #edeae1;
    border-bottom:25px solid #edeae1;
    border-left:25px solid #bba687;
}
```

:after 选择器中一定要包含 content 属性，因为被插入的元素没有内容，所以设置 content 值为空字符串。被插入元素默认为行内元素，设置 display 的属性值为 block，转换为块级元素，才可以添加 border 样式。被插入的区块要显示在同一行上，需要再设置 float 的属性值为 right。

保存文件后运行网页，即可以看到箭头导航效果。

能力提升

CSS3 中还提供了很多结构性伪类选择器。

1. :root

:root 选择器可以匹配文档根元素。在 HTML 中，根元素始终是 HTML 元素。因此当:root 单独使用时，就表示<html>标签，如 CSS 样式设置代码如下：

```
:root{
color: red;
}
```

相当于设置<html>的文本颜色为红色，运行后整个网页中所有文字显示红色。它也可以和后代选择器配合使用，表示指定范围内的根元素。

2. :not

:not 选择器的完整用法是“:not (selector)”，匹配非指定元素/选择器的每个元素。这个选择器在使用时要慎重，例如，运行如下代码：

```
<!DOCTYPE html>
<html>
  <head>
    <style>
        :not(p){color:#ff0000;}
    </style>
  </head>
  <body>
    <h1>猜猜看</h1>
    <p>长风破浪会有时，</p>
    <p>直挂云帆济沧海。</p>
    <div>你知道这是哪首诗吗？</div>
  </body>
</html>
```

本意是想将<h1>和<div>两个标签中的文字设置为红色，但是运行后会发现所有文字的颜色都变为红色。这是因为:not 选择器相对于整个网页匹配非<p>元素，所以<body>、<html>都在选择范围之内。这里有两种修改方法。

1）通过后代选择器缩小选择范围

如果把选择范围定义在<body>标签的子元素，那么除<p>标签外的标签就只有<h1>和<div>。因此修改选择器“:not(p)”为“body>:not(p)”，通过后代选择器把选择范围定义在<body>标签的所有直接子元素。修改后的<style>标签代码如下：

```
<style>
   body>:not(p){color:#ff0000;}
</style>
```

2）重定义<p>标签样式

还可以在 CSS 样式表中重定义<p>标签样式，设置文字颜色为黑色，修改后的<style>标签代码如下：

```
<style>
    :not(p){color:#ff0000;}
    p{color:#000000;}
</style>
```

交换两行代码的顺序，不会影响显示效果，这也可以说明，标签选择器的优先级要大于伪类选择器的优先级。

3. :empty

:empty 选择器用于匹配没有子元素（包括文本节点）的每个元素。所有单标签一定不包含子元素，所以都属于:empty 选择器的选择范围。对于双标签，只有开始标签和结束标签紧紧相连的情况下才符合，哪怕只有一个空格，也不会被选中。

:empty 选择器可以和交集选择器结合使用，用于限定某一种标签的非空元素，如下段代码：

```
<!DOCTYPE html>
<html>
  <head>
    <style>
      p:empty{height:30px; background:#ff0000;}
    </style>
  </head>
  <body>
    <!-- <h1>标签不是<p>标签 -->
    <h1></h1>
<!-- 标签中有一个空格，不属于空标签 -->
    <p> </p>
    <!-- <p>标签，又是空标签，符合选择器范围 -->
    <p></p>
  </body>
</html>
```

运行后只能显示一行红色，是最后一个<p>标签。

4. :only-child

:only-child 选择器用于匹配属于其父元素的唯一子元素的每个元素，通常和交集选择器结合使用，用于限定某一种标签的父元素只有它一个子元素，如下段代码：

```
<!DOCTYPE html>
<html>
<head>
    <style>
        p:only-child {background: #ff0000;}
    </style>
</head>
<body>
```

```
    <div>
        <p>我是唯一的</p>
    </div>
    <div>
        <span></span>
        <p>我有一个兄弟 span</p>
    </div>
</body>
</html>
```

运行后发现只有“我是唯一的”段落的颜色变为红色。

5. :target

:target 选择器可用于选取当前活动的目标元素。URL 后面跟有锚名称 #，用于指向文档内某个具体的元素。这个被链接的元素就是目标元素。设置了这个选择器后，当单击锚记链接跳转到目标位置时，目标元素就会应用选择器样式。

我们可以打开 info.html，在<head>标签内添加内嵌 CSS 样式，给:target 选择器设置一组样式，如设置文字颜色为红色：

```
<style>
  :target{color: red;}
</style>
```

单击“生平介绍”页眉跳转后，“生平介绍”4 个字的颜色会变成红色。超链接设置的锚记是<h2>标签的 id 值，因此，:target 的目标元素仅是<h2>标签。

项目四 “中国诗词”网站首页内容版块制作

任务一 图片轮转版块实现

任务描述

继续编辑 CSS 文件 style.css，设置网页的图片轮转版块。图片轮转版块呈现的效果是动态效果，三张图片循环交替显示，鼠标指针移到图片上时，图片缩小显示。CSS 3 中新增了变形、过渡和动画三个属性，不需要 JavaScript 代码也能实现页面的交互和动画。本任务中我们介绍这三类属性，用以实现图片轮转版块。

知识准备

1. 变形（transform）

transform 属性能够实现元素的移动、缩放、转动、拉长或拉伸等变形效果，每种变形对应一个变形函数。

1）translate(x,y)

translate(x,y)是平移函数，元素从其当前位置移动，x 表示水平方向上的位移，y 表示垂直方向上的位移。两个参数可以是长度值或百分比，百分比是参照区块大小的比例。定义平移样式的示例代码如下：

```
div{
    width: 300px;
    height: 200px;
    border: 5px solid #000;
    transform: translate(100px,50px);
}
```

<div>元素会从文档流中原本应该出现的位置水平向右移动 100px，垂直向下移动

50px。translate( )函数示例如图 3-4-1 所示，虚线框范围是<div>元素原本应该出现的位置。

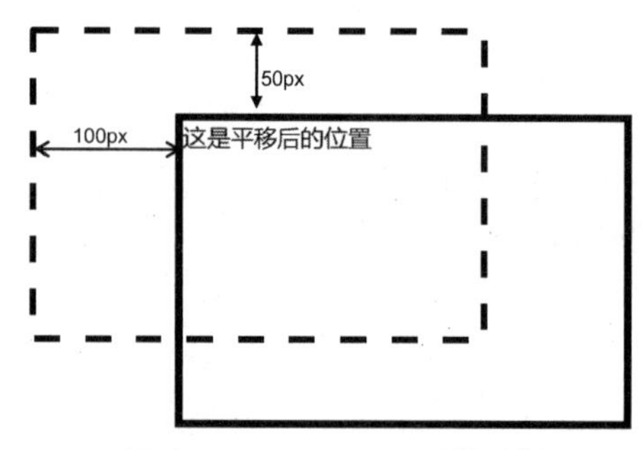

图 3-4-1 translate()函数示例

2）rotate(angle)

rotate(angle)是旋转函数，元素在其当前位置以某一点为圆心，平面旋转设定的角度，角度值的单位是 deg，直角表示为 90deg。旋转中心默认是区块的中心点，也可以通过 transform-origin 属性修改中心点，修改的语法格式如下：

```
transform-origin: x-axis y-axis;
```

x-axis 和 y-axis 是变换中心点的 x 轴坐标和 y 轴坐标，可以是长度值，也可以是百分比，还可以是表示位置的关键字。

定义旋转中心点和旋转角度的示例代码如下：

```
div{
    width: 300px;
    height: 200px;
    border: 5px solid #000;
    transform: rotate(30deg);
    transform-origin: bottom left;
}
```

这里把旋转中心点定位在左下角，以这一点为旋转中心点顺时针旋转 30 deg，rotate( )函数示例如图 3-4-2 所示，虚线框范围是<div>元素原本应该出现的位置。

3）scale(x, y)

scale(x,y)是缩放函数，元素按设定比例放大或缩小，如 x 和 y 的值为 1，元素大小不变。x 表示水平方向上的缩放比例，y 表示垂直方向上的缩放比例。缩放中心点默认为区块中心点，可以通过 transform-origin 属性修改缩放中心点。定义缩放样式的示例代码如下：

```
div{
    width: 300px;
    height: 200px;
    border: 5px solid #000;
    transform: scale(0.8,0.8);
}
```

<div>元素以区块中心点为固定点，在水平方向和垂直方向上按比例 0.8 缩小，scale( )函数示例如图 3-4-3 所示，虚线框范围是<div>元素原来的大小范围。

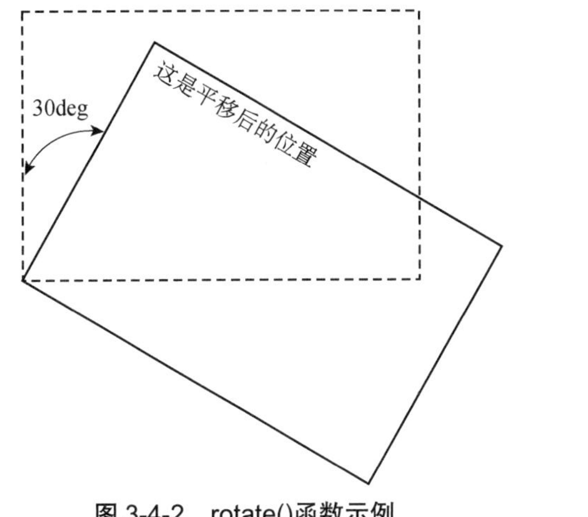

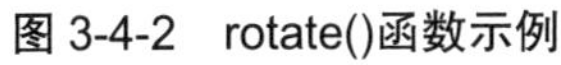
图 3-4-2　rotate()函数示例

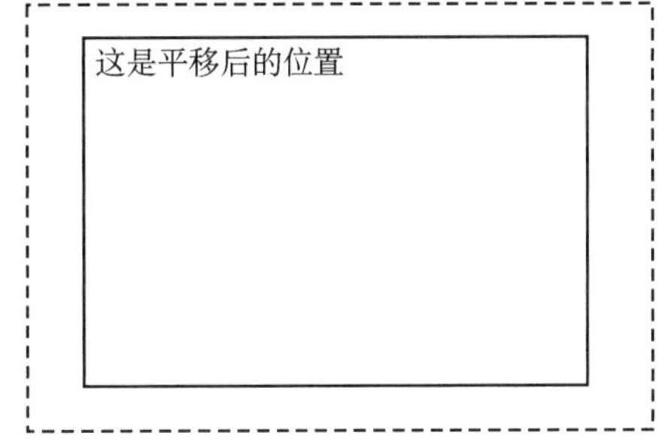

图 3-4-3　scale()函数示例

4）skew(angle, angle)

skew(angle,angle)是倾斜函数，元素在其当前位置以某一点为固定点，在水平方向和垂直方向上倾斜规定的角度，角度值的单位是 deg。倾斜中心点默认是区块的中心点，也可以通过 transform-origin 属性修改倾斜中心点。

定义倾斜函数示例代码如下：

```
div{
    width: 300px;
    height: 200px;
    border: 5px solid #000;
    transform: skew(30deg,10deg);
    transform-origin: bottom right;
}
```

这里把倾斜中心点定位在右下角，以这一点为倾斜固定点水平方向倾斜 30 deg，垂直方向倾斜 10 deg，skew( )函数示例如图 3-4-4 所示，虚线框范围是<div>元素原本应该出现的位置。

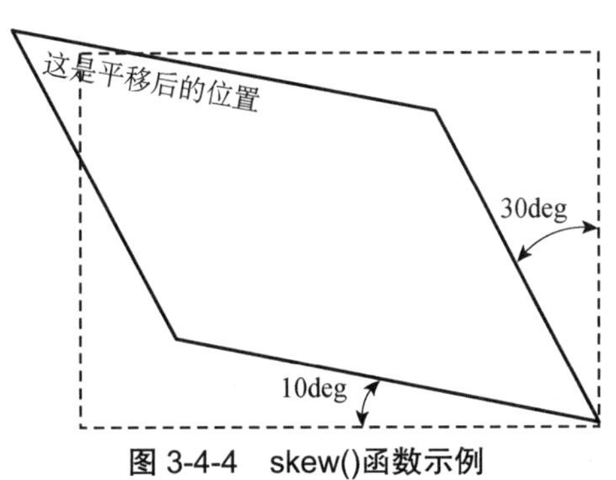

图 3-4-4　skew()函数示例

2. 过渡（transition）

transition 属性是动态属性。我们为元素设置伪状态属性，当状态发生时，元素的属性值发生变化，我们会立即看到页面元素发生变化，也就是页面元素的样式效果从旧的立即变成新的。过渡属性 transition 能让页面元素不是立即地，而是慢慢地从一种状态变成另外一种状态，从而表现出一种动画过程。transition 属性有如下 4 个子属性。

1）transition-property

transition-property 属性规定应用过渡属性的 CSS 属性名称。当指定的 CSS 属性改变时，过渡效果将开始。语法格式如下：

```
transition-property: none|all|property;
```

属性值 none 表示不接受任何属性的过渡变化；all 表示所有属性变化都可以触发过渡效果。否则，只有指定的属性值发生变化才能触发过渡的动画效果。

2）transition-duration

transition-duration 属性规定完成过渡效果需要花费的时间，以秒或毫秒为单位。语法格式如下：

```
transition-duration: time;
```

3）transition-timing-function

transition-timing-function 属性规定过渡效果的速度曲线。该属性允许过渡效果随时间改变其速度。语法格式如下：

```
transition-timing-function: linear|ease|ease-in|ease-out|ease-in-out|cubic-bezier(n,n,n,n);
```

transition-timing-function 属性描述了过渡效果随着时间运动的速度变化状况。可以使用关键字、函数 cubic-bezier()来定义过渡效果的变换速度方式。transition-timing-function 常用属性值如表 3-4-1 所示。

表 3-4-1　transition-timing-function 常用属性值

值	描　述
linear	以相同速度从开始至结束的过渡效果
ease	慢速开始，然后变快，最后慢速结束的过渡效果（默认值）
ease-in	以慢速开始的过渡效果
ease-out	以慢速结束的过渡效果
ease-in-out	以慢速开始和结束的过渡效果
cubic-bezier(n,n,n,n)	在函数中定义自己的值。可能的值在 0 至 1 之间

4）transition-delay

transition-delay 属性规定过渡效果何时开始。transition-delay 属性值单位以秒或毫秒计。语法格式如下：

```
transition-delay: time;
```

设定 transition-delay 属性值后状态不会马上发生变化，会按设定值延迟后再执行状态的变化过程。

3. 动画（animation）

CSS3 中新增了 animation 属性，它能够创建动画，在网页中取代 Flash 动画实现动态效果。如需在 CSS3 中创建动画，需要先了解@keyframes 规则。在@keyframes 中规定不同帧的 CSS 样式，就能创建逐帧变化的动画效果。

@keyframes 定义的语法格式如下：

```
@keyframes animationname {keyframes-selector {css-styles;}}
```

animationname 是自定义的动画名称，在 animation 属性中用这个名称来引用动画。keyframes-selector 用百分比规定发生改变的时间帧，或者通过关键词 from 和 to 来表示开始帧和结束帧，即 0% 和 100%。css-styles 是指定帧时的样式，可以是一个或多个合法的 CSS 样式。例如，我们设置@keyframes 规则的代码如下：

```
@keyframes bg-ani{
    from{background: red;}
    25%{background: orange;}
    50%{background: yellow;}
    75%{background: green;}
    to{background: blue;}
}
```

以上代码的动画名称为 bg-ani，设定了 5 个关键帧，分别对应 0%、25%、50%、75% 和 100%，设置每个帧的背景颜色依次为红、橙、黄、绿、蓝。

注意：时间帧的设定可以采用任意百分比，不需要同间距递增，样式设置只要符合 CSS 声明规则，就可以设置任意样式。

给需要产生动画效果的元素添加 animation 属性，引用@keyframes 规则，设定动画播放属性，即可以给元素添加动画效果。animation 属性的语法格式如下：

```
animation: name duration timing-function delay iteration-count direction;
```

animation 属性是一个复合属性，它有 7 个子属性。

1）animation-name

animation-name 属性用于设置需要绑定选择器的 keyframe 名称。语法格式如下：

```
animation-name: keyframename|none;
```

这里要注意 keyframename 区分大小写，更不能加上双引号。如果不想设置动画效果，可以将属性值设为 none，这可以帮助我们通过 JavaScript 动态添加或删除动画效果。

2）animation-duration

animation-duration 属性用于定义动画完成一个周期所需要的时间，单位是秒（s）或毫秒（ms）。语法格式如下：

```
animation-duration: time;
```

要产生动画效果，animation-name 属性和 animation-duration 属性是必须设置的两个属性，而且 animation-duration 属性值要大于 0。

3）animation-timing-function

animation-timing-function 属性用于规定动画的速度曲线，这个属性和过渡子属性 transition-timing- function 类似，属性值可以参照表 3-4-1 设置。

4）animation-delay

animation-delay 属性用于设置动画的延迟时间，单位是秒或毫秒。

5）animation-iteration-count

animation-iteration-count 属性用于设置动画的播放次数。语法格式如下：

```
animation-iteration-count: n|infinite;
```

动画默认只播放一次，animation-iteration-count 属性值可以是具体的数值，动画按这个值控制播放次数。其属性值也可以设置为 infinite，这样动画会循环播放。

6）animation-direction

animation-direction 属性用于设置动画是否轮流反向播放动画，语法格式如下：

```
animation-direction: normal|alternate;
```

动画播放默认的顺序是从 from 帧到 to 帧的，循环时也是从头再次播放的。如果设置属性值为 alernate，那么第奇数次是从 from 到 to 播放，第偶数次是从 to 到 from 播放。

注意：如果把动画设置为只播放一次，则该属性没有效果。

7）animation-fill-mode

animation-fill-mode 属性用于设置动画在播放之前或之后动画效果是否可见。语法格式如下：

```
animation-fill-mode : none | forwards | backwards | both;
```

forwards 表示当动画完成后，保持最后一个关键帧中定义的样式；backwards 表示在 animation-delay 属性所指定的一段时间内且在动画显示之前，应用第一个关键帧中定义的样式；both 表示向前和向后填充模式都被应用。

任务实现

图片轮转版块包括图片轮转和鼠标指针移到图片上时缩小两个效果。

1. 图片轮转

打开 style.css 文件，为#turn 选择器添加声明，设置图片轮转效果。

图片轮转是三张图片循环变化的一个动画效果，我们需要先定义一个@keyframes 规则，即在不同的关键帧为#turn 区块设置不同的背景图片，动画循环执行的时候就能实现图片的一个轮转。

这里我们要考虑设置几个关键帧。在执行周期中，动画从第一帧过渡到第二帧，再从第二帧过渡到第三帧，依次到最后一帧，然后马上就会回到第一帧进入下一个周期的循环。因此，最后一帧会马上被下一周期的第一帧取代。因此我们用 3 张图片定义 4 个关键帧，from 和 to 定义同一张背景图片，代码如下：

```
@keyframes turn_pic{
    from{background-image:url(../img/t1.jpg);}
    33%{background-image:url(../img/t2.jpg);}
    67%{background-image:url(../img/t3.jpg);}
    to{background-image:url(../img/t1.jpg);}
}
```

我们可以把动画规则定义放在 style.css 文件的最开始部分。找到#turn 选择器声明属性的位置，在选择器中添加 animation 属性声明，代码如下：

```
#turn {
    width: 663px;
    background-image:url(../img/t1.jpg);
    background-repeat: no-repeat;
    background-size: 100% 100%;
    animation: turn_pic 6s infinite step-end;
}
```

#turn 选择器中设置了区块的背景样式，图片不重复，背景图片大小和区块大小一致，设定水平和垂直大小都为 100%。这里也可以不设置 background-image 属性，这样设置的好处是当浏览器不支持 animation 属性时可以显示默认图片。这里为关键帧之间的过渡设置 step-end 值，图片从 from 帧开始，忽略 to 帧，并且图片切换时没有过渡效果。

注意：在@keyframes 规则中，背景图片属性一定要使用 background-image，而不是复合属性 background，因为动画修改的只是背景图片，如果修改 background 属性值，其他子属性值也要一起设置，否则#turn 选择器中设置的其他子属性就会被默认值覆盖。

删除 index.html 文件中图片轮转区块中的文字“图片轮转”，运行代码即可看到图片轮转效果。

2. 鼠标指针上移时图片缩小

鼠标指针上移时图片缩小，仅在鼠标指针移动到图片上这一动作发生时实现，状态伪类选择器中的:hover 选择器表示鼠标指针位于元素上的状态。打开 style.css 文件，添加#turn 区块的伪状态选择器，代码如下：

```
#turn:hover{ }
```

图片缩小只要改变区块的大小就可以实现，区块大小可以用 width 和 height 属性来设置，但这两个属性的区块位置不会变化，可以看作左上角为固定点变化，而我们希望图片是以区块中心点缩放的。因此我们选择 transform 变形属性，设置比例值为 0.9。给刚刚添加的选择器添加声明，完成后选择器代码如下：

```
#turn:hover{
    transform: scale(0.9);
}
```

保存文件后运行，当鼠标指针移动到图片上时，图片缩小，但变化过程很突然。我们要为区块添加一个过渡属性 transition，图片缩小时可以有一个渐变的过程。找到#turn 选择器，在声明中添加过渡属性声明，修改后选择器代码如下：

```
#turn {
    width: 663px;
    background-image:url(../img/t1.jpg);
    background-repeat: no-repeat;
    background-size: 100% 100%;
    animation: turn_pic 6s infinite step-end;
    transition: all 0.5s;
}
```

保存 style.css 文件，运行网页文件，完成图片轮转版块的任务。

能力提升

steps()函数可以实现逐帧动画效果，在循环执行动画时，steps()函数的参数对动画的播放并没有太大的影响，但是深入了解 start 和 end 的区别，对复杂 CSS3 动画的设计是非常有必要的，这里通过每一帧的运行图来仔细分析这两个参数的区别。

设计一个两个小球水平移动的动画，两个完全一样的小球，2 秒的时间内分 4 步从 0 位移处水平向右移动到 400px 位移处，并停留在 400px 位移处，第一个小球设置 start 参数，第二个小球设置 end 参数，代码如下：

```
<!DOCTYPE html>
<html>
<head>
    <style>
        #ball,
        #ball1 {
            width: 100px;
            height: 100px;
            background-color: #F63;
            border-radius: 50%;
        }
        #ball {animation: move 2s steps(4, start) forwards;}
        #ball1 {animation: move 2s steps(4, end) forwards;}
        @keyframes move {
            0% {transform: translateX(0px);}
            100% {transform: translateX(400px);}
        }
    </style>
</head>
<body>
    <p>start 模式</p>
    <div id="ball"></div>
    <p>end 模式</p>
    <div id="ball1"></div>
</body>
</html>
```

steps()函数的第一个参数 4 用于设置小球分 4 步跳动到结束位置，也就是有 5 个关键帧，两个小球每一步的位置如图 3-4-5 所示。

动画启动后，第一个小球会马上跳到坐标轴 2、3 的位置，也就是第 2 帧，后面的步骤始终与第二个小球相隔 100px，第四步时正好移动到 400px 处。而第二个小球第一步会停留在 0px 处，这样第四步时只移动到 300px 处。这里因为我们设置了 forwards 属性，第二个小球会多跳动一次，仍然停在 400px 处。如果我们设置了 infinite 属性循环执行，那么第一个小球会直接跳回第一步的位置继续执行，第二个小球会从第四步的位置直接跳回第一步的位置继续执行。

通过上面分析，我们可以得出结论：start 参数表示动画一开始就直接进入第二个关键帧状态，然后顺利走完全程。如果设置了循环播放，不会再执行第 1 帧状态。end 参数则反应有点慢，动画从第一个关键帧处开始跑，等时间结束了，只能走到倒数第 2 帧处，如果设置了循环播放，则永远不会执行最后一帧状态。

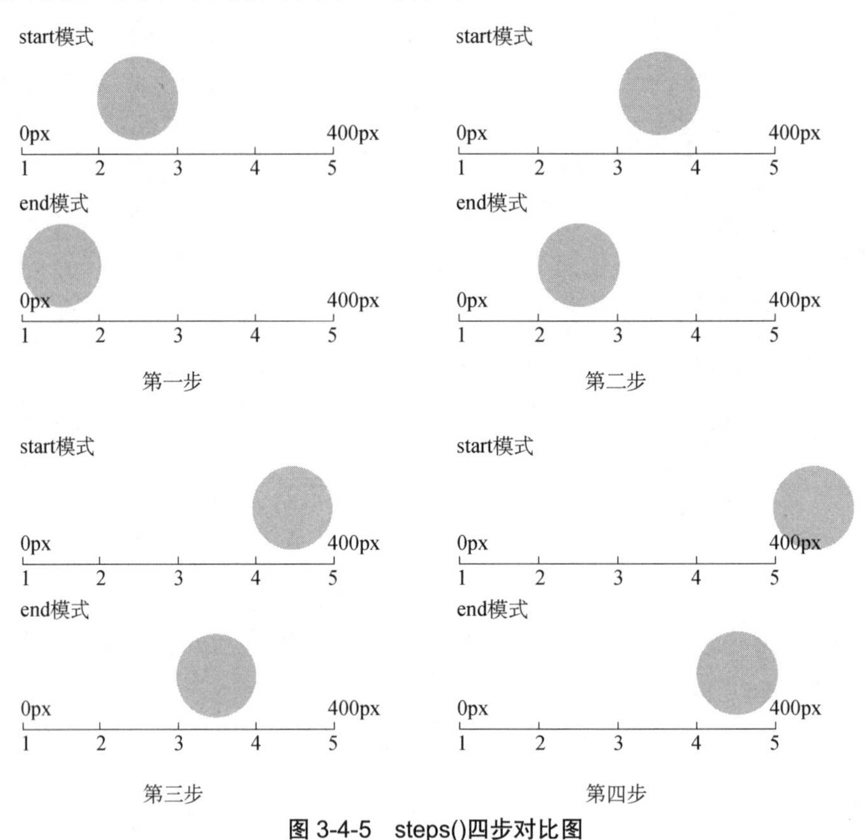

图 3-4-5 steps()四步对比图

任务二 “排行榜”版块实现

任务描述

继续编辑 CSS 文件 style.css，设置网页的“排行榜”版块，效果如图 3-4-6 所示。“排行榜”版块由标题栏和内容栏两部分组成，标题栏是一个圆角矩形块，文字有投影效果。内容栏是一行一行的超链接文本，第一行文本超链接到 HTML 篇中完成的 info.html 文件，鼠标指针移到超链接文本上时，文字改变颜色，并出现下画线。本任务中我们介绍表格和文本的相关属性，用以实现“排行榜”版块。

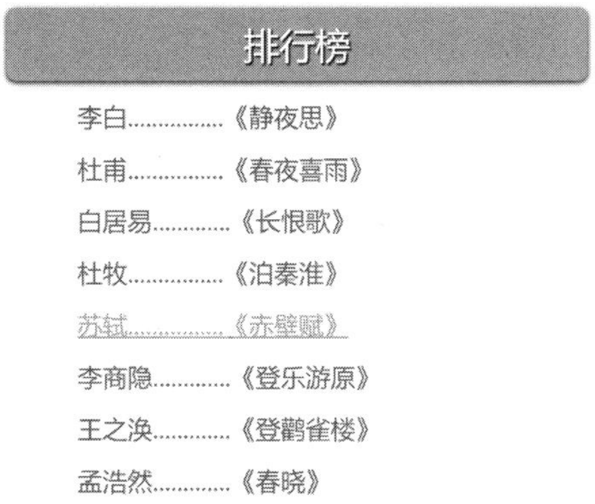

排行榜

李白................《静夜思》

杜甫................《春夜喜雨》

白居易............《长恨歌》

杜牧................《泊秦淮》

苏轼................《赤壁赋》

李商隐............《登乐游原》

王之涣............《登鹳雀楼》

孟浩然............《春晓》

图 3-4-6 “排行榜”版块效果图

知识准备

CSS 文本属性可以定义文本的外观。通过文本属性，可以设置文本颜色、字符间距、对齐文本、文本缩进等。

1. 字体属性（font）

font 属性是一个复合属性，可以在一个声明中设置所有字体属性，包括字体、字号、颜色。font 属性用于一次设置元素字体的两个或多个方面，可以不设置其中的某个值，未设置的属性值会使用其默认值，但至少要指定字体大小和字体系列。

也可以通过子属性单独设置字体样式，font 属性的常用子属性如表 3-4-2 所示。

表 3-4-2 font 属性的常用子属性

属　性	描　述
font-style	规定字体样式
font-variant	规定字体异体
font-weight	规定字体粗细
font-size/line-height	规定字体尺寸和行高
font-family	规定字体系列
caption	定义被标题控件（如按钮、下拉列表等）使用的字体
icon	定义被图标标记使用的字体
menu	定义被下拉列表使用的字体
message-box	定义被对话框使用的字体
small-caption	caption 字体的小型版本
status-bar	定义被窗口状态栏使用的字体

这里要特别注意 line-height 属性，line-height 属性用于设置一行文本的高度，在这一范围内，文字垂直居中显示。在 CSS 中没有专门设置文本垂直居中的属性，因此通常通过 line-height 来调整文本垂直方向上的位置。

2. 文本颜色属性（color）

color 属性设置文本颜色，颜色值可以采用十六进制颜色编码、关键词或 rgb()函数表示。

3. 字母和单词间距属性（letter-spacing、word-spacing）

与字符间距相关的属性有字母间距属性（letter-spacing）和单词间距属性（word-spacing），如下字符间距示例代码运行后其效果如图 3-4-7 所示。

```
<html>
    <head>
        <style type="text/css">
            #letter{
                letter-spacing:5px;
            }
            #word{
                word-spacing: 5px;
            }
        </style>
    </head>
    <body>
        <p id="letter">This is an apple.</p>
        <p id="word">This is an apple.</p>
    </body>
</html>
```

T h i s i s a n a p p l e .

This is an apple.

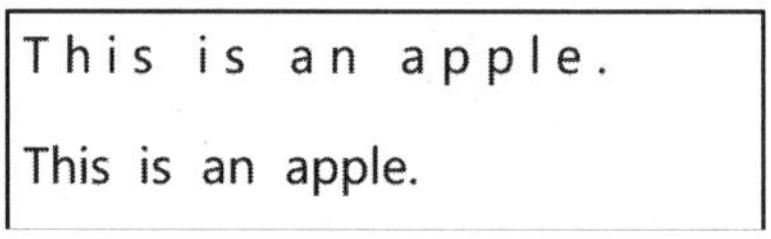

图 3-4-7　字符间距效果

word-spacing 属性表示单词和单词之间的间距，letter-spacing 属性表示字符和字符之间的间距。如果中文字符要调整文字和文字之间的距离，需要设置 letter-spacing 属性。

4. 字符缩进属性（text-indent）

text-indent 属性用于设置段落首行缩进字符，属性值可以是任意长度值或百分比。中文段落通常需要首行缩进两个字符，代码如下：

```
p{
    text-indent:2em;
}
```

这里长度单位用 em，表示当前段落中一个字符的大小，这样无论设置字体大小为多少，都可以缩进 2 个字符。

5. 文本修饰属性（text-decoration）

text-decoration 属性设置文本的下画线、删除线等修饰效果。如图 3-4-8 所示的是 text-decoration 4 种不同属性值对应的修饰效果。

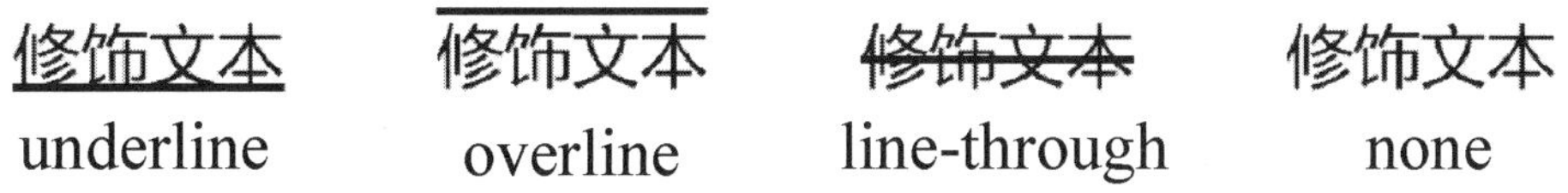

图 3-4-8　text-decoration 属性值修饰效果

注意：HTML 中<a>标签文本的 text-decoration 属性默认值为 underline，如果要去除下画线，可以将<a>标签的 text-decoration 属性值设为 none。

6. 对齐文本属性（text-align）

text-align 属性用于设置区块文本的水平对齐方式。它有 left、center 和 right 三个值。这里的水平对齐方式仅对设置了该属性的区块中的文本内容有效，对区块中的块级元素不起作用。块级元素的居中对齐要用前面讲过的 margin 属性来实现。

7. 阴影属性（text-shadow）

text-shadow 属性设置文字阴影效果，语法格式如下：

```
text-shadow: h-shadow v-shadow blur color;
```

h-shadow 表示水平方向偏移量，v-shadow 表示垂直方向偏移量，正值表示向右或向下偏移，负值表示向左或向上偏移。blur 表示模糊距离，阴影在这个距离范围内逐渐淡化，blur 值越大，阴影范围也就越大。color 表示阴影的颜色。

注意：CSS 也为块级元素提供了阴影效果属性，即 box-shadow，属性值的设置与 text-shadow 相同，设置成功后块级元素显示阴影效果。

任务实现

1. 修改 index.html 文件，添加“排行榜”中的元素

打开 index.html 文件，找到“<section id="brand">排行榜</section>”这行代码，删除中间的文字“排行榜”。

“排行榜”版块包含标题和内容两部分，HTML 为我们提供了 6 级标题标签，这里我们

选择<h1>标签定义标题。内容部分有多行样式相同的文本，如果为它们选择相同且区别于其他元素的标签，就能采用派生选择器的方式更方便地指定选择范围。“排行榜”版块内容样式都不复杂，因此选择最简单的段落标签<p>。“排行榜”中的文字可以超链接到每位诗人的介绍页面，因此<p>标签中要为文字包裹<a>标签。在“<section id="brand"></section>”起始标签间添加元素，代码如下：

```
<section id="brand">
    <h1>排行榜</h1>
    <p><a href="info.html">李白...............《静夜思》</a></p>
    <p><a href="#">杜甫...............《春夜喜雨》</a></p>
    <p><a href="#">白居易............《长恨歌》</a></p>
    <p><a href="#">杜牧...............《泊秦淮》</a></p>
    <p><a href="#">苏轼...............《赤壁赋》</a></p>
    <p><a href="#">李商隐............《登乐游原》</a></p>
    <p><a href="#">王之涣............《登鹳雀楼》</a></p>
    <p><a href="#">孟浩然............《春晓》</a></p>
</section>
```

文本“李白”链接到HTML篇创建的info.html文件，其余页面暂时无文件链接，设置为空链接。

修改后没有样式的“排行榜”版块如图3-4-9所示。

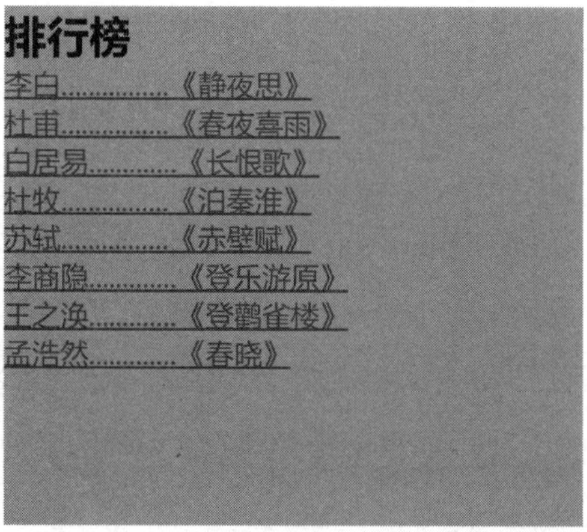

排行榜
李白..............《静夜思》
杜甫..............《春夜喜雨》
白居易...........《长恨歌》
杜牧..............《泊秦淮》
苏轼..............《赤壁赋》
李商隐...........《登乐游原》
王之涣...........《登鹳雀楼》
孟浩然...........《春晓》

图 3-4-9　没有设置样式的“排行榜”版块

2. 修改 style.css 文件，设置标题和段落文本样式

接下来我们就要给“排行榜”版块设置样式。打开style.css文件，找到section选择器，先将为方便布局添加的背景属性声明（background:#999）删除，再使用派生选择器设置标题和段落文本样式。

1）标题样式

“排行榜”版块和“精选”版块中的标题样式完全相同，可以统一设置标题样式。几个版块的 HTML 标签都是<section>，标题都是<h1>标签，因此可以使用派生选择器 section h1，选择范围是所有<section>标签中的<h1>标签。在 style.css 中添加如下代码：

```
section h1{
    height: 40px;                    //高度
    background: #bba687;              //背景色
    border-radius: 5px;              //圆角
    box-shadow: 0px 1px 3px #000;      //区块阴影
    text-align: center;              //水平对齐方式
    color: white;                    //文字颜色
    line-height: 40px;               //行高（可以使文字垂直居中）
    font-weight: 500;                //文字加粗
    font-size: 20px;                 //文字大小
    text-shadow:1px 1px 1px #000;      //文字阴影
}
```

标题样式有区块样式和文本样式。<h1>标签是块级元素，默认宽度是父元素的 100%，因此我们无须再设置 width 属性，只需要定义 height 属性值为 40px。标题栏的圆角矩形块效果通过将 border-radius 属性值设为 5px 实现。为使标题更加突出，设置背景色和向下的阴影，这里的阴影是块级元素阴影，因此定义 box-shadow 属性是向下方向的投影，这里不能省略水平位移值，水平方向没有位移也要设置为 0。

标题文本需要设置的属性有大小、颜色、加粗、水平和垂直居中及向右下方的投影。文字在行高范围内垂直居中，标题区块的高度是 40px，标题文本在区块垂直方向居中，因此设置行高属性 line-height 值也是 40px。

文本样式的设置不用局限于代码中设置的值，在浏览器窗口运行网页后，按 F12 键打开调试窗口，如图 3-4-10 所示。按图中标示的顺序，先在①处单击“选择”按钮，然后在②处单击标题文本“排行榜”，最后在③处确认选中对象是<h1>元素，在“styles”面板中可以看到该标签所应用的所有样式。在想要修改的属性值上单击鼠标左键，值变为可修改状态，可以重新输入新的属性值或利用鼠标滚轮修改样式。微调属性到自己满意的效果后，复制修改后的代码到 HBuilder 编辑器中替换 sytle.css 文件中原有的代码。

2）文本样式

“排行榜”版块的段落文字样式是独有的版块样式，选择器#brand 作为父类派生选择器，唯一指定“排行榜”版块中的段落文本。文本样式需要设置文本的位置和外观，在 style.css 中添加如下代码：

```
#brand p{
    padding-left: 20px;
    margin-top: 10px;
}
#brand a{
```

```
        text-decoration: none;
        color: #666666;
    }
```

图 3-4-9 中的蓝色、带下画线的文本样式是由于超链接标签<a>默认的文本样式所导致的，因此要重定义标签选择器 a 的 text-decoration 属性和 color 属性，以覆盖默认样式。文本位置的属性声明定义在标签<p>中，左边距设置为 20px，上下段落间距设置为 10px。

对文本位置的声明方式并不唯一，也可以直接在<a>标签中添加位置声明，但是要注意一点，<a>元素是行内元素，设置上下外边距（margin）没有效果，因此如果要在<a>标签中添加位置声明，则要采用 padding-top 属性而不是 margin-top 属性。文本样式设置的示例代码如下：

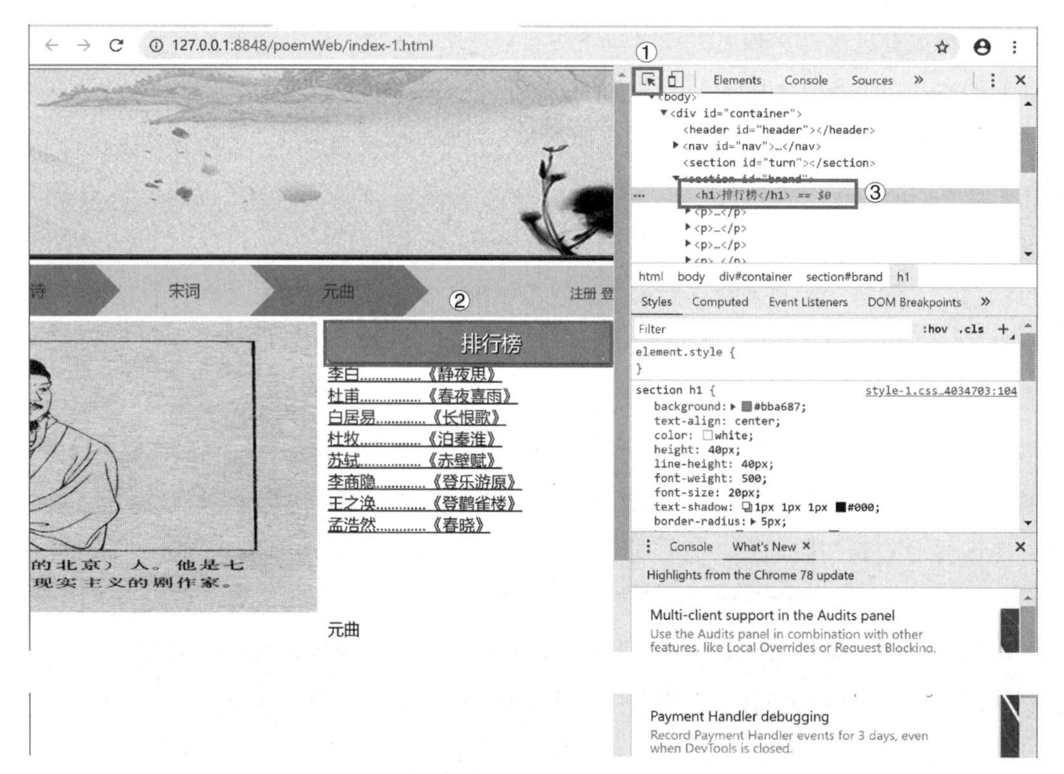

图 3-4-10 浏览器调试窗口

```
#brand a{
        padding-left: 20px;
        padding-top: 10px;
        text-decoration: none;
        color: #666666;
    }
```

如果有兴趣，可以尝试其他的文本样式设置方法。

若要实现鼠标指针上移时文本颜色变化并显示下画线效果，可以给<a>标签添加:hover伪类选择器，设置 color 属性值为#bba687 和 text-decoration 属性值为 underline，代码如下：

```
#brand a:hover{
    text-decoration: underline;
    color: #bba687;
}
```

保存 style.css 文件，完成“排行榜”版块设置。

能力提升

块级元素中的内容有时会比较多，若内容超过区块大小，就会溢出，CSS 提供了以下属性处理溢出问题的方法。

1. overflow

overflow 属性适用于内容溢出区块的。语法格式如下：

```
overflow: visible|hidden|scroll|auto;
```

overflow 属性值及其描述如表 3-4-3 所示。

表 3-4-3　overflow 属性值及其描述

值	描　述
visible	默认值。区块外的内容依旧呈现
hidden	区块外的内容被隐藏
scroll	区块内容超出时显示滚动条以便查看其余内容
auto	不管区块内容是不是超出区域，浏览器都显示滚动条

2. white-space

white-space 属性用于设置元素内空白部分的处理方式。默认情况下，HTML 中只接受一个空格，通过对 white-space 属性进行设置可以接受多个空格。一个区块中的文字，一行显示不下时会自动换行，通过对 white-space 属性设置可以不允许区块中的文字换行。white-space 属性常用值及其描述如表 3-4-4 所示。

表 3-4-4　white-space 常用属性值及其描述

值	描　述
normal	默认值。空白会被浏览器忽略
pre	空白会被浏览器保留。其行为方式类似 HTML 中的 <pre> 标签
nowrap	文本不会换行，文本会在同一行上继续，直到遇到 标签为止

续表

值	描　述
pre-wrap	保留空白符序列，但是正常地进行换行
pre-line	合并空白符序列，但是保留换行符
inherit	规定应该从父元素继承 white-space 属性的值

3. text-overflow

text-overflow 属性用于规定文本溢出元素时的处理方式，语法格式如下：

```
text-overflow: clip|ellipsis|string;
```

text-overflow 属性值及其描述如表 3-4-5 所示。

表 3-4-5　text-overflow 属性值及其描述

值	描　述
clip	修剪文本
ellipsis	显示省略符号来代表被修剪的文本
string	使用给定的字符串来代表被修剪的文本

任务三　“精选”版块实现

任务描述

继续编辑 style.css 文件，设置“唐诗精选”“宋词精选”“元曲精选”三个版块，如图 3-4-11 所示。三个版块标题部分样式和“排行榜”的相同，“唐诗精选”版块分两栏文本，每首诗由标题、作者、诗句三部分组成，每首诗标题后有一个“小喇叭”图片。本任务中我们将介绍表格相关属性和并集选择器，并实现三个“精选”版块。

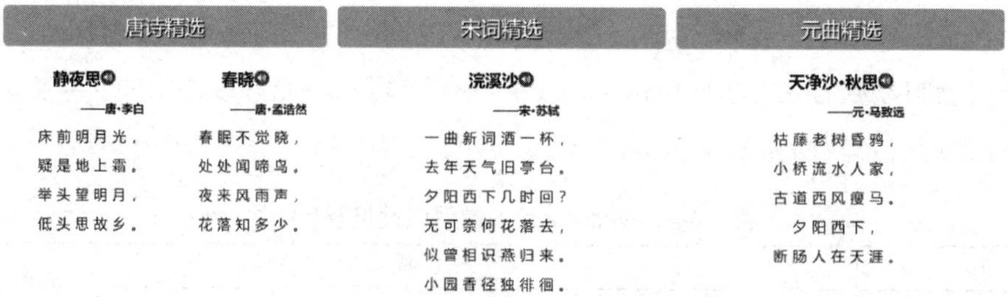

图 3-4-11　“精选”版块效果图

知识准备

1. 表格相关属性

一个表格元素的示意图如图 3-4-12 所示，表格<table>元素的边框是最外层的矩形框，每一个单元格<td>元素都是一个小矩形框。表格边框和单元格边框间、单元格边框和单元格边框间的距离在 CSS 中被定义为单元格间距。

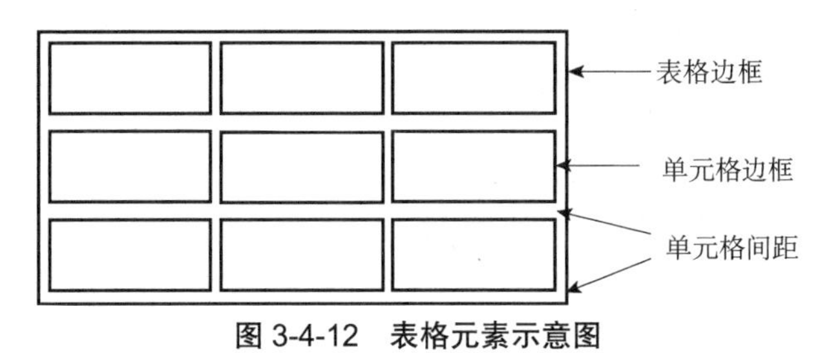

图 3-4-12 表格元素示意图

HTML 中的表格元素默认是一个块级元素，所有块级元素的属性它都可以应用。除此之外，CSS 中还定义了表格属性，可以极大地改善表格的外观。下面我们分析表格中常用的属性。

1）表格边框

<table>和<td>标签的边框属性值默认都是 none，因此如果不设置表格的边框属性，是看不到边框的，而且边框属性是没有继承特性的，想要看到如图 3-4-12 所示的表格样式，需要分别给<table>元素和<td>元素添加边框属性声明。

2）表格大小

表格大小由表格、单元格和间距的宽度决定，分三种情况。

（1）如果没有指定表格和单元格大小，每个单元格自适应单元格中的内容，表格的大小由单元格大小和间距大小的和决定。

（2）如果给表格设置了宽度值，单元格没有设置，那么单元格会根据表格的宽度和单元格中的内容自动分配宽度值，单元格宽度会随着内容的变化而变化。

（3）如果表格和单元格都设置了宽度值，单元格的宽度值会受到表格宽度值的限制。如果所有单元格宽度和间距宽度的和超过表格宽度，则会调整最后一个单元格的宽度。

3）border-spacing

border-spacing 属性设置相邻单元格边框间的距离，语法格式如下：

```
border-spacing: length1 length2;
```

length1 表示水平方向上边框间的间距，length2 表示垂直方向上边框间的间距，如果两个间距相同，也可以只设置一个值。CSS 中表格<table>标签默认有 2px 的 border-spacing，因此如果不希望单元格之间有间距，需要设置 border-spacing 的属性值为 0，代码如下：

```
border-spacing: 0;
```

4）border-collapse

border-collapse 属性用于设置是否把表格边框合并为单一的边框。如果 border-spacing 属性值设置为 0，单元格间不再有间距，图 3-4-12 的表格就会变成如图 3-4-13 所示的单线表格。

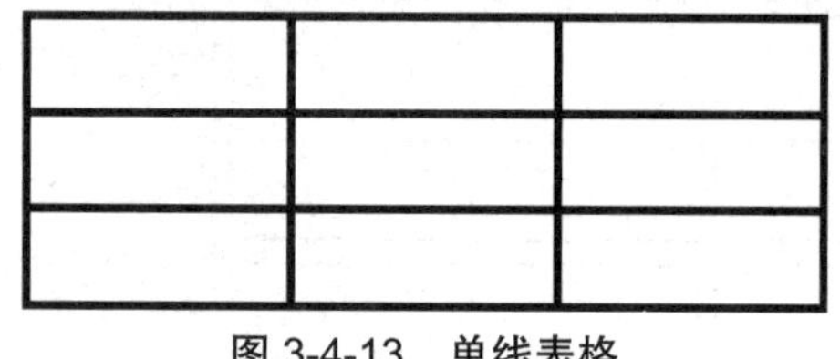

图 3-4-13　单线表格

每个单元格的边框宽度是相邻两个单元格边框的宽度和，因此默认状态下单元格的边框宽度至少是 2px。border-collapse 的属性值 collapse 设置边框合并为单一边框，两个边框重合时只取一个边框的宽度也就是 1px。

2. 并集选择器

前面我们学习了基本选择器、交集选择器、派生选择器、伪类选择器和伪元素选择器，CSS 还提供了另一种复合选择器即并集选择器。并集选择器可以对选择器进行分组，用逗号将需要分组的选择器分开，被分组的选择器可以共享相同的声明。示例代码如下：

```
h1,p#one,div:first-child{
    color:red;
}
```

利用并集选择器设置所有<h1>标签、id 属性为 one 的<p>标签、<div>标签中的第一个子元素的文字颜色是红色。

任务实现

1. 修改 index.html 文件，添加元素

打开 index.html 文件，找到如下代码：

```
<section id="tang">唐诗</section>
<section id="song">宋词</section>
<section id="yuan">元曲</section>
```

删除文字“唐诗”“宋词”“元曲”。标题部分和“排行榜”版块相同，添加<h1>标签。“唐诗精选”版块分成两栏，插入一个一行两列的表格，每首诗各占一列。“宋词精选”和“元曲精选”版块只有一首诗，直接在<section>中添加元素即可。每首诗分标题、作者、诗句三种不同类型文本，用三种标签区分，这里我们选择<h3>、<h5>和<p>标签。在三个<section>标签中分别插入相应内容，修改后代码如下：

```
<section id="tang">
    <h1>唐诗精选</h1>
    <table>
        <tr>
            <td>
                <h3>静夜思</h3>
                <h4>——唐&middot;李白</h4>
                <p>床前明月光，</p>
                <p>疑是地上霜。</p>
                <p>举头望明月，</p>
                <p>低头思故乡。</p>
            </td>
            <td>
                <h3>春晓</h3>
                <h4>——唐&middot;孟浩然</h4>
                <p>春眠不觉晓，</p>
                <p>处处闻啼鸟。</p>
                <p>夜来风雨声，</p>
                <p>花落知多少。</p>
            </td>
        </tr>
    </table>
</section>
<section id="song">
    <h1>宋词精选</h1>
    <h3>浣溪沙</h3>
    <h4>——宋&middot;苏轼</h4>
    <p>一曲新词酒一杯，</p>
    <p>去年天气旧亭台。</p>
    <p>夕阳西下几时回？</p>
    <p>无可奈何花落去，</p>
    <p>似曾相识燕归来。</p>
    <p>小园香径独徘徊。</p>
</section>
<section id="yuan">
    <h1>元曲精选</h1>
    <h3>天净沙&middot;秋思</h3>
    <h4>——元&middot;马致远</h4>
    <p>枯藤老树昏鸦，</p>
    <p>小桥流水人家，</p>
    <p>古道西风瘦马。</p>
    <p>夕阳西下，</p>
```

```
        <p>断肠人在天涯。</p>
    </section>
```

2. 修改 style.css 文件，设置诗词样式

“排行榜”版块中设置的标题<h1>样式对三个“精选”版块也适用，将文件 index.html 修改保存后运行，插入内容后的“精选”版块效果如图 3-4-14 所示。

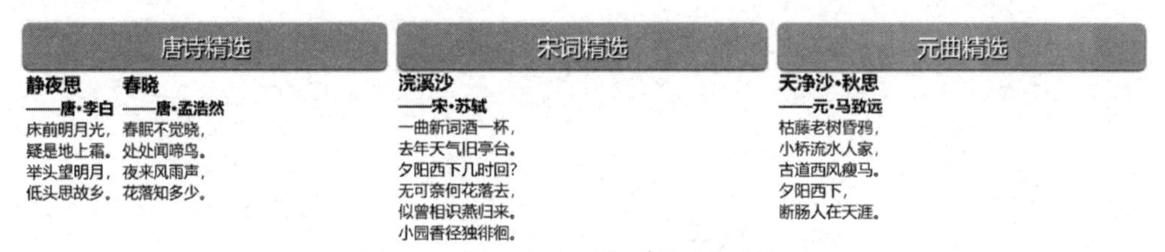

图 3-4-14　插入内容后的“精选”版块效果

对照效果图，三个版块中的文字在各自区块中居中显示，文本对齐方式有继承特性，因此不用给每个元素分别设置居中对齐方式，只要设置 3 个<section>标签的 text-align 属性即可。3 个<section>标签都有 id 属性，选择并集选择器，将它们分为一组设置共同的样式。代码如下：

```
#tang,#song,#yuan{
    text-align: center;
}
```

保存 style.css 文件，运行 index.html 文件，“宋词精选”和“元曲精选”版块文字居中，而“唐诗精选”版块文字并没有明显的变化。因为<table>标签在没有设置宽度时宽度自适应文本内容，表格宽度只有文本显示区域的大小。调整表格宽度和区块宽度相同，两列文本宽度相同，默认两列宽度平均分配。代码如下：

```
#tang table{
    width: 100%;
}
```

最后设置各个元素间的上下间距，每个版块有 3 种不同的标签，需要设置的样式相同，采用并集选择器将它们分在一组。这里的<h3>和<h4>标签在其他<section>标签中没有出现过，可以直接用<section>标签作为派生类的父类。<p>标签虽然在“排行榜”版块中出现过，但是也设置了同样属性，不会冲突，因此也可以用<section>标签作为派生类的父类。代码如下：

```
section h3,section h4,section p{
    margin-top: 10px;
}
```

section p 选择器所选元素包含“排行榜”版块中的<p>元素，因此可以删除样式文件中 #brand p 对该属性的声明，被删除代码如下：

```
#brand p{
    padding-left: 20px;
    margin-top: 10px;
}
```

保存 style.css 文件，运行 index.html 文件即可看到样式效果，任务完成。

能力提升

“唐诗精选”版块中的双栏文本，除了用<table>标签实现，还有多种其他实现方法。CSS 提供的分列属性 columns 也是一种方法，语法格式如下：

```
columns: column-width column-count;
```

columns 常用的子属性如表 3-4-6 所示。

表 3-4-6　columns 常用的子属性

属　性	描　述
column-count	规定元素应该被分隔的列数
column-fill	规定如何填充列
column-gap	规定列之间的间隔
column-rule	设置所有 column-rule-* 属性的简写属性
column-rule-color	规定列之间规则的颜色
column-rule-style	规定列之间规则的样式
column-rule-width	规定列之间规则的宽度
column-span	规定元素应该横跨的列数
column-width	规定列的宽度

任务四　页脚实现

任务描述

继续编辑 CSS 文件 style.css，设置网页的页脚，效果如图 3-4-15 所示。页脚部分选择浅灰色，本任务利用通栏分隔线将页面区域分隔开，实现页脚样式设置。 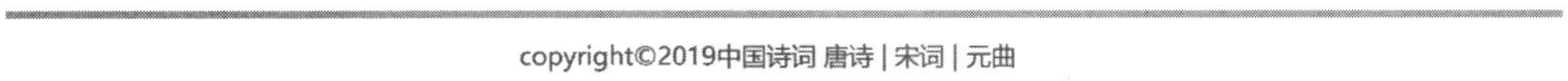

copyright©2019中国诗词 唐诗 | 宋词 | 元曲

图 3-4-15　页脚效果

任务实现

打开 index.html 文件，找到代码“<footer id="footer">页脚 </footer>”，删除文字“页脚”，添加页脚处的文本内容，修改后代码如下：

```
<footer id="footer">
    copyright&copy;2019 中国诗词 唐诗 | 宋词 | 元曲
</footer>
```

这里的版权标记“©”使用转义字符“©”实现。本任务中的页脚以纯文本的方式呈现，如果文本需要实现超链接，用<a>标签包裹超链接文本即可。

打开 style.css 文件，找到#footer 选择器，删除之前布局时添加的 background 属性，为页脚添加分隔线和文字样式。<footer>元素是一个块级元素，它的上边框也就是分隔线的位置，我们通过#footer 选择器添加上边框样式声明，即定义一条 4px 的灰色实线。修改后的#footer 选择器中属性声明代码如下：

```
#footer {
    height: 50px;
    background: #999;
    margin-top: 10px;
    border-top: 4px solid #efefef;
    clear: both;
}
```

继续修改#footer 选择器中属性声明内容，设置文本上边距、颜色、大小和对齐方式，修改后的代码如下：

```
#footer {
    height: 50px;
    margin-top: 10px;
    border-top: 4px solid #efefef;
    clear: both;
    padding-top:8px;
    text-align: center;
    color: #ddd;
    font-size: 13px;
}
```

保存 style.css 文件，运行 index.html 文件，完成页脚实现任务。

JavaScript篇

项目一　JavaScript 基本语法

任务一　数据类型及其转换

任务描述

通过“数据类型及其转换”任务的学习来认识 JavaScript 中的基本数据类型，并借助 Chrome 浏览器的开发者工具进行程序的跟踪和调试，最后通过控制台将最终结果显示出来，界面效果如图 4-1-1 所示。

```
Console   What's New
top   Filter   Default levels   3 hidden
string                                  js1.1.js:4
undefined                               js1.1.js:5
number                                  js1.1.js:6
>
```

图 4-1-1　“类型判断”控制台输出效果

知识准备

1. JavaScript

JavaScript 是一门编程语言，当应用于 HTML 网页文档时，可以控制网页的外观，并且当浏览者单击按钮或移动鼠标的时候，网页会做出响应。它由下列三个不同的部分组成。

（1）ECMAScript，提供核心语言功能，规定了语言的组成部分，具体包括语法、类型、语言、关键字、保留字、操作符、对象。

（2）文档对象模型（DOM），提供访问和操作网页内容的方法和接口。把整个页面映射为一个多层次节点结构，HTML 或者 XML 页面中的每个组成部分都是某种类型的节点，这些节点又包含着不同类型的数据。

（3）浏览器对象模型（BOM），提供与浏览器交互的方法和接口，处理浏览器窗口和框架，人们习惯上把所有针对浏览器的 JavaScript 扩展算作是 BOM 的一部分，包括：浏览器窗口、地址、历史、浏览器信息等。

在网页中引入 JavaScript 的途径有三种。

1）引入行内脚本片段

```
<input  type="button" onclick="alert('点我试试！') "/>
```

引入行内脚本片段的优点是简单方便，即插即用，但是不适合插入大段的脚本。

2）引入页内脚本片段

```
<script type="text/javascript">js 代码</script>
```

引入页内脚本片段的优点是页面代码和 JavaScript 代码一定程度的分离，比较便于维护；其缺点也是脚本只能被当前文档使用。

3）引入外部脚本文件

```
<script src="xx.js"></script>
```

引入外部脚本文件的优点非常明显，页面代码和 JavaScript 代码彻底分离，便于代码复用、维护和扩展，当多个 HTML 页面共用一个 JavaScript 脚本文件时，这个脚本文件只需要下载一次即可。其缺点是当脚本文件较大时，可能需要一点加载时间。

2. 基本语法规范

由于 ECMAScript 的语法大量借鉴了 C 语言的语法，因此在熟悉 C 语言的前提下接受 ECMAScript 更加宽松的语法时，一定会有一种轻松自在的感觉。但是依然要注意以下几点：

（1）区分大小写。在 ECMAScript 中的一切（变量、函数名和操作符）都区分大小写。因此变量 test 和变量 Test 分别表示两个不同的变量。

（2）标识符。标识符是变量、函数、属性的名字，或者函数的参数。标识符中的第一个字符必须是一个字母、下画线（_）或者美元符号（$）。其他字符可以是字母、下画线、美元或者数字。按照惯例，ECMAScript 标识符建议采用驼峰命名法来命名。

（3）松散的变量类型。ECMAScript 的变量是松散类型的，可以用来保存任何类型的数据。JavaScript 进行变量声明时，无须指明数据类型，直接使用关键字“var”跟变量名进行声明即可，甚至在修改变量值的同时还可以修改值的类型。

（4）注释：ECMAScript 采用 C 语言风格的注释，包括单行注释（//）和块级注释（/*…*/）。

3. 基本数据类型

JavaScript 中的基本数据类型总共有 6 种，分别是 Number、String、Boolean、Undefined、Object 和 null。

（1）Number 类型指的是数字，可以是整型，也可以是浮点数。NaN，即非数值（Not a Number）是一个特殊的数字。

（2）String 类型指的是字符串，由零个或多个字符构成，字符包括字母、数字、标点符号和空格，必须用单引号或双引号括起来。

（3）Boolean 类型指布尔值，布尔型数据只能有两种值，分别是 true 和 false，通常用于条件判断。

（4）Undefined 类型指未定义类型，通常一个变量声明后如果没有对其赋初值，这个变量就成了 Undefined 类型，其值为 undefined。

（5）Object 类型指对象，对象是由一些彼此相关的属性和方法集合在一起而构成的一个数据实体，常见的对象有 array、window、document 等。

（6）null 类型指空对象，是一个只有一个值的特殊类型，表示一个空对象引用，其值为 null。

4. 查看数据类型

鉴于 ECMAScript 是松散型的，因此在 JavaScript 中，我们经常需要一种手段来检测变量的数据类型，判断变量的数据类型会用到标识符 typeof，示例如下：

```
var str1 = "magic";      //声明变量 str1
var str2;                //声明变量 str2
Str3=100;                //声明变量 Str3
alert(typeof str1);      //String
alert(typeof str2);      //Undefined
alert(typeof Str3);      //Number
```

在声明变量时如果给变量赋初值，则变量的数据类型与赋值的类型一致；而如果不赋初值，相当于没有给这个变量指明数据类型，即 undefined。上例中变量 Str3 为首次赋值，此处甚至可以省略关键字“var”。这种省略关键字“var”所定义的变量无论其位置在何处，都是全局变量。

5. 转换为数字类型

数据类型之间的转换分为强制转换和自动转换。在本节中，主要介绍强制转换，即利用函数将任意数据类型转换为其他数据类型，一般会转换为 3 种类型，数字、字符串、布尔值，其中最为常见的是转换为数字类型。

1）Number( )函数

可以将任意的数据类型转换为数字类型，但是转换条件较为苛刻。

（1）如果是字符串，且其中包含非数字字符，则转换结果为 NaN。

（2）如果是 undefined，则转换结果为 NaN。

（3）如果是空字符串，则转换结果为 0。

（4）如果是 null，则转换结果为 0。

（5）如果是 false，则转换结果为 0。

（6）如果是 true，则转换结果为 1。

2）parseInt(str,[radix])函数

可以将任意字符串转换为十进制整数，转换条件比 Number( )函数要宽松得多。但是对空字符串而言，其不如 Number( )函数亲和。其转换顺序为从左往右依次转换，从数字字符开始到非数字字符结束。具体规则介绍如下。

（1）转换前先进行首尾空字符的清除，包括空格、换行、Tab 键等。

（2）如果首尾清空后的字符串不是以数字字符开头的，则转换结果为 NaN。

（3）如果首尾清空后的字符串以数字字符开头，则到第一个非数字字符停止转换。

（4）正负符号只有放在第一位才是有效的。

（5）parseInt(str,[radix])中，参数 radix 是可选的，取值范围为[2,36]，表示 str 的数制，转换结果为 str 对应的十进制数。

（6）转换结果会忽略多余的 0。

示例如下：

```
parseInt('');             //NaN
parseInt('A123.34');      //NaN
parseInt('123.34A');      //123
parseInt(' 123.34A');     //123
parseInt('123.34+A');     //123
parseInt('99',8);         //NaN
parseInt('-110',2);       //-6
parseInt('090');          //90
```

3）parseFloat( )函数

可以将任意字符串转换为浮点数，其转换规则与 parseInt()基本相同，只是精度更高。

除此之外，parseFloat( )函数无法进行数制转换并且在转换时，只对字符串中的第一个小数点有效。

示例如下：

```
parseFloat('');              //NaN
parseFloat('A123.34');       //NaN
parseFloat('123.34A');       //123.34
parseFloat('123.34A');       //123.34
parseFloat('-99.99.99');     //-99.99
parseFloat('110.11',2);      //110.11
parseFloat('010.00');        //10
```

6. 转换为字符串类型

除了转换为数字类型，转换为字符串类型也是 JavaScript 中常见的一种数据类型转换。在 JavaScript 中字符串可以由双引号或者单引号括起来，但是以双引号开头的必须以双引号结尾，而以单引号开头的也必须以单引号结尾。

1）String( )函数

可以将所有的数据类型转换为字符串类型，但是无法按照数制要求输出字符串。

（1）如果是数字，则转换结果为数字字符串。

（2）如果是 undefined，则转换结果为'undefined'。

（3）如果是 null，则转换结果为'null'。

（4）如果是 false，则转换结果为'false'。

（5）如果是 true，则转换结果为'true'。

2）toString([radix])函数

可以将除 null 和 undefined 外的其他数据类型转换为字符串类型，转换结果也基本相同。多数情况下 toString( )函数不需要传递参数，toString( )方法以十进制格式返回数值的字符串表示。如果将传递参数 radix 作为数制，则转换结果可以输出对应数制的字符串。示例如下：

```
false.toString();         //'false'
null.toString();          //程序报错
undefined.toString();     //程序报错
var a=11                  //对变量 a 进行声明并赋值
a.toString(2);            //'1011'，将 a 转换为二进制数
a.toString(8);            //'13'，将 a 转换为八进制数
```

7. 转换为布尔类型

将其他数据类型转换为布尔类型比转换为数字和字符串类型要简单得多，使用 Boolean( )

函数可以将任意数据类型转换为布尔类型。除了以下 6 个值的转换结果为 false，其他结果全为 true。

```
Boolean(undefined);     //false
Boolean(null);          //false
Boolean(-0);            //false
Boolean(+0);            //false
Boolean(NaN);           //false
Boolean(false);         //false
Boolean("");            //false
```

8. 运算符

JavaScript 运算符用于赋值、比较值、执行算术运算等操作。

1）算术运算符

算术运算符用于执行两个变量或值的算术运算，大多数算术运算符都要求参与运算的数据类型为数字型，如果两个操作数都不是数字型的，则先将其转为数字型后再运算，无法转为数字型的则转为 NaN 后再参与运算。示例如表 4-1-1 所示。

表 4-1-1　算数运算符

运 算 符	描　述	例　子	初 始 值	结　果
+	加法	x=y+2	y = 5	x = 7
			y =NaN	x = NaN
			y =false	x =2
-	减法	x = y - 2	y = 5	x = 3
			y =NaN	x = NaN
			y =false	x =-2
*	乘法	x = y * 2	y = 5	x = 10
			y =NaN	x = NaN
			y =false	x =0
/	除法	x = y / 2	y = 5	x = 2.5
			y =NaN	x = NaN
			y =false	x =0
		x = y / 0	y =0	x =NaN
			y =±5	X=±∞
			y =NaN	x = NaN
			y =false	x =NaN
%	余数	x = y % 2	y = 5	x = 1
			y =NaN	x = NaN
			y =false	x =0

续表

运算符	描　述	例　子	初始值	结　果
++	自增	x = ++y	y = 5	x = 6
			y =NaN	x = NaN
			y =false	x =1
		x = y++	y = 5	x = 5
			y =NaN	x = NaN
			y =false	x = 0
--	自减	x = --y	y = 5	x = 4
			y =NaN	x = NaN
			y =false	x =-1
		x = y--	y = 5	x = 5
			y =NaN	x = NaN
			y =false	x =0

NaN（Not a Number）是非数的意思，它是一种特殊的数字型。调用 typeof NaN 查看它的数据类型，可以发现返回的结果是 Number，即数字型。从表 4-1-1 中不难看出，凡是 NaN 参与的算术运算其结果都是 NaN。

2）赋值运算符

赋值运算符用于给 JavaScript 变量赋值。给定 x=4，y=8，赋值运算的示例如表 4-1-2 所示。

表 4-1-2　赋值运算符

运算符	例　子	描　述	结　果
=	x = y	x = y	x =8
+=	x += y	x = x + y	x =12
-=	x -= y	x = x - y	x =-4
*=	x *= y	x = x * y	x =32
/=	x /= y	x = x / y	x =0.5
%=	x %= y	x = x % y	x =0

3）字符串运算符

+运算符、+=运算符属于比较特殊的算术运算符，它们除了可以用于算术运算，还可用于连接字符串操作，且其用于字符串连接操作的优先级比算术运算的更高。非数字字符串的连接操作比较好理解，在此不再举例，表 4-1-3 所示字符串运算符仅以数字字符串为例。

表 4-1-3　字符串运算符

运 算 符	例　子	描　述	结　果
+	x=x + y	x = '1'，y='1'	x = '11'
		x = '1'，y=1	x = '11'
		x = '1'，y=NaN	x = '1NaN'
+=	x += y	x = '1'，y='1'	x = '11'
		x = '1'，y=1	x = '11'
		x = '1'，y=NaN	x = '1NaN'
++	x = ++y	x = '1'，y='1'	x =2
		x = '1'，y=1	x =2
		x = '1'，y=NaN	x =NaN

从表 4-1-3 可以看出+运算符、+=运算符只要任一个操作数为字符串，则进行字符串连接操作，即字符串连接操作的优先级更高。而++运算符，只要任一个操作数为数字，则进行算术加操作，即算术运算的优先级更高。

4）比较运算符

比较运算符用于逻辑语句的判断，从而确定给定的两个值或变量是否相等。比较运算符的示例如表 4-1-4 所示。

表 4-1-4　比较运算符

运 算 符	描　述	例　子	条　件	结　果
==	等于	x==y	x=2，y='2'	true
			x='ab'，y='ac'	false
			x=null，y=undefined	true
===	恒等于	x===y	x=2，y='2'	false
			x=NaN，y=NaN	false
			x=null，y=undefined	false
!=	不等于	x!=y	与==运算符的结果相反	
!==	不恒等于	x!==y	与===运算符的结果相反	
>	大于	x>y	当两个操作数都是字符串时，按字符编码依次比较大小 否则，两个操作数都转为数字后再比较 如果某个操作数转换的结果为 NaN，则返回 false	
<	小于	x<y		
>=	大于等于	x>=y		
<=	小于等于	x<=y		

从表 4-1-4 可以看出===运算符比==运算符的条件更加苛刻，只有数据类型一致时才相等。使用==运算符时，字符串和布尔值可以转为数字型后再比较。而!==运算符和===运算符的比较规则完全一致，但结果相反；!= 运算符和==运算符的比较规则完全一致，但结果相反。

5）逻辑运算符

逻辑运算符用来确定变量或值之间的逻辑关系。给定 x=5，y=4，逻辑运算的示例如表 4-1-5 所示。

表 4-1-5　逻辑运算符

运 算 符	描 述	例 子	结 果
&&	和	x < 8 && y > 1	true
||	或	x == 5 || y == 5	true
!	非	!(x == y)	true

6）其他运算符

位运算符工作于 32 位的数字上。任何数字操作都将转换为 32 位的，结果会转换为 JavaScript 数字。条件运算符用于基于条件的赋值运算。位运算符和条件运算符的示例如表 4-1-6 所示。

表 4-1-6　位运算符和条件运算符

运 算 符	描 述	例 子	类 似 于	结 果	十 进 制
&	AND	x = 5 & 1	0101 & 0001	0001	1
|	OR	x = 5 | 1	0101 | 0001	0101	5
~	取反	x = ~ 5	~0101	1010	-6
^	异或	x = 5 ^ 1	0101 ^ 0001	0100	4
<<	左移	x = 5 << 1	0101 << 1	1010	10
>>	右移	x = 5 >> 1	0101 >> 1	0010	2
? :	条件运算	x=(条件) ? 值 1:值 2	条件成立时，返回值 1；否则返回值 2		

任务实现

1. 创建项目和文件

启动编辑器 HBuilder，新建项目 js1 并在其中新建页面 js1.1.html，在 js 文件夹下新建脚本文件 js1.1.js，如图 4-1-2 所示。

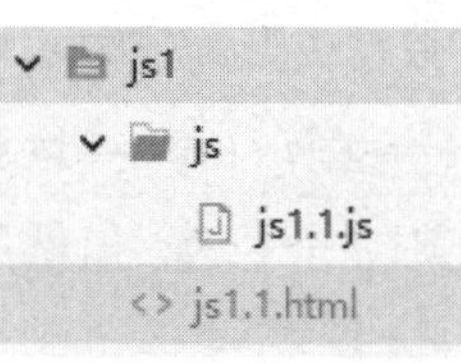

图 4-1-2　项目结构

2. 添加<script>标签

在网页文件 js1.1.html 中添加<script>标签。<script>标签可以放在<head>标签里，也可以放在<body>标签里，通常放在<body>

标签里。

关键代码如下：

```
<!DOCTYPE html>
<html>
<head>
    <meta charset="utf-8">
    <title></title>
</head>
<body>
    <script  src="js/js1.1.js"  type="text/javascript"  charset="utf-8">
</script>
</body>
</html>
```

3. 编写脚本代码

JavaScript 中如果想要在查看程序运行的中间结果的同时又不影响用户使用，还可以借助控制台输出来帮助我们解决这一问题。在 js1.1.js 中对查看数据类型的代码进行改写，用 console.log()方法代替 alert()方法，将前端的弹窗改为后端的控制台输出。

关键代码如下：

```
var str1 = "magic";      //声明变量 str1
var str2;           //声明变量 str2
str3=100;           //声明变量 str3
console.log(typeof str1);       //string
console.log(typeof str2);       //undefined
console.log(typeof str3);       //number
```

4. 打开 Chrome 浏览器开发者工具的控制台

在 HBuilder 编辑器中切换到网页文件 js1.1.html，执行“运行”菜单下的“运行到浏览器”命令，并在弹出的子菜单中选择“Chrome”命令，在 Chrome 浏览器中预览网页 js1.1.html。随后在弹出的 Chrome 浏览器窗口中按 F12 键，打开“开发者工具”。查看控制台（Console）的输出，输出结果如图 4-1-3 所示。

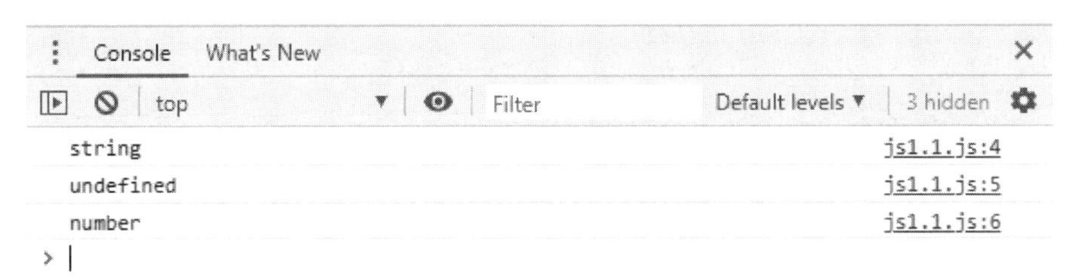

图 4-1-3 控制台输出

5. 打开 Sources 面板

切换到 Sources 面板，在左侧的 Page 列表中选择 js 文件夹下的 js1.1.js，在编辑器中查看脚本代码，如图 4-1-4 所示。Page 列表中可以查看与当前页面有关的所有资源，不仅限于 JavaScript 脚本，还可以查看 CSS 等。

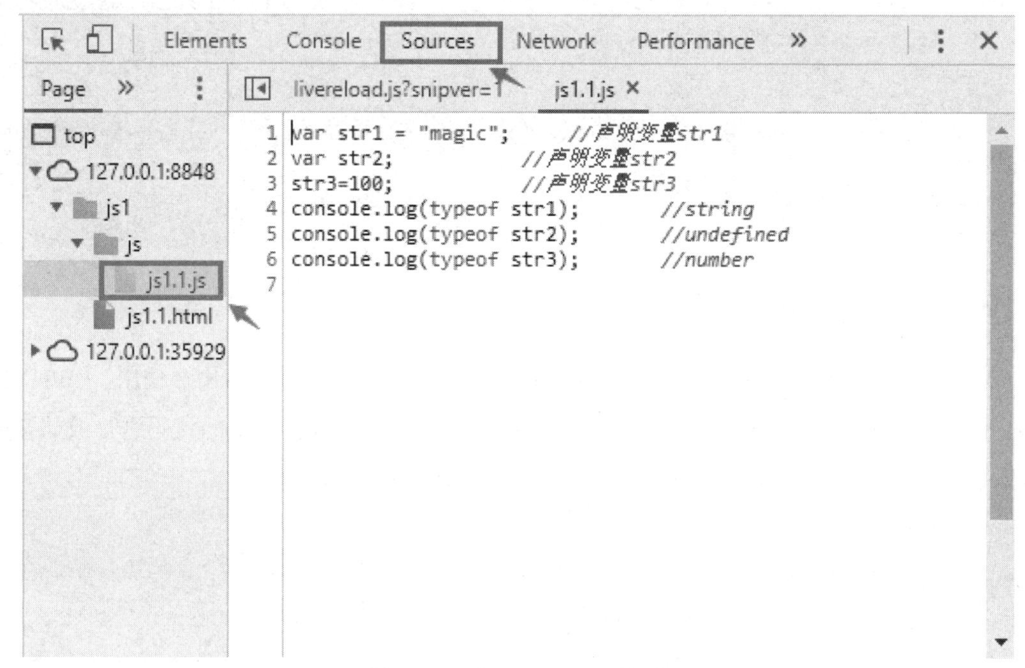

图 4-1-4 打开 Sources 面板

能力提升

1. 有趣的 NaN

NaN 是一个特殊的数字，字面的意思是“不是数字”，用于表示一个本来要返回数字的操作数却未返回数字的情况，这样就不会抛出异常。NaN 本身有两个非比寻常的特点：第一，任何涉及 NaN 的操作都会返回 NaN；第二，NaN 与任何值都不相等，包括 NaN 本身。如下例所示：

```
console.log(NaN==NaN);  //false
console.log(NaN+10);        //NaN
```

针对 NaN 的这两个特点，ECMAScript 定义了一个 isNaN()函数，该函数接收一个任意数据类型的参数，返回对其是否“不是数字”的判断。isNaN()在接收到参数后，首先尝试将其转换为数字，任何不能被转为数字的值都会导致这个函数返回 true，如下例所示：

```
console.log(isNaN(NaN));        //true
console.log(isNaN(96.3));       //false
console.log(isNaN('96.3'));     //false
console.log(isNaN('96.3e'));        //true
console.log(isNaN(false));      //false
```

2. Undefined 和 Null

Undefined 和 Null 都是只有一个值的数据类型。Undefined 表示未定义类型，Undefined 类型的唯一值为 undefined，但是其与尚未定义的变量并不相同，如下例所示：

```
var message;              //该变量声明之后默认取值为 undefined
console.log(message);         //undefined
console.log(msg);             //产生错误
```

运行以上代码，控制台第一次能正常输出 message 的值，内容为 undefined。而控制台第二次就无法输出内容，由于传递给 console.log()函数的是尚未声明的变量 msg，直接产生如图 4-1-5 所示的错误。

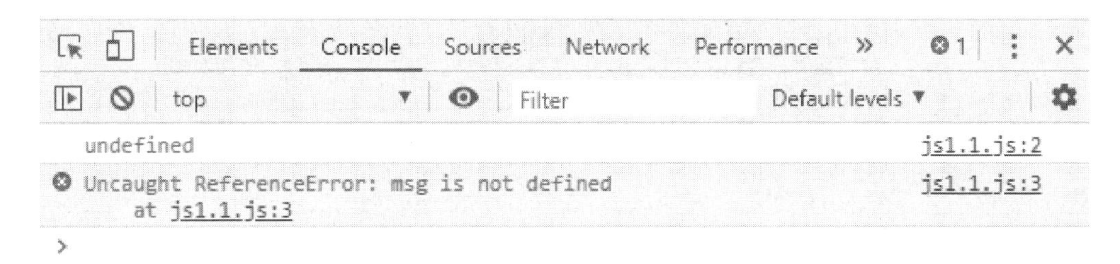

图 4-1-5　msg 未定义错误信息

但是如果不是直接将 message 和 msg 两个参数传递给 console.log()函数，而是将两个变量执行 typeof 操作后的结果作为参数传递给 console.log()函数，程序则不会报错，并且结果表明，对未赋值和未声明的变量执行 typeof 操作后，都返回了 undefined 值，如下例所示：

```
var message;                    //该变量声明之后默认取值为 undefined
console.log(typeof message);        //undefined
console.log(typeof msg);        //undefined
```

Null 类型表示尚未存在的对象，Null 类型的唯一值为 null，由于 null 本质上是一个对象，因此使用 typeof 操作符检测 null 值时会返回“object”，如下例所示：

```
var message=null;
console.log(message)          //null
console.log(typeof message)//object
```

因此在声明变量时按照数据类型进行初始化操作是一个好习惯，这样可以避免出现未定义类型。即使变量是一个对象也可以先将其初始化为 null，这样只要直接检查 null 值就知道相应的变量是否已经保存了一个对象的引用。

任务二　函数与流程控制

任务描述

通过“生肖查询”程序认识 JavaScript 中的函数与流程控制。编写一个生肖查询程序，将输入的出生年份转换为生肖，并将最终结果显示出来。“生肖查询”程序界面效果如图 4-1-6 所示。

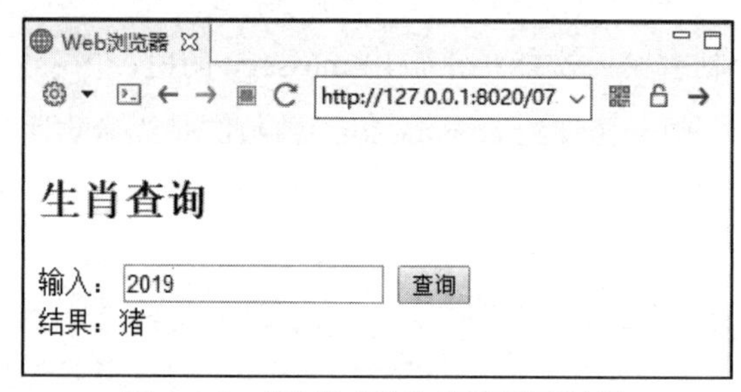

图 4-1-6　“生肖查询”程序界面效果

知识准备

1. 函数的基本概念

实现某一功能的程序指令（语句）的集合，称为函数。函数可以分为自定义函数和系统函数两大类。函数声明是定义函数的基本方法，ECMAScript 中的函数使用关键字 function 来声明，示例代码如下：

```
var y;
var a=3,b=4;
function myFunction() {
    y= a * b;
}
myFunction();
```

注意：JavaScript 对大小写敏感。关键字 function 必须是小写的，并且在调用函数时，函数名的大小写必须与定义相同。

1）带参数的函数

在调用函数时，可以向其传递值，这些值被称为参数，这些参数在函数中会被使用到。

参数的个数可以任意多，相互之间用“,”号隔开。以上示例代码可以改写为：

```
var y;
function myFunction(a, b) {
    y= a * b;
}
myFunction(3,4);
```

2）带返回值的函数

ECMAScript 中的函数在定义时不必指定其是否有返回值，有时需要函数将值返回到它被调用的地方，这需要使用 return 语句。对示例代码做进一步修改：

```
function myFunction(a, b) {
    return a * b;
}
var y=myFunction(3,4);
```

3）会中断退出的函数

使用 return 语句时，函数会停止执行，并返回指定的值，因此其出现的位置不一定在函数的末尾。下面的例子实现了 a 与 b 的大小比较，当 a 大于 b 时，不进行加法运算，直接退出函数。

```
function myFunction(a,b) {
    if (a>b) {
        return;
    }
    x=a*b;
 }
```

注意：由于此处的 return 不带有任何返回值，若函数在此处停止执行后将返回 undefined 值。

4）按分支返回的函数

一个函数中也可以包含多个 return 语句。下面的例子定义的函数用于计算两个数值的差，如果第一个数比第二个数大，则直接退出；否则返回两个数的乘积。

```
function myFunction (a,b){
    if(a>b){
       return;
    }
    else{
       return a*b;
    }
}
```

5）检测函数类型

typeof 操作符可以检测变量的数据类型，如果变量为一个函数，同样也可以通过 typeof

操作符检测其类型，ECMAScript 中函数的类型为 function。对上例声明的 myFunction()函数使用 typeof 检测其类型，代码如下：

```
console.log(typeof myFunction)     //function
```

2. 函数的参数

ECMAScript 中的函数参数在内部用一个数组来表示，因此它不介意传递进来多少个参数，也不在乎传进来的参数是什么数据类型的。在函数体内可以通过 arguments 对象来访问这个参数数组。

arguments 对象与数组相似，它可以使用方括号语法来访问其内部的每一个元素。对上例中的 myFunction()函数进行改写，使用 arguments 对象代替命名参数，代码如下：

```
function myFunction (){       //命名参数只提供便利，因此不是必需的
     if(arguments[0]>arguments[1]){
         return;
     }
     else{
         return arguments[0]*arguments[1];
     }
}
```

arguments 对象可以与命名参数一同使用，并且它的值永远与对应命名参数的值保持一致。arguments[0]与第一个命名参数值相同，arguments[1]与第二个命名参数值相同，以此类推。下例中每一次执行 mul()函数都会重写第一个参数，将它的值修改为 20，这是因为 arguments 对象中的值会自动反映到对应的命名参数上，所以修改 arguments[0]，也就是修改了参数 a，结果它们的值都变成了 20，最终弹框显示的就是 20×4 的结果。

```
function mul(a,b){
     arguments[0]=20;
     alert(a*arguments[1]);
}
mul(3,4)                        //80
```

arguments 对象中的 length 属性可以获得传入参数的个数，length 的值是由传入的参数个数决定的，不是由定义函数时的命名参数的个数决定的。如果函数声明时使用的命名参数比实际传入的参数个数少，那没有传递值的命名参数将被赋予 undefined 值。下例中的函数会在每次被调用时，输出传入其中的参数个数。

```
function howManyArgs(a){
     console.log(arguments.length);
}
howManyArgs('abc',34,false)     //3
```

```
howManyArgs('abc',34)            //2
howManyArgs('abc')          //1
howManyArgs()               //0
```

3. 函数表达式

在 ECMAScript 中函数本质上是对象，每个函数都是 Function 类型的一个实例，和其他对象一样也是一种引用类型。因此函数名其实是一个指向函数对象的指针。定义函数通常会使用函数声明的方法，如下例所示：

```
function mul(a, b) {
    return a * b;
}
var z=mul(3,4);
```

定义函数除了可以使用函数声明这种显式形式，还可以使用函数表达式这样的隐式形式。函数名称对于函数表达式而言是可选的，没有指明函数名称的函数表达式通常称为匿名函数。上例采用函数表达式进行修改后的形式如下：

```
var mul = function (a, b) {
  return a * b
};
var z=mul(3,4);
```

注意：和声明其他变量时一样，函数末尾有一个分号。

表面上函数声明和函数表达式并无差别，而实际上，解析器在向执行环境中加载数据时，对函数声明和函数表达式并非一视同仁。因为在代码执行之前，解析器会将函数声明的代码提升到顶部，因此即使声明函数的代码在调用它的代码之后，程序也能正常运行。如下例所示：

```
alert(mul(3,4));
function mul(a, b) {
    return a * b;
}
```

但是如果把函数声明改为等价的函数表达式，就会在执行期间报错，如下例所示：

```
alert(mul(3,4));
var mul = function (a, b) {
return a * b
};
```

上例出错的原因在于函数位于变量的初始化语句中，在执行到函数所在的语句之前，变量 mul 的值为 undefined，其中不会存有对匿名函数的引用。而且由于先执行的 alert 语句中调用了尚未声明的变量 mul，导致标识符访问异常。

4. 作为值的函数

由于函数名仅仅是指向函数的指针，因此函数名与包含对象指针的其他变量没有什么不同，一个函数可以有多个名字。如下例所示：

```
function mul1(a,b){
    return a*b;
}
console.log(mul1(10,10));        //100
var mul2=mul1;                  //将 mul1 赋值给 mul2
var mul3=mul1(10,10);           //将 mul1 函数的运行结果赋值给 mul3
console.log(mul2(10,10));        //100
console.log(mul3);              //100
mul1=null;                      //将 mul1 的指针重定向，指向空值
console.log(mul2(10,10));        //100
```

以上代码首先定义了一个名为 mul1()的函数，用于求两个值的乘积。随后又声明了一个变量 mul2，并将其设置为与 mul1 相等。使用不带圆括号的函数名是访问函数指针，而非调用函数的运行结果。因此，此时 mul2 和 mul1 就都指向同一个函数，所以调用 mul2()函数时也可以返回结果。声明的变量 mul3 赋值为 mul1()函数运行的结果。此处即使将 mul1 指向空值，让它与函数脱离关系，但是 mul2 仍然指向函数，并未发生改变，所以依然可以正常地调用 mul2()函数。

5. 流程控制

通常 JavaScript 程序的执行流程是这样的：运行程序后，系统会从上至下顺序执行程序中的每一行代码。但是这并不能满足所有的开发需求。在实际开发中，经常需要根据不同的条件执行不同的代码或者重复执行某一段代码。为了方便控制程序的运行流程，JavaScript 提供 3 种流程控制结构，不同的流程控制结构可以实现不同的运行流程。这 3 种流程控制结构分别是顺序、分支、循环三种基本控制结构。

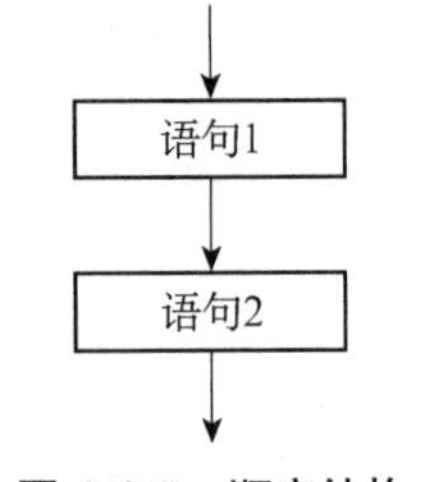

图 4-1-7　顺序结构

1）顺序结构

顺序结构是默认的控制结构，按照代码顺序从上至下执行每一条语句，如图 4-1-7 所示。

2）分支结构

分支结构对给定的条件进行判断，再根据判断结果来决定执行哪一段代码，如图 4-1-8 所示。常用的分支结构语句包括 if-else 条件分支语句和 switch-case 条件分支语句。switch-case 语句适用于具有固定值，不能进行逻辑判断的情况；而 if-else 语句适用于具有逻辑判断的情况（可以是字符串、数值等）。

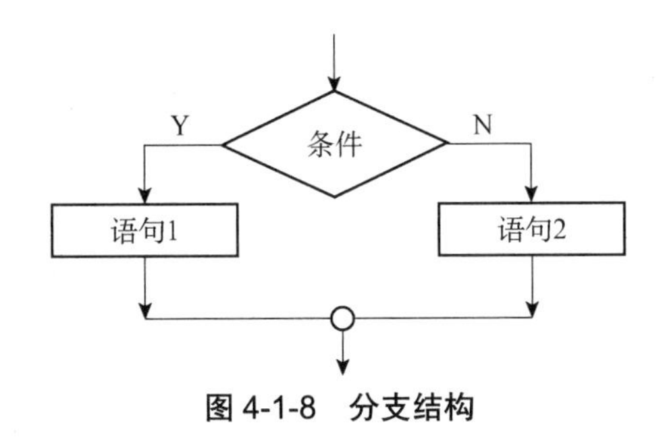

图 4-1-8 分支结构

（1）if-else 条件分支语句。如果条件表达式 1 为真，则执行语句块 1，否则判断条件表达式 2，如果为真则执行语句块 2，否则再判断条件表达式 3，如果为真则执行语句块 3，当表达式 1、2、3 都不满足条件时，则会执行最后一个 else 语句。if-else 语句基本形式如下：

```
if(条件表达式 1) {
    语句块 1
}
else if(条件表达式 2){
    语句块 2
}
else if(条件表达式 3){
    语句块 3
}else{
    语句块 4
}
```

如果只有一条语句，if 后面的大括号可以省略。但是在实际的企业开发中，为了增强代码的可阅读性大括号通常不会省略。

（2）switch-case 条件分支语句。JavaScript 中的 switch-case 语句和 if-else 语句类似，不过 switch-case 语句后需要加上关键字 break。switch-case 语句中使用 default 关键字来规定匹配不存在时做的事情，default 是可选的。switch-case 语句基本形式如下：

```
switch(n){
    case 1:
        执行代码块 1
        break;
    case 2:
        执行代码块 2
        break;
    default:
        n 与 case 1 和 case 2 不同的执行的代码
}
```

其中 n 为需要判断的表达式，支持部分基本数据类型（primitive data types），如 byte、short、int、long、char，不支持 boolean、float、double。

3）循环结构

循环结构在给定条件成立的情况下，会反复执行某一段代码，如图 4-1-9 所示。JavaScript

中的循环语句可分为 4 种：while 语句、do-while 语句、for 和 for-in 语句。

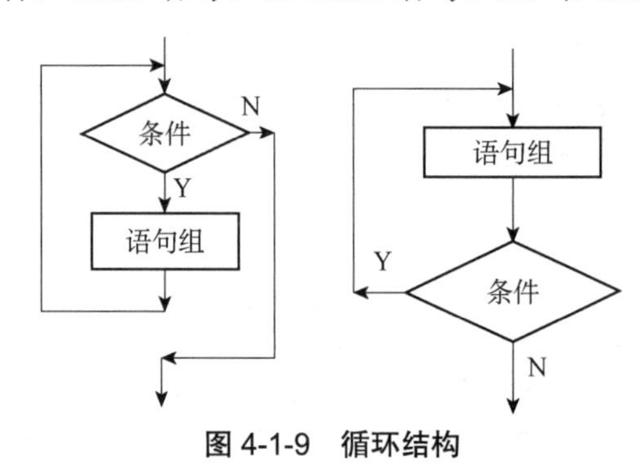

图 4-1-9 循环结构

（1）while 语句。只要指定的条件为 true，while 语句就会一直循环代码块。由于在执行代码块之前要先检查条件是否为真，所以 while 循环中的代码块在某些情况下可能会一次也不执行。

```
while (条件) {
    //要执行的代码块
}
```

（2）do-while 语句。do-while 循环是 while 循环的变体。在检查条件是否为真之前，这种循环会先执行一次代码块（do-while 循环和 while 循环的区别在于此），然后只要条件为真就会重复循环。

```
do {
    //要执行的代码块
}while (条件);
```

（3）for 语句。for 语句用于多次遍历相同的代码块，是最常用的循环控制语句。

```
for (语句 1; 语句 2; 语句 3) {
     //要执行的代码块
}
//语句 1：设置初始条件
//语句 2：定义循环运行的条件
//语句 3：每次循环（代码块）后执行的操作
```

其中，语句 1 中可以初始化多个值，值与值之间用逗号连接。JavaScript 中语句 1、2、3 都是可以省略的。如果要省略语句 2，那么必须在循环中提供一个 break 语句，否则循环永远不会结束。

（4）for-in 语句。for-in 语句用于对数组或对象的属性进行循环操作。for-in 循环中的代码每执行一次，就会对数组元素或对象属性进行一次操作。

```
for (变量 in 对象)
{
     //要执行的代码块
}
```

任务实现

1. 界面设计

启动编辑器 HBuilder，在项目 js1 中新建页面 GetAnimal.html，在 js 文件夹下新建脚本文件 GetAnimal.js，如图 4-1-10 所示。

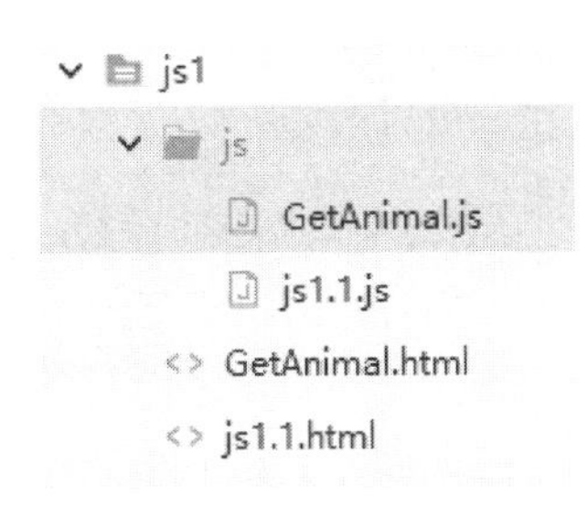

图 4-1-10 项目结构

对网页进行结构设计，在输入框中接收用户输入，在结果处显示查询结果。

关键代码如下：

```
<body>
<div id="content">
    <h2>生肖查询</h2>
    <div id="io">
        输入：<input  type="text" id="yinput"/>
        <input type="button" value="查询"/></br>
        结果：<label id="result" ></label></br>
    </div>
</div>
</body>
```

2. 添加<script>标签

在<body>标签的结尾处添加<script>标签，在<script>标签中引入外部 JavaScript 脚本文件 GetAnimal.js。

```
<script  src="js/GetAnimal.js"  type="text/javascript"  charset="utf-8">
</script>
```

3. 创建 getAnimal()函数

在脚本文件中创建 getAnimal()函数，在 getAnimal()函数中定义变量 year，用于接收用户输入的年份信息。对参数进行简单的校验，防止传入的数值为负数。关键代码如下：

```
function getAnimal(year){
    if(ParseInt(year)<0){
        alert("输入信息有误");
        return flase;
    }
}
```

定义数组 animals 用于存放十二生肖信息。生肖数组是由年份除以 12 取余数来决定的，其不能按照正常的、从鼠到猪的顺序存放元素，需要进行一定的位置调整。例如，今年是 2020 年，生肖为鼠，2020 除以 12 取余数的结果为 4，因此在 animals 数组中“鼠”应排在第 5 位。可以对 animals 数组进行如下定义：

```
function getAnimal(year){
    if(ParseInt(year)<0){
        alert("输入信息有误");
        return flase;
    }
    var animals= ["猴","鸡","狗","猪","鼠","牛","虎","兔","龙","蛇","马","羊"];
}
```

定义参数 index 对输入的年份 year 除以 12 取余，获得生肖在生肖数组中对应的索引值。document. getElementById()方法用于根据 id 属性获取显示结果的 label 元素，将其赋值给变量 result。通过设置 label 元素的 innerText 属性，将 index 索引下的 animals 数组的值显示到结果处。关键代码如下：

```
function getAnimal(year){
    if(ParseInt(year)<0){
        alert("输入信息有误");
        return flase;
    }
    var animals= ["猴","鸡","狗","猪","鼠","牛","虎","兔","龙","蛇","马","羊"];
    var index=year%12;
    var result=document.getElementById('result');
    result.innerText= animals[index];
}
```

4. 调用 getAnimal()函数

为“查询”按钮添加 onclick 属性，在按钮单击事件中调用 getAnimal()函数，并将输入框 yinput 的 value 值作为参数传入，将函数的执行结果显示在 id 为 result 的标签上。关键代码如下：

```
<div id="io">
    输入：<input  type="text" id="yinput"/>
    <input type="button" value="查询" onclick="getAnimal(yinput.value)" />
    </br>
    结果：<label id="result" ></label></br>
</div>
```

能力提升

在 ECMAScript 中的变量可能包含两种不同数据类型的值：基本类型值和引用类型值。ECMAScript 中，内存空间分为栈内存（stack）和堆内存（heap）。

1. 基本类型值

基本类型值指的是保存在栈内存中简单的数据段，包括 undefined、null、数字、字符串和布尔值。基本类型值是按值访问的，因为可以直接操作保存在变量中的实际值。如下例所示：

```
var num1=10;
var num2=num1;
```

运行以上代码，num1 中保存的值为 10，然后将 num1 的值赋值给 num2，因此 num2 中也保存了值 10。num2 是 num1 的一个副本，两个值是完全独立的、互不影响，其栈内存变化情况如图 4-1-11 所示。

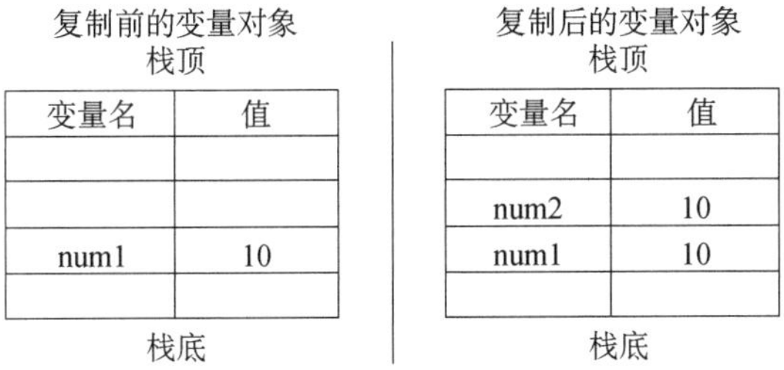

复制前的变量对象

栈顶

变量名	值
num1	10

栈底

复制后的变量对象

栈顶

变量名	值
num2	10
num1	10

栈底

图 4-1-11　基本类型的值传递

2. 引用类型值

引用类型值指的是那些可能由多个值构成的对象，例如，数组、对象、函数等，其值是保存在堆内存中的，栈内存中存放该引用类型的访问地址。JavaScript 不允许直接访问堆内存中的位置，因此操作对象时，其实操作的是栈内存的对象的引用。如下例所示：

```
var obj1=new Object();
var obj2=obj1;
obj1.name="BinBin";
console.log(obj2.name);        //"BinBin"
```

运行以上代码，栈内存中保存 obj1 在堆内存中的地址。然后将 obj1 的值赋值给 obj2，因此 obj2 会将 obj1 中的值复制一份放到新分配的栈空间中。由于副本中存放的是同样的堆内存地址，因此复制操作结束后，两个变量实际指向同一个对象。因此改变其中一个变量，就会影响另一个变量，其堆栈内存变化过程如图 4-1-12 所示。

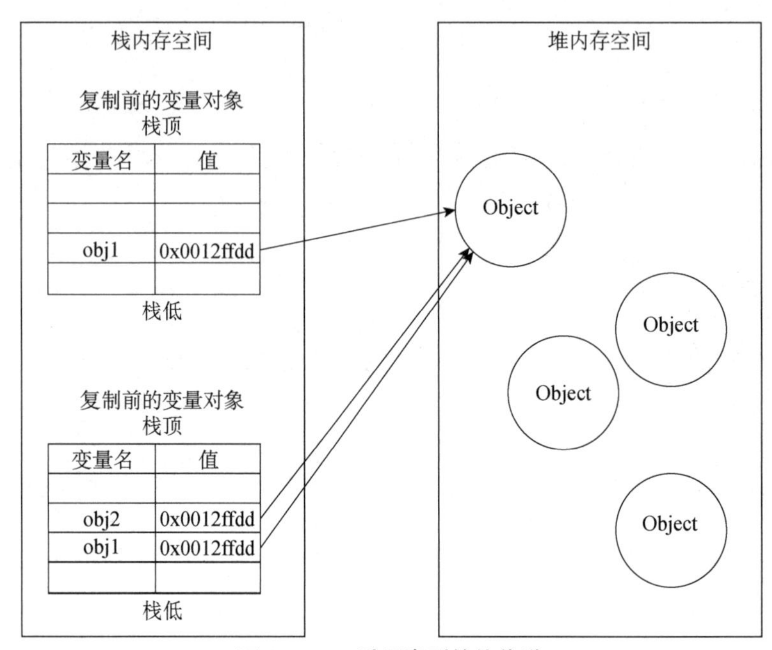

图 4-1-12　引用类型的值传递

项目二 实现“注册”页面表单验证

任务一 验证基本信息

任务描述

“中国诗词”网站中的“注册”页面，包含了两个部分，分别是基本信息和详细信息，其中基本信息包含用户的用户名、密码和确认密码。这三个信息都不允许为空，并且密码和确认密码应当要一致。“注册”页面界面效果如图 4-2-1 所示。

图 4-2-1 “注册”页面界面效果

知识准备

1. DOM 节点的类型

在准备篇我们学习过 DOM，DOM 中有许多不同的节点，HTML 元素通过元素节点来表示，属性通过属性节点来表示，文档通过文档节点来表示，文本通过文本节点来表示，注释通过注释节点来表示。

1）文档节点

JavaScript 通过 Document 类型表示文档节点，在浏览器中，document 对象是 HTMLDocument 的一个实例，表示整个 HTML 页面。由于 document 对象是 window 对象的一个属性，因此可以作为全局对象来访问。

2）元素节点

JavaScript 通过 Element 类型表示元素节点，元素节点用于表现 XML 或者 HTML 元素。注意：在 HTML 中标签名始终都是全部大写的，对于如下一段 HTML 元素：

```
<div id="myDiv" class="myClass" title="Body Div"></div>
```

获取元素的标签名的脚本代码如下：

```
var obj=document.getElementById('myDiv');
console.log(obj.tagName);       //DIV
console.log(obj.nodeName);  //DIV
```

除去标签名 tagName，所有的 HTML 元素都存在一些标准属性，获取元素指定信息的脚本代码如下：

```
console.log(obj.id);            //myDiv
console.log(obj.title);         //Body Div
console.log(obj.className); //myClass
```

3）文本节点

JavaScript 通过 Text 类型表示文本节点，文本节点包含的是可以照字面解释的纯文本内容。

文本节点的获取可以通过访问父节点的子节点来实现。但是要注意元素节点的开始和结束标签之间只要存在内容，就会创建一个文本节点，即使是一个空格，也会为此创建一个空格文本节点。如下所示代码：

```
<div id="myDiv1" >myDiv</div>
<div id="myDiv2" >
  myDiv
</div>
```

```
<div id="myDiv3" > </div> <!-- 此处有一个空格 -->
<div id="myDiv4" ></div> <!-- 此处无空格 -->
```

第一个<div>标签中包含文本内容，第二个<div>标签中包含了带有换行标记的文本内容，第三个<div>标签中的文本仅为一个空格，第四个<div>标签中没有包含文本。获取各个文本内容的脚本代码如下：

```
var obj1=document.getElementById('myDiv1');
console.log(obj1.firstChild.nodeValue);
var obj2=document.getElementById('myDiv2');
console.log(obj2.firstChild.nodeValue);
var obj3=document.getElementById('myDiv3');
console.log(obj3.firstChild.nodeValue);
var obj4=document.getElementById('myDiv4');
console.log(obj4.firstChild.nodeValue);
```

其运行结果如图 4-2-2 所示，第二个<div>标签中的文本由于在 myDiv2 的前后各有一个回车符，以及文本缩进也造成了两个文本内容并不相等。第三个<div>标签由于获取到一个空格文本，因此看不出显示结果，而第四个<div>由于没有获取到文本节点而报错。

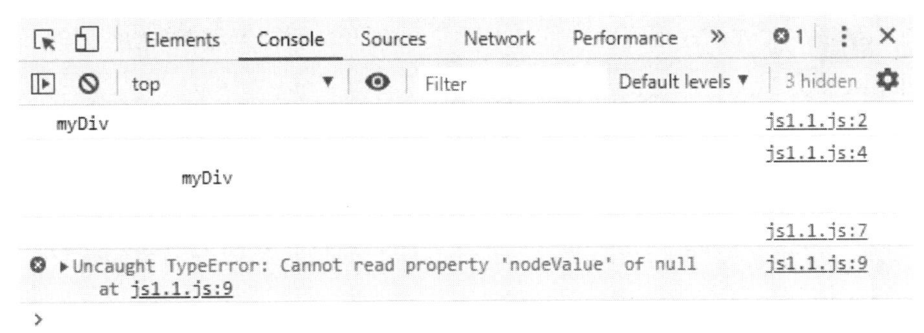

图 4-2-2 运行结果

4）属性节点

JavaScript 通过 Attr 类型表示属性节点。属性节点从严格意义上来讲，并不是 DOM 树中的一部分。

5）注释节点

JavaScript 通过 Comment 类型表示注释节点，注释节点与文本节点继承自相同的基类，因此获取注释节点也可以通过访问父节点的子节点来实现。

2. 获取 DOM 节点

1）获取特定的 HTML 元素节点

对于一些 HTML 文档中唯一的元素节点，可以通过调用 document 对象中的属性直接获取。

（1）获取根节点。

```
var dElement==document.documentElement;
```

（2）获取 body 元素节点。

```
var bElement=document.body;
```

（3）获取 head 元素节点。

```
var hElement=document.head;
```

2）获取指定元素节点

（1）根据 id 属性获取元素节点。在文档中查找匹配指定 id 属性值的元素节点，由于 HTML 文档要求 id 属性具有唯一性，因此返回的最多为一个元素。

```
var idElement= document.getElementById(sId);
```

（2）根据 name 属性获取元素节点。在文档中查找匹配指定 name 属性值的元素节点，由于 HTML 文档具有相同 name 属性值的节点并不唯一，返回匹配模式的所有元素的集合。不管匹配成功多少个元素，该方法都会返回一个 NodeList 的实例，如果没有匹配成功的元素，NodeList 就为空。

```
var nameElements = document.getElementsByName(sName);
```

（3）根据标记名获取元素节点。在文档中查找匹配指定标签名的元素节点，由于 HTML 文档具有相同标签名的节点并不唯一，所以返回匹配模式的所有元素的集合，即一个 NodeList 的实例。

```
var tagElements = document.getElementsByTagName(sTagName);
```

3）通过 CSS 获取指定元素节点

（1）根据 CSS 类名获取元素节点。在文档中查找匹配指定 class 属性值的元素节点，由于 HTML 文档具有相同 class 属性值的节点并不唯一，返回匹配模式的所有元素的集合，即一个 NodeList 的实例。

```
var cssElements = document.getElementsByClassName(cssName);
```

（2）根据 CSS 选择器查询并返回匹配模式的第一个元素。在文档中根据 CSS 选择器匹配指定的元素节点，返回与该模式匹配成功的第一个元素。

```
var selElement= document.querySelector(selector);
```

（3）根据 CSS 选择器查询并返回匹配模式的所有元素的集合。在文档中根据 CSS 选择器匹配指定的元素节点，返回匹配模式的所有元素的集合，即一个 NodeList 的实例。

```
var selElements = document.querySelectorAll(selector);
```

要取得 NodeList 中的每一个元素，可以使用 item()方法，也可以使用方括号语法，如下例所示：

```
var actived=document.querySelector(".actived");
//取得类名为".actived"的第一个元素
var activeds=document.querySelectorAll(".actived");
//取得类名为".actived"的所有元素
//遍历 activeds 元素集合
for(var i=0;i<activeds.length;i++){
    activeds[i].className="normal";          //将所有元素的类名设置为 normal
}
actived.className="actived";                 //保留 actived 中的元素的类名不变
```

4）通过 DOM 树层次关系获取节点

（1）parentNode 属性：获取当前节点的父节点。

（2）firstChild 属性：获取当前节点的第一个子节点。

（3）lastChild 属性：获取当前节点的最后一个子节点。

（4）previousSibling 属性：获取当前节点的前一个兄弟节点。

（5）nextSibiling 属性：获取当前节点的下一个兄弟节点。

（6）ownerDocument 属性：获取当前该节点所属的 HTML 文档节点。

（7）childNodes 属性：获取当前该节点所有子节点列表。

5）获取属性节点

获取属性节点可以使用 DOM 节点的 attributes 集合里的属性和方法。

（1）length 属性：用于获取或设置 attributes 集合中包含的对象个数。

（2）getNamedItem(name)方法：从 attributes 集合中获取具有指定名称的属性节点。

（3）removeNamedItem(name)方法：从 attributes 集合中移除具有指定名称的属性节点。

（4）setNamedItem(node)方法：把一个属性节点添加到 attributes 集合中。

要获取属性节点也可以直接操作 DOM 节点。

（1）getAttributeNode(name) 方法：获取指定名称的属性节点。

（2）setAttributeNode(attr) 方法：将属性节点设置为某元素的属性。

（3）createAttributeNode(name)方法：创建一个属性节点。

（4）removeAttributeNode(attr)方法：移除指定的属性节点。

但是开发人员最常使用的是 getAttribute()、setAttribute()和 removeAttribute()方法，很少直接引用节点。要获取元素的 class 属性值，可以使用下列代码：

```
var attrDate;
//操作元素节点下的 attributes 属性集合
attrDate=oElement.attributes['class'].value;
attrDate=oElement.attributes.getNamedItem('class').value;
//操作元素节点下的属性节点
attrDate=oElement.getAttributeNode('class').value;
//直接操作属性
attrDate=oElement.getAttribute('class');
```

从上面的代码中，不难看出使用 attributes 集合和 getAttributeNode()方法获取的都是属性节点，而 getAttribute()方法则直接获取属性值，因此在实际应用场合中，使用 getAttribute()方法直接操作属性比访问属性节点要方便得多。

3. 事件及事件处理程序

JavaScript 与 HTML 之间的交互是通过事件来实现的，HTML 事件是发生在 HTML 元素上的某组动作。当在 HTML 页面中使用 JavaScript 时，JavaScript 能够“应对”这些事件。可以使用事件处理程序来预订事件，以便事件发生时执行响应的代码。响应某个事件的函数就叫作事件处理程序，事件处理程序的名字以“on”开头。

1）普通事件处理程序

普通事件处理程序，就是在 DOM 结构中嵌套 JavaScript 代码。在 HTML 中，元素支持的所有事件，都可以使用与相应事件处理程序同名的 HTML 属性来指定，这个属性的值应该是能执行的 JavaScript 代码，示例代码如下：

```
<body>
    <input type="button" value="请单击" onclick="HtmlEventHandlerProc()"/>
</body>
<script>
    function HtmlEventHandlerProc() {
        alert('测试 HTML 事件处理程序！！');   //"测试 HTML 事件处理程序！！"
    }
</script>
```

事件处理程序的代码在执行时，有权访问全局作用域中的任何代码，示例代码如下：

```
<form >
        <label>请输入年龄：</label>
        <input type="text" name="age" >
        <input type="button" value="确定" onclick="alert(age.value)">
</form>
```

HTML 事件处理程序的缺点显而易见，它使得 HTML 代码与 JavaScript 代码高度耦合。如果要更换事件处理程序，就需要同时修改 HTML 代码和 JavaScript 代码。

2）DOM0 级事件处理程序

在 DOM 级别中不存在 DOM0 级的标准，所谓 DOM0 级指的是 Internet Explorer 4.0 和 Netscape Navigator 4.0 最初支持的 DHTML。DOM0 级事件很好地解决了 HTML 和 JavaScript 代码强耦合的问题。这种为事件处理程序赋值的方法是在第四代浏览器中出现的，但是时至今日仍然为所有现代浏览器所支持。其原因一是因为简单，二是因为其具有跨浏览器的优势。

（1）绑定事件方法。要使用 JavaScript 指定事件处理程序，首先需要指定操作对象。每一个元素都有自己的事件处理程序属性，这些属性通常采用小写，将这种属性的值设置为一个函数（非调用函数的返回值），就可以指定事件处理程序，示例代码如下：

```
var btn = document.getElementById('myBtn');
btn.onclick = function () {
    alert('测试 DOM0 级事件处理程序！');
}
```

（2）解除事件方法。DOM0 级的事件处理程序比普通事件处理程序更加灵活，可以通过将元素的事件处理程序属性值设置为 null 来实现事件处理程序的删除操作。示例代码如下：

```
btn.onclick = null;
```

3）常见 HTML 事件

常见 HTML 事件如表 4-2-1 所示，包括鼠标键盘事件、页面窗口事件和表单事件。

表 4-2-1 常见 HTML 事件

类别	事件	说明
鼠标键盘事件	onclick	鼠标单击事件
	ondbclick	鼠标双击事件
	onmousedown	鼠标按下事件
	onmouseup	鼠标松开事件
	onmousemove	鼠标移动事件
	onmouseover	鼠标移动到对象上事件
	onmouseout	鼠标离开对象事件
	onkeypress	按下并松开键盘按键事件
	onkeydown	按下键盘按键事件
	onkeyup	松开键盘按键事件
页面窗口事件	onabort	图片在下载时被用户中断
	onbeforeunload	当前页面的内容将要被改变时触发此事件
	onerror	出现错误时触发此事件
	onload	页面内容完成时触发此事件
	onmove	浏览器窗口被移动时触发此事件
	onresize	当浏览器的窗口大小被改变时触发此事件

续表

类　别	事　件	说　明
页面窗口事件	onscroll	浏览器的滚动条位置发生变化时触发此事件
	onstop	浏览器的“停止”按钮被按下或正在下载的文件被中断时触发此事件
	onunload	当前页面将被改变时触发此事件
表单事件	onblur	当前元素失去焦点时触发此事件
	onchange	当前元素失去焦点并且元素的内容发生改变时触发此事件
	onfocus	当某个元素获得焦点时触发此事件
	onreset	当表单中 reset 属性被激发时触发此事件
	onsubmit	一个表单被提交时触发此事件

4. 表单的约束验证

使用 checkValidity()方法可以检测表单中的某个字段是否有效。每个表单字段都有这个方法，如果字段的值有效，这个方法将返回 true，否则返回 false。如果要检测整个表单是否有效，可以调用表单自身的 checkValidity()方法。当所有表单字段都有效时，这个方法返回 true；即便有一个字段无效，这个方法也会返回 false。

除了 checkValidity()方法可以告诉你字段是否有效，validity 属性也能告诉你字段为什么有效或者无效。该属性中包含了一系列的子属性，每一个子属性都是布尔值，具体如下。

（1）patternMismatch：当与指定的 pattern 属性不匹配时返回 true。

（2）rangeOverflow：当超过最大值 max 时返回 true。

（3）rangeUnderflow：当小于最小值 min 时返回 true。

（4）stepMismach：当最大值和最小值之间的步长不合理时返回 true。

（5）tooLong：当长度超过 maxlength 属性指定的长度时返回 true。

（6）typeMismatch：当不是“mail”或“url”要求的格式时返回 true。

（7）valueMissing：当标注为 required 的字段中没有值时返回 true。

（8）valid：当以上属性都为 false 时表示验证通过返回 true。

因此，想要得到更加具体的信息，可以使用 validity 属性来检测表单的有效性。例如，要实现一个对年龄文本框输入信息的完整验证，根据不同的验证结果给出不同的提示。其 HTML 部分代码如下所示：

```
<form action="">
        <label>请输入年龄：</label>
        <input  type="number"  id="age"  placeholder="请输入年龄"  min=0
max=120 required>
        <input type="button" value="确定" name="btn" >
</form>
```

用于有效性验证的脚本代码如下所示：

```
document.forms[0].btn.onclick=function(){
var age=document.forms[0].elements["age"];
if(!age.validity.valid){                                    //如果表单没有通过有效性验证
    if(age.validity.valueMissing){                          //检查字段内容是否为空
        alert("年龄信息不能为空!");
    }
    else if(age.validity.rangeOverflow||age.validity.rangeUnderflow){
//检查字段内容是否在取值范围内
        alert("请注意输入的数字要在 0-120 之间!");
    }
    else{                                                   //其他非法输入
        alert("输入信息不合法!");
    }
}
}
```

任务实现

1. 创建脚本文件

在 HBuilder 中打开项目“poemWeb”，在左侧项目管理器中找到 js 文件夹，右击该文件夹，打开脚本文件 register.js，并在注册页面文件 register.html 的<body>标签内引入外部 JavaScript 脚本文件。

关键代码如下：

```
<script  src="js/register.js"  type="text/javascript"  charset="utf-8">
</script>
```

2. 分析验证要求

基本信息栏中填入的信息都是必要信息，因此都要进行非空验证。除此以外用户名必须为 11 位的手机号码，后输入的确认密码必须与先前输入的密码一致。为了规范用户的输入行为，本例中使用失去焦点事件来对输入信息进行同步验证。同时考虑到 alert 弹窗与焦点事件一同使用容易造成弹窗死循环，因此在 HTML 页面中为表单组件添加有效性验证属性的同时还为每个表单组件添加了自定义验证消息文本标签。

3. 用户名输入框

通过指定 required 属性，将用户名输入框指定为必填字段。再利用 pattern 属性对用户输入的信息进行正则验证，确保输入的为 11 位的手机号码。最后将验证消息显示在 id 为 msgusername 的<label>标签中。

```
<label>用户名</label>
<input type="text" id="username" placeholder="请输入手机号" size="20" maxlength="11" required pattern="1[3456789]\d{9}" />
<label id='msgusername'></label>
```

4. 密码输入框

通过指定required属性，将密码输入框指定为必填字段。将验证消息显示在id为msgpwd的<label>标签中。

```
<label>密码</label>
<input type="password" id="pwd" placeholder="请输入密码" required />
<label id='msgpwd'></label>
```

5. 确认密码输入框

通过指定 required 属性，将确认密码输入框指定为必填字段。将验证消息显示在 id 为 msgrepwd 的<label>标签中。

```
<label>确认密码</label>
<input type="password" id="repwd" placeholder="请再次输入密码" required />
<label id='msgrepwd'></label>
```

6. 验证用户名输入框

创建函数 checkUserName()用来对用户名输入框进行信息验证。根据不同的验证结果在用户名验证区显示不同的提示信息。只有验证通过时才允许焦点离开，并返回 true；否则焦点将一直保持在用户名输入框中，并返回 false，效果如图 4-2-3 所示。

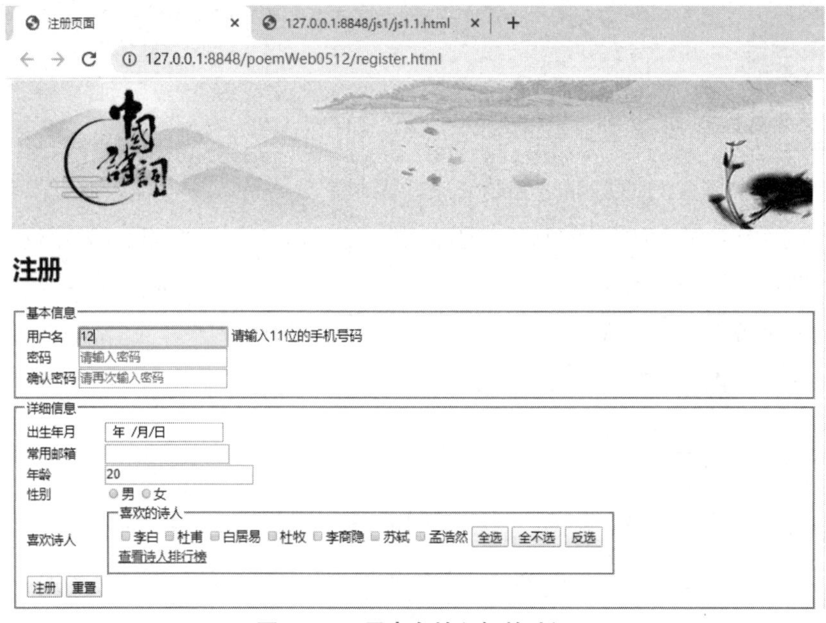

图 4-2-3　用户名输入框的验证

关键代码如下：

```
var username=document.getElementById('username');
username.onblur=checkUserName;          //在用户输入框失去焦点时进行验证
function checkUserName(){
    var valid=username.validity;
    username.setCustomValidity('');        //清除自定义提示信息里的默认内容
    if(valid&&!valid.valid){
        //用户名为空
        if(valid.valueMissing){
            username.setCustomValidity('用户名不能为空');
        //设置自定义提示信息的内容
        }
        //用户名输入的不是 11 位手机
        else if(valid.patternMismatch){
            username.setCustomValidity('请输入 11 位的手机号码');
        }
        else{
            username.setCustomValidity('非法的用户名输入');
        }
        username.focus();               //让用户名输入框重新获得焦点
document.getElementById("msgusername").innerHTML = username.validationMessage;
        return false;
    }
    //显示提示信息
    document.getElementById("msgusername").innerHTML = username.validationMessage;
return true;
}
```

7. 验证密码输入框

创建函数 checkPassWord()用来对密码输入框进行信息验证。根据不同的验证结果在密码验证区显示不同的提示信息。只有验证通过时才允许焦点离开，并返回 true；否则焦点将一直保持在密码输入框中，并返回 false，效果如图 4-2-4 所示。

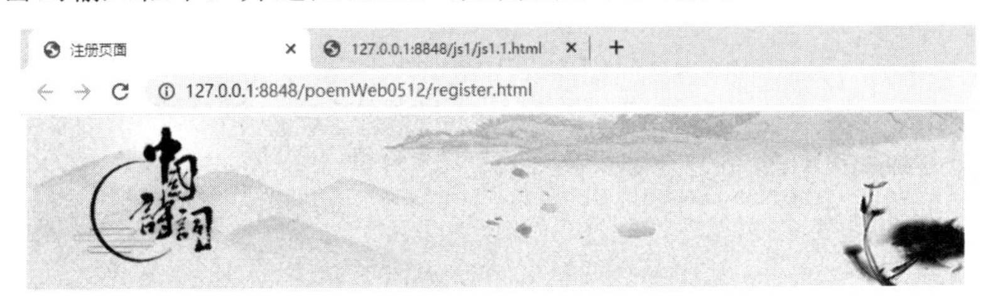

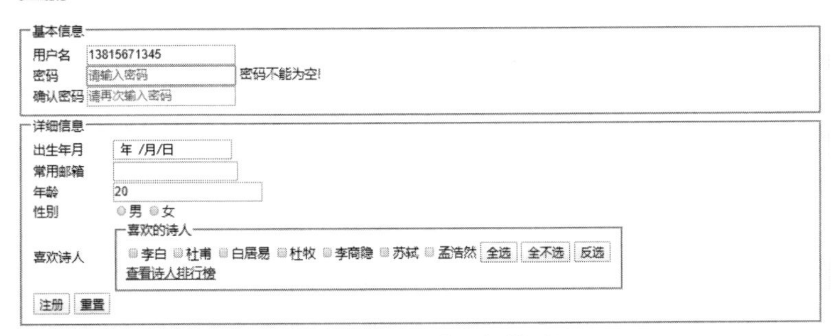

图 4-2-4 密码输入框的验证

关键代码如下：

```
var pwd=document.getElementById('pwd');
pwd.onblur=checkPassWord;
function checkPassWord(){
    var valid=pwd.validity;
    pwd.setCustomValidity('');
    if(valid&&!valid.valid){
        //密码为空
        if(valid.valueMissing){
            pwd.setCustomValidity('密码不能为空!');
        }
        else{
            pwd.setCustomValidity('非法的密码输入!');
        }
        pwd.focus();
        document.getElementById("msgpwd").innerHTML = pwd.validationMessage;
        return false;
    }
    document.getElementById("msgpwd").innerHTML = pwd.validationMessage;

    return true;
}
```

8. 验证确认密码输入框

由于用户输入密码时通常采用密码模式，在密码模式下用户看不到输入的真实字符信息，因此无法判断自己的输入是否正确。通过密码和确认密码的对比校验可以确保用户密码的正确性。创建函数 checkRePwd()用来对确认密码输入框进行信息验证。根据不同的验证结果在确认密码验证区显示不同的提示信息。只有验证通过时才允许焦点离开，并返回 true；否则焦点将一直保持在确认密码输入框中，并返回 false，效果如图 4-2-5 所示。

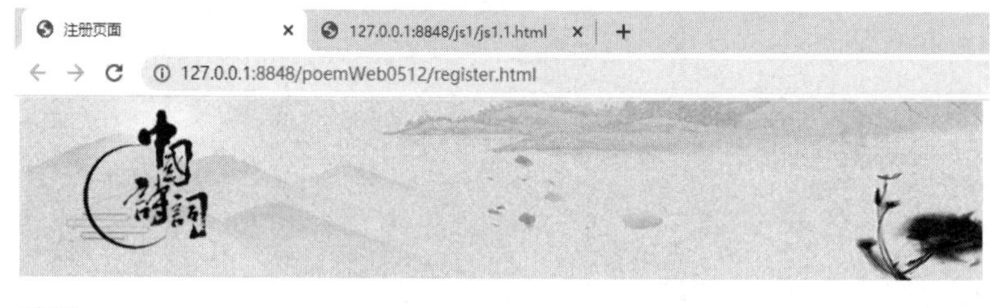

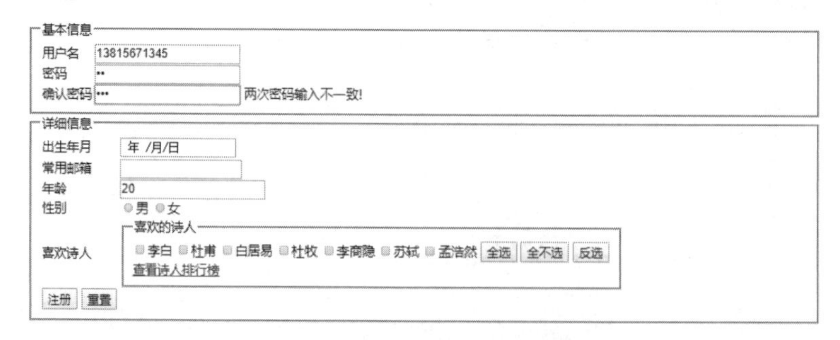

图 4-2-5 确认密码输入框的验证

关键代码如下：

```
var repwd=document.getElementById('repwd');
repwd.onblur=checkRePwd;
function checkRePwd(){
    var valid=repwd.validity;
    repwd.setCustomValidity('');
    if(valid&&!valid.valid){
        //密码为空
        if(valid.valueMissing){
            repwd.setCustomValidity('密码不能为空!');
        }
        else{
            repwd.setCustomValidity('非法的密码输入!');
        }
        repwd.focus();
        document.getElementById("msgrepwd").innerHTML = repwd.validationMessage;
        return false;
    }
    else{
        //密码与确认密码内容不一致
        if(repwd.value!=pwd.value){
            repwd.setCustomValidity('两次密码输入不一致!');
            repwd.focus();
            document.getElementById("msgrepwd").innerHTML = repwd.validationMessage;
            return false;
        }
    }
    document.getElementById("msgrepwd").innerHTML = repwd.validationMessage;
    return true;
}
```

能力提升

文本框中操作文本

在 HTML 中有两种方式来表示文本框：一种是<input>元素表示的单行文本框，一种是<textarea>元素表示的多行文本框。

1. 选择文本

以上两种文本框均支持 select()方法，这个方法用于选择文本框中的所有文本。当文本框中包含默认文本时，在文本框获得焦点时选择其所有文本，这样用户就不必逐字删除默认文本，直接录入就可以替换默认文本。假如表单中有一个 id 为 age 的文本框，为了实现上述效果，示例代码如下所示：

```
var age=document.forms[0].age;        //获取 id 为 age 的文本框元素
age.onfocus=function(e){              //在文本框获得焦点时
    this.select();                    //选择文本框中的文本
};
```

注意：事件处理程序可以直接访问事件对象，由于事件对象是依赖于目标元素 age 的，因此在这个函数内部 this 值等于事件的目标元素。

2. 取得选择的文本

虽然通过 select 事件可以知道用户选择了文本，但仍不知道用户选择了什么文本。可以通过 selectionStart 和 selectionEnd 两个属性来获得文本的范围，这两个属性以 0 为基准值，因此要获得用户在文本框中选择的文本，示例代码如下所示：

```
function getSelectedText(text){
    return text.value.substring(text.selectionStart,text.selectionEnd);
}
```

任务二　验证详细信息

任务描述

“注册”页面上的详细信息包含用户的出生年月、常用邮箱、年龄和性别，且控件形式已不是单纯的输入框，因此需要进行更加细致的数据验证。例如，验证用户输入的邮箱是否符合邮箱格式规范，验证用户输入的年龄范围是否为 0～150 岁，按键时进行同步验证等。

知识准备

1. Date 对象

Date 对象用于处理日期和时间。

1）Date 对象的创建

Date 对象使用自 UTC 时间（1970 年 1 月 1 日零时）开始经过的毫秒数来保存日期。

要创建一个日期对象，需要使用 new 关键字和 Date()构造函数。调用不带参数的 Date()构造函数将创建一个当前日期和时间的日期对象。如果要根据指定日期和时间来创建日期对象，可以传入一个表示日期的字符串参数或是 UTC 时间的参数。语法格式如下：

```
var date = new Date();//直接获取当前时间为标准时间
var date1 = new Date("November 12,2019 22:19:35");//指定时间转变成标准时间
// 几种不同的时间格式：
// new Date("month dd,yyyy hh:mm:ss");
// new Date("month dd,yyyy");
// new Date(yyyy,mth,dd,hh,mm,ss);
// new Date(yyyy,mth,dd);
// new Date(ms);
```

2）Date 对象的常用方法

Date 对象中的 Date.now()方法可以获取当前的日期和时间。如果要获取事件日期中的某些特定部分，可以调用 Date 对象的相应方法。可以获取 UTC 时间中的 4 位年份、月份（0~11）、周（0~6）、日（1~31）、小时数（0~23）、分钟、秒及毫秒数。其语法形式如下：

```
date=Date.now();//获取当前日期时间的毫秒数
date.getFullYear();//从 Date 对象以 4 位数字返回年份
date.getMonth();//从 Date 对象返回月份 (0~11)
date.getDay();//从 Date 对象返回是一周中的某一天 (0~6),0 代表周日，以此类推
date.getDate();//从 Date 对象返回一个月中的某一天 (1~31)
date.getHours();//返回 Date 对象的小时 (0~23)
date.getMinutes();//返回 Date 对象的分钟 (0~59)
date.getSeconds();//返回 Date 对象的秒数 (0~59)
date.getMilliseconds();//返回 Date 对象的毫秒(0~999)
date.getTime();//返回 1970 年 1 月 1 日至今的毫秒数,可以用来进行两个时间的校准
```

2. 按键事件

当键盘上的某个键被按下时，会依次触发 keydown、keypress 和 keyup 事件。三个事件在页面中应用的示例代码如下：

```
<body>
    <input id="testkeyevent" name="testkeyevent" onKeyUp="keyup()" />
    <input id="testkeyevent" name="testkeyevent" onkeypress="keypress()" />
    <input id="testkeyevent" name="testkeyevent" onkeydown="keydown()" />
</body>
<script>
    function keyup(){ …}
    function keypress(){ …}
```

```
    function keydown(){ …}
</script>
```

三个事件除触发顺序不同，在捕获按键等方面也有一些差异，按键事件功能对比如表 4-2-2 所示。

表 4-2-2　按键事件功能对比

功　能	事　件		
	keydown	keypress	keyup
区分单字符大小写	不能	能	不能
捕获大多数功能键	能	不能	能
捕获组合键	能	不能	能
区分主键盘和小键盘的数字	能	不能	能

当用户按下键盘上的一个字符键时，首先会触发 keydown 事件，然后紧跟着的是 keypress 事件，最后会触发 keyup 事件。如果用户按住这个键不放，就会重复触发 keydown 和 keypress 事件，直到用户松开为止，此时会触发 keyup 事件。

当用户按下的是一个非字符键时，首先会触发 keydown 事件，然后就是 keyup 事件。如果用户按住这个键不放，就会重复触发 keydown 事件，直到用户松开为止，此时会触发 keyup 事件。

从输入框的显示角度来看，keydown 和 keypress 事件是在文本框发生变化之前被触发的；而 keyup 是在文本框发生变化之后被触发的。所以如果要阻止在文本框中输入文字，则必须在 keydown 或 keypress 事件中加以阻止。要获得修改后的文字，只能在 keyup 事件中实现。

3. 键码

发生 keyup 和 keydown 事件时，事件对象中会包含一个键码，这个键码会与键盘上特定的键对应，当按键为字母时，键码值通常与 ASCII 码中对应大写字母的编码相同。除此以外，功能键、控制键和小键盘按键都有与之对应的编码，键码分类如表 4-2-3 所示。需要特别注意的是，小键盘与主键盘的数字和运算符采用不同的键码。

表 4-2-3　键码分类

字母和数字键的键码值（keyCode）							
按键	键码	按键	键码	按键	键码	按键	键码
A	65	J	74	S	83	1	49
B	66	K	75	T	84	2	50
C	67	L	76	U	85	3	51
D	68	M	77	V	86	4	52

续表

<table>
<tr><td colspan="8">字母和数字键的键码值（keyCode）</td></tr>
<tr><td>按键</td><td>键码</td><td>按键</td><td>键码</td><td>按键</td><td>键码</td><td>按键</td><td>键码</td></tr>
<tr><td>E</td><td>69</td><td>N</td><td>78</td><td>W</td><td>87</td><td>5</td><td>53</td></tr>
<tr><td>F</td><td>70</td><td>O</td><td>79</td><td>X</td><td>88</td><td>6</td><td>54</td></tr>
<tr><td>G</td><td>71</td><td>P</td><td>80</td><td>Y</td><td>89</td><td>7</td><td>55</td></tr>
<tr><td>H</td><td>72</td><td>Q</td><td>81</td><td>Z</td><td>90</td><td>8</td><td>56</td></tr>
<tr><td>I</td><td>73</td><td>R</td><td>82</td><td>0</td><td>48</td><td>9</td><td>57</td></tr>
<tr><td colspan="4">数字键盘上的键的键码值（keyCode）</td><td colspan="4">功能键键码值（keyCode）</td></tr>
<tr><td>按键</td><td>键码</td><td>按键</td><td>键码</td><td>按键</td><td>键码</td><td>按键</td><td>键码</td></tr>
<tr><td>0</td><td>96</td><td>8</td><td>104</td><td>F1</td><td>112</td><td>F7</td><td>118</td></tr>
<tr><td>1</td><td>97</td><td>9</td><td>105</td><td>F2</td><td>113</td><td>F8</td><td>119</td></tr>
<tr><td>2</td><td>98</td><td>*</td><td>106</td><td>F3</td><td>114</td><td>F9</td><td>120</td></tr>
<tr><td>3</td><td>99</td><td>+</td><td>107</td><td>F4</td><td>115</td><td>F10</td><td>121</td></tr>
<tr><td>4</td><td>100</td><td>Enter</td><td>108</td><td>F5</td><td>116</td><td>F11</td><td>122</td></tr>
<tr><td>5</td><td>101</td><td>-</td><td>109</td><td>F6</td><td>117</td><td>F12</td><td>123</td></tr>
<tr><td>6</td><td>102</td><td>.</td><td>110</td><td></td><td></td><td></td><td></td></tr>
<tr><td>7</td><td>103</td><td>/</td><td>111</td><td></td><td></td><td></td><td></td></tr>
<tr><td colspan="8">控制键键码值（keyCode）</td></tr>
<tr><td>按键</td><td>键码</td><td>按键</td><td>键码</td><td>按键</td><td>键码</td><td>按键</td><td>键码</td></tr>
<tr><td>BackSpace</td><td>8</td><td>Esc</td><td>27</td><td>Righr Arrow</td><td>39</td><td>-_</td><td>189</td></tr>
<tr><td>Tab</td><td>9</td><td>Spacebar</td><td>32</td><td>Down Arrow</td><td>40</td><td>.></td><td>190</td></tr>
<tr><td>Clear</td><td>12</td><td>Page Up</td><td>33</td><td>Insert</td><td>45</td><td>/?</td><td>191</td></tr>
<tr><td>Enter</td><td>13</td><td>Page Down</td><td>34</td><td>Delete</td><td>46</td><td>、~</td><td>192</td></tr>
<tr><td>Shift</td><td>16</td><td>End</td><td>35</td><td>Num Lock</td><td>144</td><td>[{</td><td>219</td></tr>
<tr><td>Control</td><td>17</td><td>Home</td><td>36</td><td>;:</td><td>186</td><td>/|</td><td>220</td></tr>
<tr><td>Alt</td><td>18</td><td>Left Arrow</td><td>37</td><td>=+</td><td>187</td><td>]}</td><td>221</td></tr>
<tr><td>Cape Lock</td><td>20</td><td>Up A</td><td></td><td></td><td></td><td></td><td></td></tr>
</table>

不同浏览器中获取键码的属性不同。IE 只有 keyCode 属性，FireFox 中有 which 和 charCode 属性，Opera 中有 keyCode 和 which 属性，Chrome 中有 keyCode、which 和 charCode 属性。因此，通常要进行兼容性处理。字符串中的 fromCharCode()方法可以将字符键码转为字符，因此如果想要输出当前按下的字符，可以创建函数 getKey()，关键代码如下：

```
    function getKey(e){
    e = e || window.event;//获取事件对象
    key = e.keyCode || e.which || e.charCode;//获取按键的键码属性
    console.log(e.type+"事件按键码： " + key + " 字符： " + String.fromCharCode
(key)); //显示按键字符
    }
```

下面的代码尝试在不同的按键事件中获得按下的键码和字符，并将其输出到控制台：

```
document.testkeyevent.onkeyup=getKey;
document.testkeyevent.onkeypress =getKey;
document.testkeyevent.onkeydown=getKey;
```

按下不同的按键，测试控制台的输出结果，如图 4-2-6 所示。由于字母键的键码通常与 ASCII 码中对应大写字母的编码相同，在 keyup 和 keydown 事件中获得的字母通常为大写形式。但是 keypress 却对大小写敏感，这是由于 charCode 这一属性只有在 keypress 事件中才包含值，而且这个值就是按下的那个键的 ASCII 字符编码，而此时的 keyCode 通常也会与 charCode 的值保持一致。

当输入不可见字符时不会触发 keypress 事件，而此时虽然可以获得键码，但是由于不可见字符无法通过 fromCharCode()方法转为可见字符，因此字符无法显示，只能看到一个方格“❐”。

分别从小键盘和主键盘输入数字，由于键码表中为来自小键盘和主键盘的数字分配了不同的编码值，而 keyup 和 keydown 事件中显示键码值，keypress 事件中显示 ASCII 编码值，因此 keyup 和 keydown 对数字键灵敏，keypress 则对数字键则不灵敏。

输入小写字母d
keydown事件按键码：68 字符：D
keypress事件按键码：100 字符：d
keyup事件按键码：68 字符：D

输入退格键Backspace
keydown事件按键码：8 字符：□
keyup事件按键码：8 字符：□

输入小键盘数字1
Keydown事件按键码：97 字符：1
keypress事件按键码：49 字符：1
keyup事件按键码：97 字符：1

输入大写字母D
keydown事件按键码：68 字符：D
keypress事件按键码：68 字符：D
keyup事件按键码：68 字符：D

输入组合键
keydown事件按键码：16 字符：□
keydown事件按键码：68 字符：D
keypress事件按键码：68 字符：D
keyup事件按键码：16 字符：□
keyup事件按键码：68 字符：D

输入主键盘数字1
keydown事件按键码：49 字符：1
keypress事件按键码：49 字符：1
keyup事件按键码：49 字符：1

图 4-2-6　键码及字符显示

任务实现

1. 初始化日期输入框

在 HBuilder 中打开项目“poemWeb”，在左侧项目管理器中找到 js 文件夹，右键单击该文件夹，打开脚本文件“register.js”。“出生年月”采用了 type 为 date 的日期输入框，可以通过日历实现日期的调整和设置，如图 4-2-7 所示。在此将出生年月初始化为当前日期。通过 Date 对象的构造函数可以获得当前日期，再利用 Date 对象的各种获取参数的方法，分别提取年、月、日的值，将其按照“yyyy-MM-DDd”的格式进行字符串拼接即可。

关键代码如下：

```
var now=new Date();
var born=document.forms[0].born;
//格式化日，如果小于 9，前面补 0
var day = ("0" + now.getDate()).slice(-2);
//格式化月，如果小于 9，前面补 0
var month = ("0" + (now.getMonth() + 1)).slice(-2);
//拼装完整日期格式
var today = now.getFullYear()+"-"+(month)+"-"+(day) ;
//完成赋值
born.value=today;
```

图 4-2-7　初始化日期

2. 验证日期输入框

通过为日期输入框指定 required 属性，将日期输入框指定为必填字段。再将验证消息显示在 id 为 msgborn 的<label>标签中。HTML 代码做如下修改：

```
<label>出生年月</label>
<input type="date" id="born" required />
<label id='msgborn'></label>
```

创建函数 checkBorn()用来对日期输入框进行信息验证。根据不同的验证结果在日期验证区显示不同的提示信息。只有验证通过时才允许焦点离开，并返回 true；否则焦点将一直保持在日期输入框中，并返回 false，效果如图 4-2-8 所示。

图 4-2-8　验证日期输入框

关键代码如下：

```
function checkBorn(){
    var valid=born.validity;
    born.setCustomValidity('');
    if(valid&&!valid.valid){
        //出生年月为空
        if(valid.valueMissing){
            born.setCustomValidity('出生年月不能为空!');
        }
        else {
            born.setCustomValidity('非法的出生年月输入!');
        }
        born.focus();
        document.getElementById("msgborn").innerHTML = born.validationMessage;
        return false;
    }
    document.getElementById("msgborn").innerHTML = born.validationMessage;
    return true;
}
born.onblur=checkBorn;
```

3. 验证邮箱输入框

通过为邮箱输入框指定 required 属性，将邮箱输入框指定为必填字段。再将验证消息显示在 id 为 msgemail 的<label>标签中。HTML 代码做如下修改：

```
<label>常用邮箱</label>
<input type="email" id="email" size="16" required />
<label id='msgemail'></label>
```

创建函数 checkEmail()用来对邮箱输入框进行信息验证。根据不同的验证结果在邮箱验证区显示不同的提示信息。只有验证通过时才允许焦点离开，并返回 true；否则焦点将一直保持在邮箱输入框中，并返回 false，效果如图 4-2-9 所示。由于浏览器自带的邮箱格式验证比较简单，本例中通过自定义正则表达式来完成电子邮箱字符串的验证。

电子邮箱的规则是必须有@，@前面可以是字母、数字、下画线或者“.”的任意组合，第一个字母必须是字母或者数字；@后面由于存在多级域名的情况，因此必须是若干个字母、数字、下画线的组合并用“.”连接起来，其正则表达式如下：

```
reg= /^(\w)+(\.\w+)*@(\w)+((\.\w+)+)$/;
```

要想判断邮箱输入框里的文本是否符合正则表达式 reg，可以使用 test()方法。

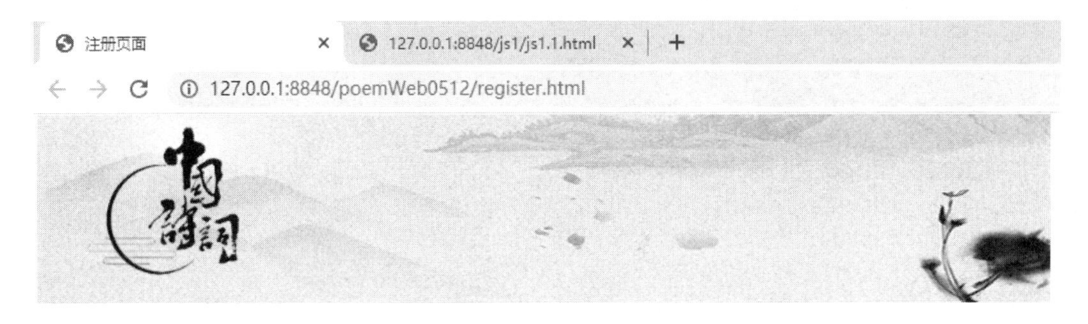

图 4-2-9　验证邮箱输入框

关键代码如下：

```
var email=document.forms[0].email;
function checkEmail(){
    var valid=email.validity;
    email.setCustomValidity('');
    if(valid&&!valid.valid){
        //邮箱为空
        if(valid.valueMissing){
            email.setCustomValidity('邮箱不能为空!');
        }
        else if(valid.typeMismatch){
            email.setCustomValidity('非法的邮箱格式!');
        }
        email.focus();
        document.getElementById("msgemail").innerHTML=email.validationMessage;
        return false;
    }
    else{
        var reg= /^(\w)+(\.\w+)*@(\w)+((\.\w+)+)$/;
        if(!reg.test(email.value)){
            email.setCustomValidity('非法的邮箱格式!');
            email.focus();
            document.getElementById("msgemail").innerHTML=email.validationMessage;
            return false;
        }
    }
    document.getElementById("msgemail").innerHTML=email.validationMessage;

    return true;
}
email.onblur=checkEmail;
```

4. 验证年龄输入框

通过为年龄输入框指定 required 属性，将年龄输入框指定为必填字段。再将验证消息显示在 id 为 msgage 的<label>标签中。HTML 代码做如下修改：

```
<label>年龄</label>
<input type="number" id="age" value="20" required max=150 min=0 />
<label id='msgage'></label>
```

创建函数 checkAge()用来对年龄输入框进行信息验证。根据不同的验证结果在年龄验证区显示不同的提示信息。用户的年龄规定在 0~150 岁之间，只有验证通过时才允许焦点离开，并返回 true；否则焦点将一直保持在年龄输入框中，返回 false，效果如图 4-2-10 所示。

图 4-2-10　验证年龄输入框

关键代码如下：

```
var age=document.forms[0].age;
function checkAge(){
    var valid=age.validity;
    age.setCustomValidity('');
    if(valid&&!valid.valid){
        //年龄为空
        if(valid.valueMissing){
            age.setCustomValidity('年龄不能为空!');
        }
        else if(valid.rangeOverflow||valid.rangeUnderflow){
            age.setCustomValidity('年龄值必须在 0~150 之间!');
        }
        else{
            age.setCustomValidity('非法的年龄格式!');
        }
        age.focus();
        document.getElementById("msgage").innerHTML = age.validationMessage;
        return false;
    }
    document.getElementById("msgage").innerHTML = age.validationMessage;
    return true;
}
age.onblur=checkAge;
```

5. 判断单选按钮是否被选中

填写表单时，单选题最好给使用者提供一个初始值，否则可能由于用户漏选而造成表单提交失败。性别选项作为一个单项选择，可以设置其默认值为“男”。将验证消息显示在 id 为 msggender 的<label>标签中。HTML 代码做如下修改：

```
<label>性别</label>
<input type="radio" name="sex" checked>男
<input type="radio" name="sex">女
<label id='msggender'></label>
```

定义一个函数 checkGender()，先使用 getElementsByName()方法获取性别的全部选项，再逐个检查是否被勾选，在没有任何选项被勾选的情况下提示用户做出选择，并返回 false。

关键代码如下：

```
function checkGender() {
        var objsex = document.getElementsByName("sex");
        var flag = false;
        for(var i=0; i<objsex.length; i ++){
            if(objsex [i].checked==true){
                flag = true;
            }
        }
        if (flag == false){
            document.getElementById("msgage").innerHTML="对不起，请选择性别";
            return false;
        }
    return true;
}
```

单选按钮是否被选中通常会在提交表单时进行验证，由于本例采用自定义验证信息，并且在自定义位置上显示验证信息，因此要禁用表单的自动验证功能，HTML 代码做如下修改：

```
<form novalidate>
......
</from>
```

创建一个表单验证函数 validateForm()，用于表单提交时的集中验证。在提交表单时按照表单里各个表单组件的陈列顺序，逐个完成各个表单组件的验证，关键代码如下：

```
var myform=document.forms[0];
myform.onsubmit=validateForm;
function validateForm(){
    var flag=true;
    var arr=
```

```
    [checkUserName(),checkPassWord(),checkRePwd(),checkBorn(),checkEmail(),c
heckAge()];
        arr.forEach(function(item,index,array){
            if(!item) flag=false;
        });
    return false;
    }
```

由于 JavaScript 允许在数组中存放任意的数据格式，因此可以将函数作为数据项保存在数组中。上例中将各个验证函数作为数据项，按照陈列顺序依次保存在数组 arr 中。利用数组的迭代方法 forEach()完成对数组的遍历，依次执行各个验证函数。同时设置了一个布尔型局部变量 flag，将其初始化为 true，在遍历数组的过程中对验证结果进行校验，当验证不通过时将 flag 设置为 false。数组遍历结束后检测变量 flag 的值，如果为 false 表示表单中有验证不通过的项目，返回 false 禁止表单继续提交；否则不做任何操作，允许表单继续提交。

6. 对密码强弱进行同步验证

在实际应用中，为了进一步规范用户的输入，引导用户输入符合约束策略的密码，通常会在输入密码的同时进行同步验证。本例中使用表格来对表单中的密码实现强弱验证，效果如图 4-2-11 所示，具体密码等级策略如下：

- 密码小于 6 个字符的为弱状态，“弱”字显示红色背景。
- 大于等于 10 个字符，且必须包含大写字母的为强状态，三个区域都显示绿色背景。
- 其余情况为中状态，“弱”字和“中”字显示黄色背景。

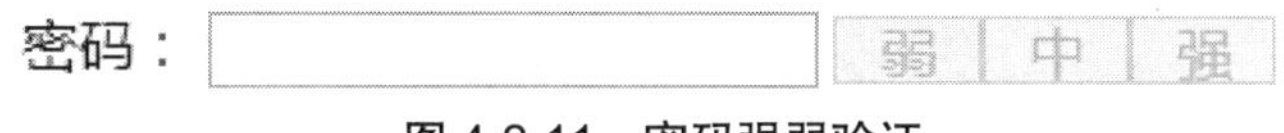

图 4-2-11　密码强弱验证

在密码输入框的右侧插入一个一行三列的表格，id 为 pwdtable，HTML 代码做如下修改：

```
<input type="password" id="pwd" placeholder="请输入密码" required />
<table id="pwdtable">
<tr>
    <td>弱</td>
    <td>中</td>
    <td>强</td>
</tr>
</table>
<label id='msgpwd'></label>
```

由于密码的同步验证应当在按键显示在输入框之后完成，因此只能在按键弹起时执行验证，即通过 keyup 事件来完成验证工作。由于同步验证时，需要设置表格中单元格的颜色，因此需要依据 CSS 样式获取指定元素节点。而不同的密码策略中需要设置颜色的单元格并不相同，因此选择 document 对象的 querySelectorAll()方法来进行单元格的选取最为灵活。关键代码如下：

```
pwd.onkeyup=function(e){
var objs;
objs=document.querySelectorAll('#pwdtable td');
//对表格样式进行初始化
for(i=0;i<objs.length;i++){
    objs[i].style.backgroundColor='transparent';
}
//密码强度为弱
if(pwd.value.length<6){
    objs=document.querySelectorAll('#pwdtable td:nth-child(-n+1)');
//选取第一个单元格
    objs[0].style.backgroundColor='red';
}
//密码强度为强
else if(pwd.value.length>10&&/[A-Z]+/.test(pwd.value)){
    objs=document.querySelectorAll('#pwdtable td:nth-child(-n+3)');
//选取整个表格
    for(i=0;i<objs.length;i++){
        objs[i].style.backgroundColor='green';
    }
}
//密码强度为中
else{
    objs=document.querySelectorAll('#pwdtable td:nth-child(-n+2)');
//选取前两个单元格
    for(i=0;i<objs.length;i++){
        objs[i].style.backgroundColor='yellow';
    }
}
}
```

用户在密码输入框中除了会进行输入操作，还有可能进行删除操作，因此每一次 keyup 事件中都应当对表格进行初始化，防止出现图 4-2-12 所示的效果。

弱	中	强

弱	中	强

弱	中	强

图 4-2-12 密码强弱错误效果

nth-child 伪类选择器如果采用“-n+b”的形式，则表示选取前 b 个元素。因为 n 只能为大于等于 0 的整数，而元素集合中的索引值必须是大于等于 0 的整数。因此，“-n+1”表示前 1 个元素，而“-n+2”表示前 2 个元素，“-n+3”则表示前 3 个元素。不同密码强度下的效果如图 4-2-13 所示。

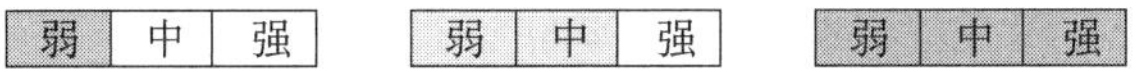

弱 | 中 | 强　　弱 | 中 | 强　　弱 | 中 | 强

图 4-2-13　密码强弱效果

能力提升

1. 表单设计技巧

表单经常用于与用户进行交互的操作中，如用户注册、用户反馈、问卷表单等。一个优秀的表单设计更有助于提升用户体验，在企业应用中能提高转化率，达到更好的营销效果。在进行表单设计时，我们需要注意以下 5 点。

1）逻辑结构清晰

表单是同用户进行沟通的途径，和任何对话一样，它应当以符合逻辑的方式帮助双方完成交流。

2）行列排布合理

在 PC 端的表单设计中可以尝试多列表单，它能较好地实现表单内容的区块划分，便于用户快速了解表单逻辑结构。但是在进行移动端的表单设计时应尽量使用单列设计，否则会造成用户漏填后果。

3）减少用户输入

表单越长、越复杂，用户完成完整表单的意愿就越低，尤其是在小屏幕设备上。最大限度地减少输入字段数，能使表单的载入速度更快。当表单需要收集大量用户输入信息的时候，表单越简短越好。

4）输入方式合适

当用户在移动端输入账号、密码，填写邮箱，输入昵称等时，均需要提供合适的输入键盘，帮助用户尽量减少输入错误，快速完成填写。

5）数据验证和提示有效

表单项中的数据被送往服务器前应当对其进行有效性验证。除此以外，在用户填写表单前，应当在相应位置给出填写要求。在用户填写表单的过程中和执行提交操作之后，如果数据验证不通过，应当解释未通过的原因。

2. 常见表单验证策略

常见的表单验证策略除前面所列的非空验证、邮箱验证、密码校验、输入类型验证之外，还有许多，表 4-2-4 给出了一些常用表单验证正则表达式。

表 4-2-4　常用表单验证正则表达式

表单验证策略	正则表达式	解　释
用户名	/^[a-zA-Z0-9_-]{4,16}$/	长度 4-16，包含字母、数字、下画线、减号
密码强度	/^.*(?=.{6,})(?=.*\d)(?=.*[A-Z])(?=.*[a-z])(?=.*[!@#$%^&*?]).*$/	至少 6 位，必须包含大写字母、小写字母、数字和特殊字符
Email	/^(\w)+(\.\w+)*@(\w)+((\.\w+)+)$/	邮箱里必须有@，@前面可以是字母、数字或者“.”，第一个必须是字母，@后面必须是“字母数字组合.字母数字组合”
整数	/^-?\d+$/	正负整数
数字	/^-?\d*\.?\d+$/	正负数，可以为小数
日期	/^\d{4}(\-)\d{1,2}\1\d{1,2}$/	格式 yyyy-mm-dd，没验证日期的有效性
手机号码	/^1[34578]\d{9}$/	第一位为 1，第二位为 3、4、5、7、8 中的一个，后 9 位为数字

项目三　实现首页“调查问卷”按钮

为了进一步了解用户需求以便对网站内容进行改进，可以采用发布调查问卷的方式，收集用户需求信息。

任务一　生成“调查问卷”按钮

任务描述

本任务需要在“中国诗词”网站首页生成一个“调查问卷”按钮，如图 4-3-1 所示。由于这个按钮的位置是随机移动的，因此按钮的 HTML 结构和 CSS 样式可以通过 JavaScript 脚本来动态创建，而不是直接写在 HTML 文件中。

图 4-3-1　“调查问卷”按钮

知识准备

1. document 对象

每个载入浏览器的 HTML 文档都会成为一个 document 对象。document 对象使我们可以从脚本中对 HTML 页面中的所有元素进行访问。

1）document 对象的属性

document 对象中的属性提供了其所表示的网页的一些信息。

title：设置或返回文档标题。

bgColor：设置或返回页面背景色。

fgColor：设置或返回前景色（文本颜色）。

linkColor：设置或返回未单击过的链接颜色。

alinkColor：设置或返回激活链接（焦点在此链接上）的颜色。

vlinkColor：设置或返回已单击过的链接颜色。

URL：设置或返回 URL 属性从而在同一窗口中打开另一网页。

fileCreatedDate：返回文档创建日期。

fileModifiedDate：返回文档修改日期。

fileSize：设置或返回文档大小，只读属性。

cookie：设置或返回 cookie。

charset：设置或返回字符集。

2）document 对象的查找元素方法

document 对象的查找元素方法是 DOM 应用中最常用的方法。

getElementById(Id) 方法：获得指定 Id 值的一个对象。

getElementsByName(Name) 方法：获取指定 Name 值的一组对象。

getElementsByTagName(TagName) 方法：指定 HTML 标签的一组对象。

3）document 对象的读写文档流方法

以下 4 个方法都可以将输入流写入到网页中，其中 write()方法和 writeln()方法都接收一个字符串参数，这个参数就是要写入文档流中的文本，以此来实现页面内容的动态加载。open()方法和 close()方法分别用于打开和关闭文档流，如果是在页面加载期间使用 write()方法和 writeln()方法，则无须使用 open()和 close()方法：

write()方法：动态向页面写入内容，会在网页显示的时候换行。

writeln()方法：动态向页面写入内容，不会显示换行，只显示“\r\n”源代码。

open(mimetype,replace)方法：打开弹出窗口的输入流。

close()方法：关闭弹出窗口的输入流。

一般情况下在网页中是看不到 writeln()方法的换行效果的，它被浏览器表现为一个空格显示出来了，两种方法的差别可以在谷歌浏览器的“开发者工具”中查看 element 源代码时看到。例如，使用 write()方法和 writeln()方法，在<textarea>标签中写入三行文本，并将其显示在页面上，关键代码如下：

```
document.write("<textarea rows=3>my");
document.writeln("option1");
document.write("my");
document.writeln("option2");
document.write("myoption3</textarea>");
```

最终页面效果如 4-3-2 所示。

myoption1
myoption2
myoption3

图 4-3-2 动态输出多行文本框

4）document 对象的对象集合

除了属性和方法，document 对象还有一些特殊的集合，这些对象为访问文档的常用部分提供了快捷方式。

all[]：返回对文档中所有 HTML 标签对象的引用。

forms[]：返回对文档中所有表单对象的引用。

images[]：返回对文档中所有具有<img>标签对象的引用。

links[]：返回对文档中所有具有<area>和<link>标签对象的引用。

2. 操作 DOM 节点

1）创建 DOM 节点

（1）创建文本节点。其基本语法格式如下：

```
noTextNode = document.createTextNode(Text);
```

其中，Text 为文本节点的内容，本操作将返回一个节点对象。示例如下：

```
var ele_text=document.createTextNode("这是文本节点");
```

（2）创建属性节点。其基本语法格式如下：

```
noAttribute = document.createAttribute(Name);
```

其中，Name 为属性的名称，本操作将返回一个节点对象。示例如下：

```
var ele_attr=document.createAttribute ("id");//创建一个 id 属性节点
```

（3）创建元素节点。其基本语法格式如下：

```
noElement = document.createElement(Tagname);
```

其中，TagName 为 HTML 标签的名称，本操作将返回一个节点对象。示例如下：

```
var ele_div=document.createElement("div");
var ele_p=document.createElement("p");
```

（4）创建注释节点。其基本语法格式如下：

```
noComment = document.createComment(Text);
```

其中，Text 为注释文本，本操作将返回一个节点对象。示例如下：

```
var ele_com=document.createComment("这是注释节点");
```

2）复制和替换 DOM 节点

（1）复制节点。cloneNode()方法对当前节点 object 进行复制，得到新节点 noClone，该方法返回被复制的节点副本。其中 bCloneChildren 是一个布尔值，表示是否进行深复制。true 表示执行深复制，复制本节点及整个子节点树；false 表示浅复制，只复制节点本身。其语法格式如下：

```
noClone = object.cloneNode([bCloneChildren]);
```

（2）替换节点。replaceChild()方法将当前节点 object 的子节点 oChildNode 替换为新的子节点 oNewNode，如果成功该函数则返回被替换的节点，如果失败则返回 null。其语法格式如下：

```
object.replaceChild(oNewNode, oChildNode);
```

3）插入 DOM 节点

通常新建的节点如果不将其添加到文档树中已存在的节点中，就无法在浏览器窗口中看到新的节点，因此新建的 DOM 节点都必须插入到 DOM 树中才可见。插入节点的方法主要有两种：一种是在节点内部的末尾处追加子节点，另一种是在节点内部指定位置之前插入子节点。有了这两个方法，就可以在节点内部的任意位置上插入新的 DOM 节点。

（1）追加子节点。appendChild()方法用于在当前节点 object 的内部末尾处追加子节点 oNode，该方法返回新节点的副本。如果文档树中已经存在了子节点 oNode，它将从文档树中删除，然后重新插入它的新位置，其语法格式如下：

```
object.appendChild(oNode);
```

（2）插入子节点。insertBefore()方法用于在当前节点 object 的内部子节点 oChildNode 之前插入新的子节点 oNewNode。如果文档树中已经存在了子节点 oNewNode，它将从文档树中删除，然后重新插入它的新位置，如果 oChildNode 为 null，那么 newElement 会被添加到父节点的子节点的末尾。其语法格式如下：

```
object.insertBefore(oNewNode[,oChildNode]);
```

4）删除 DOM 节点

removeChild()方法可从子节点列表中删除某个节点。如删除成功，此方法可返回被删除的节点，如失败，则返回 null。删除节点的语法格式如下：

```
var noRemove = object.removeChild(oNode);
```

其中，oNode 指定要从文档中移除的节点；object 指定要移除节点的父节点。要移除的节点必须是父节点的直接子节点。

3. 动态设置 CSS

动态设置 CSS 指不通过 CSS 文件而是借助 JavaScript 脚本来完成对 CSS 样式的设置。

1）直接设置 style 属性

直接对元素 style 属性中具体的样式属性进行设置，示例如下：

```
element.style.height = '100px';
```

如果属性有'-'号，就用中括号的形式。

```
element.style['text-align'] = '100px'
```

2）直接设置属性

此方法用于设置元素的属性，因此对部分样式属性无法设置，示例如下：

```
element.setAttribute('height', '100px');
```

3）设置 style 属性

此方法用于设置元素的 style 属性，示例如下：

```
element.setAttribute('style', 'height: 100px !important');
```

4）改变 className

因为 JavaScript 获取不到 CSS 的伪元素，所以可以通过改变伪元素父级 className 来动态更改伪元素的样式，示例如下：

```
element.className = 'blue';      //将元素的 className 设置为 blue
element.className += 'fb';       //为元素的 className 添加后缀 fb
```

5）设置 cssText

此方法对 cssText 进行操作，本质上就是设置元素的 style 属性，适用于需要动态扩充的样式设置。示例如下：

```
element.style.cssText = 'height: 100px';
//cssText 不为空时，IE 浏览器会将末尾的分号删除
element.style.cssText += ';width: 100pxt';      //在扩充样式开头位置添加分号
```

6）创建<style>标签引入新的 CSS 样式文件

此方法通过 JavaScript 创建一组<style>标签，为文档添加一个新的样式文件，并在新建样式文件中实现样式添加、删除等操作，示例如下：

```
function addNewStyle(newStyle) {
    var styleElement = document.getElementById('styles_js');
    if (!styleElement) {
        styleElement = document.createElement('style');  //创建 style 元素
        styleElement.type = 'text/css';
        styleElement.id = 'styles_js';
        document.getElementsByTagName('head')[0].appendChild (styleElement);
//将新建的 style 元素插入<head>标签内
    }
    styleElement.appendChild(document.createTextNode(newStyle));
//将样式文本插入 style 元素内
    addNewStyle('.box {height: 100px !important;}');
}
```

7）使用 addRule( )、insertRule( )方法添加样式规则

要向现有的样式表中添加新规则，需要使用 styleSheet 对象中的 insertRule()方法或者 addRule()方法。其中 insertRule()方法接收两个参数：规则文本和表示在插入规则的位置索引。IE 浏览器支持 addRule()方法，该方法接收选择符文本（又称为规则文本）和 CSS 样式信息这两个必选参数，以及插入规则的位置这个可选参数。示例如下：

```
// 在原有样式表上操作
document.styleSheets[0].addRule('.box', 'height: 100px');
document.styleSheets[0].insertRule('.box {height: 100px}', 0);
// 插入新样式时操作
var styleEl = document.createElement('style'),
styleSheet = styleEl.sheet;
styleSheet.addRule('.box', 'height: 100px');
styleSheet.insertRule('.box {height: 100px}', 0);
document.head.appendChild(styleEl);
```

任务实现

1. 创建 div 元素

在编辑器 HBuilder 中打开项目，在左侧项目管理器中双击 index.html 文件名称。使用

JavaScript 为“调查问卷”按钮创建一个 div 元素，使该 div 元素内显示“调查问卷”4 个字，并将该元素插入首页的<body>标签内。

关键代码如下：

```
var survey=document.createElement("div");
survey.innerHTML="调查问卷";
document.body.appendChild(survey);
```

2. 动态设置按钮 CSS 样式

使用 with(obj)可以将后面大括号（{}）中语句块的默认对象设置为 obj。编辑 index.js 文件，成批地对元素 survey 的 style 属性进行如下设置（大小为 100px×100px 的正方形，内部文本大小为 40px，水平垂直均居中，鼠标指针进入该元素区域时变为手型）。

```
with(survey.style){
    height="100px";
    width="100px";
    backgroundColor="rosybrown";
    fontSize="40px";
    textAlign="center";//文本水平居中
    lineHeight="50px";//行高与高度的一致，可以实现文本垂直居中
    cursor="pointer";   //鼠标指针形状为手型
}
```

3. 打开调查问卷

单击“调查问卷”按钮，在新窗口中打开调查问卷页面（survey.html）。继续编辑 index.js 文件，在其中调用 window.open()方法，完成新窗口的打开操作。关键代码如下：

```
survey.onclick=function(){
    window.open ("survey.html");
}
```

能力提升

1. DOM 节点的 appendChild()方法和 insertBefore()方法

调查问卷在本任务中始终出现在页面底端，如果要将其放在页面的顶端，使用 appendChild()方法难以达到理想效果，可以改为使用 insertBefore()方法。关键代码如下：

```
//document.body.appendChild(survey);
document.body.insertBefore(survey,document.body.container);
```

2. DOM 节点的 innerHTML、outerHTML 和 innerText 属性

给定 HTML 结构的代码示例如下：

```
<div id="test">
    <span style="color:red">
        test1
    </span>
    test2
</div>
```

在 JavaScript 中可以使用 innerHTML 来获取元素内部的全部 HTML 内容。例如，示例代码中 test.innerHTML 的值是“<span style="color:red">test1< /span> test2”，innerText 可以获取元素内部的全部文本内容。test.innerText 的值是“test1 test2”, 其中<span>标签被去除了。outerHTML 属性可以获取元素的全部 HTML 内容。例如，示例代码中 test.outerHTML 的值为“<div id="test">< span style="color:red"> test1</span> test2</div>”。

innerHTML 属性是符合 W3C 标准的属性，而 innerText 属性只适用于 IE 浏览器，因此应尽可能地使用 innerHTML 属性，少用 innerText 属性。如果要输出不含 HTML 标签的内容，可以使用 innerHTML 属性取得包含 HTML 标签的内容后，再用正则表达式去除 HTML 标签。

图 4-3-3　优化后的调查问卷按钮

若要将“调查问卷”按钮的文本效果设置为如图 4-3-3 所示的效果，需要将按钮的 innerHTML 属性做如下修改：

```
//survey.innerHTML="调查问卷";
survey.innerHTML="<span>调</span>查问<span>卷</span>";
```

再利用 styleSheet 对象中的 insertRule()方法在样式表中添加 span 元素的样式效果，关键代码如下：

```
document.styleSheets[0].insertRule('span {color:white}', 0);
```

3. with 语句的用法

with 语句的作用就是引用对象，并对该对象上的属性进行操作。定义 with 语句的目的主要是简化多次编写同一个对象的工作。例如，“调查问卷”按钮的样式设置时使用 with 语句关联了 survey.style 对象，在 with 语句代码块中首先会查询 survey.style 对象中是否有同名的属性，如果发现了同名属性，则以 survey.style 对象属性的值作为变量的值。

with 语句的另一个重要作用就是延长作用域链。通常，内部环境可以通过作用域链访

问所有的外部环境，而外部环境不能访问内部环境中的任何变量和函数。但是当执行环境中使用了 with 语句，相当于在作用域链的前端临时增加了一个变量对象。示例如下：

```
var Person = {
  name: 'Bob',
};
function Run () {
  with (Person) {
    name = 'Tom',
    var age = 12
  }
console.log(Person.name); // Tom
console.log(age);        //12
console.log(Person.age);  // undefined
}
Run();
console.log(Person.name); // Tom
console.log(age);        // 程序报错
console.log(Person.age);  // undefined
```

上面的代码中， with 语句先查询 Person 对象中是否有同名的属性，如果发现了同名属性，则以 Person 对象属性的值作为变量的值。那些在 Person 对象不存在同名属性的变量，由于 with 语句块中作用域的“变量对象”是只读的，因此不能存储标识符，只能存储在其上一层，这样就造成了作用域的延长。

由于 Person 对象中定义了 name 属性，所以在 with 语句的作用下，name 属性的值被修改，不论是在函数执行环境下还是在全局执行环境下都能读取到更改过的 Person.name 值。

又由于 Person 对象中没有定义 age 属性，所以在 with 语句中无法为 Person 对象添加这一属性，所以无论在全局执行环境还是函数执行环境下，Person.age 这一属性都会显示 undefined。

同样地，因为 with 语句不能存储标识符，所以 age 变量只能存储在 with 语句作用域的上一层，即 age 变量的作用域延长到了函数执行环境下，因此能在函数执行环境下读取到变量 age 的值为 12，但在全局执行环境下则会报出 age 变量未定义的错误。尝试访问未声明的变量会报错，而尝试访问不存在的属性则不会报错，只会显示 undefined。

任务二　随机出现的按钮

任务描述

“调查问卷”按钮如果固定在页面的末尾位置上比较容易被忽略，如果能够在页面上随机出现，则更加生动有趣。调用 JavaScript 中的 Math 对象和计时器可以实现按钮位置的随机调整。

知识准备

1. window 对象

window 对象表示浏览器窗口。所有 JavaScript 全局对象、函数及变量均自动成为 window 对象的成员。全局变量是 window 对象的属性，全局函数是 window 对象的方法。所有的表达式都在当前的环境中计算。也就是说，要引用当前窗口根本不需要特殊的语法，可以把该窗口的属性当作全局变量来使用。例如，应用 document 对象时可以只写 document，而不必写 window.document。

定义全局变量与在 window 对象上直接定义属性并不完全相同。直接定义的全局变量不能通过 delete 操作符删除，而在 window 对象上定义的属性则可以，如下例所示：

```
var num=11;
window.str="hello!";
delete window.num;          //删除全局变量 num
delete window.str;              //删除全局变量 str
console.log(window.num);     //11,表明未删除成功
console.log(window.str);     //undefined,表明删除成功
```

1）浏览器窗口间的关系

如果页面中包含框架，则每个框架都拥有自己的 window 对象，并且保存在 frames 集合中。每个 window 对象都有一个 name 属性，包含了框架的名称。window 对象中的 top 属性始终指向最外层的框架，也就是浏览器窗口。而 parent 属性则始终指向当前框架的直接上层框架。在实际应用场合中，parent 常常与 top 一样指向浏览器窗口，但是如果框架中包含了其他框架，二者则不一定相同。

2）浏览器窗口的大小及缩放

用来确定和修改 window 对象大小的属性与方法有很多，不同浏览器支持不同的窗口大小属性，window 对象中与浏览器窗口大小有关的属性主要包括以下几个。

- innerHeight：返回可见窗口的高度。
- innerWidth：返回可见窗口的宽度。
- outerHeight：返回窗口本身的高度，包括工具栏和滚动条。
- outerWidth：返回窗口本身的宽度，包括工具栏和滚动条。

- document.documentElement.clientHeight：返回可见窗口的高度。
- document.documentElement.clientWidth：返回可见窗口的宽度。
- document.body.clientHeight：返回页面渲染后布局窗口的高度。
- document.body.clientWidth：返回页面渲染后布局窗口的宽度。

使用 resizeTo()方法和 resizeBy()方法可以将窗口调整到一个指定的大小尺寸。这两个方法都接收两个参数，其中 resizeTo()方法接收的是浏览器窗口的新高度和新宽度，而 resize By()方法接收的是新窗口与原窗口在高度和宽度上的差值。

3）浏览器窗口的位置及移动

用来确定和修改 window 对象位置的属性和方法有很多，不同浏览器支持不同的窗口位置属性，window 对象中与浏览器窗口位置有关的属性主要包括以下几个。

- screenLeft：窗口相对于屏幕左边的位置。
- screenTop：窗口相对于屏幕顶部的位置。
- screenX：窗口相对于屏幕左边的位置。
- screenY：窗口相对于屏幕顶部的位置。

使用 moveTo()方法和 moveBy()方法可以将窗口精确地移动到一个新位置。这两个方法都接收两个参数，其中 moveTo()方法接收的是新位置的 x 和 y 坐标，而 moveBy()方法接收的是在水平和垂直方向上移动的像素数。

需要注意的是，许多新的浏览器都禁用了重新调整窗口大小和移动窗口位置的方法，即使用，这几个方法也只有最外层的 window 对象可用，对于框架集不适用。

4）浏览器窗口的打开和关闭

使用 window.open()方法可以导航到一个特定的 URL，也可以打开一个新的浏览器窗口。其语法格式如下：

```
open(url,windowName,"name1= value1[,name2 = value2,[…]]")
```

只有第一个参数是必需的，这个参数接收要加载的 URL 地址。第二个参数为可选参数，表示目标窗口，可以是用户自定义的窗口名或框架名，也可以是特定的窗口名（_self、_parent、_top），如果不能存在参数所指的自定义窗口名称，则会按照传参新建一个同名窗口。第三个参数也是可选参数，是一组窗口对象的属性字符串，属性字符串中的各个属性之间用逗号隔开。通常当第二个参数传递的不是一个已经存在的窗口或框架名时，open()方法就会根据第三个参数来设置新窗口的属性。示例如下：

```
//新建指向 left.html 的窗口,设置窗口属性
var newwin=window.open("left.html","newwindow","width=300,height=40,top=50,
left=50,resizable=yes");
```

```
newwin.resizeTo(300,300);       //调整大小
newwin.moveTo(100,100);      //调整位置
newwin.close();              //关闭窗口
```

默认情况，浏览器不允许针对主窗口进行位置移动和大小调整，但是如果窗口是通过window.open()方法创建的，则通过某些设置该窗口是可以进行位置移动和大小调整的。另外，window.close()方法用于关闭打开的窗口，但是该方法无法关闭浏览器的主窗口，只能关闭由 window.open()方法打开的窗口。

2. 弹出对话框方法

浏览器通过 alert()、confirm()、promp()方法可以调用系统对话框向用户显示消息。这三个方法也都是 window 对象的方法。对话框的外观是由操作系统或浏览器设置决定的，无法由 CSS 决定。显示对话框的时候代码会停止执行，而关掉对话框后代码又会恢复执行。例如，使用上述三种对话框，实现对用户姓名的问询，关键代码如下：

```
if(confirm("请问尊姓大名?")){
    var result=prompt("请输入姓名:","Tom");
    if(result){
        alert("你好啊! "+result);
    }
}
else{
    alert("您无权访问本资源!");
}
```

1）alert()警告对话框

alert()方法用于接收一个字符串参数，并将该字符串以对话框的形式显示给用户，其中包含一段特定文本和一个“确定”按钮，如图 4-3-4 所示。

图 4-3-4　警告对话框

2）confirm()选择对话框

confirm()方法用于接收一个字符串参数，并将该字符串以对话框的形式显示给用户，以便用户做出选择。其中包含一段特定文本和两个按钮，一个“确定”按钮和一个“取消”按钮，如图 4-3-5 所示。

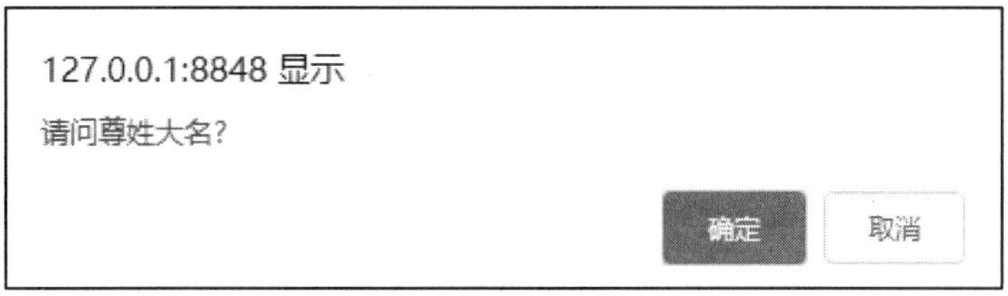

127.0.0.1:8848 显示

请问尊姓大名?

确定 取消

图 4-3-5 选择对话框

3）prompt()输入对话框

prompt()方法用于接收两个字符串参数，第一个参数是必需的，主要用来显示提示信息；第二个参数是可选的，用作文本输入框的默认值，该对话框用于提示用户输入一些文本。其中包含一段特定文本、一个输入框和两个按钮，分别是一个“确定”按钮和一个“取消”按钮，如图 4-3-6 所示。

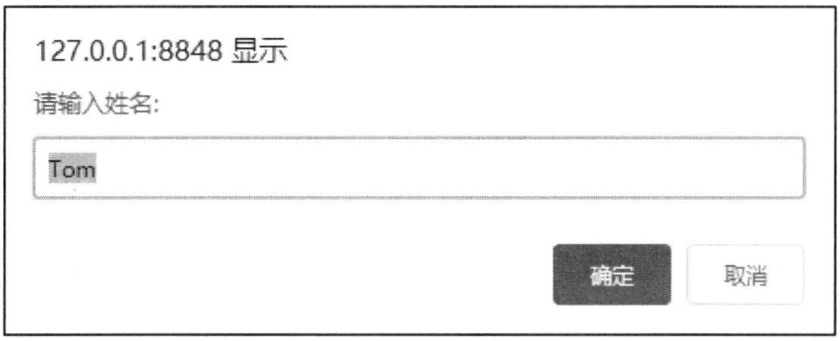

127.0.0.1:8848 显示

请输入姓名:

Tom

确定 取消

图 4-3-6 输入对话框

3. 定时器和计时器

window 对象中有一个 setTimeout()方法，可以等待一段时间后执行指定的代码，因此被称为定时器。除此以外，window 对象中还有一个 setInterval()方法，可以每间隔一段时间执行指定的操作，因此被称为计时器。

1）启动定时器 setTimeout()

setTimeout()方法接收两个参数，分别是要执行的代码和需要等待的时间。其语法格式如下：

```
setTimeout(函数, 等待时间);
```

其中，等待时间以毫秒为单位，示例如下：

```
timer1= setTimeout(function(){
      console.log(Math.random());
},1000);//使用匿名函数
function fun(){
      console.log(Math.random());
}
```

```
timer2= setTimeout(fun,1000); //调用自定义函数
```

JavaScript 是单线程语言，一段时间内只能执行一段代码，为了控制代码的执行，JavaScript 中有一个任务队列，所有任务都按照任务队列里的顺序执行。setTimeout 里的第二个参数指的是将任务添加到队列的等待时间，并不是代码执行的等待时间。因为如果当前任务队列是空的，那么添加到队列后，该段代码会立即被执行；但如果当前任务队列不为空，则它要等前面代码执行完成后才能被执行。

2）停止定时器 clearTimeout()

每次调用该方法都会返回一个数值 ID，这个 ID 是定时器的唯一身份标识。要取消尚未执行的定时器代码，可以调用 clearTimeout()，然后将相应的数值 ID 作为参数传递过去，其示例如下：

```
timer2= setTimeout(fun,1000);
clearTimeout(timer2);
```

3）启动计时器 setInterval()

计时器与定时器类似，只是它会按照指定的时间间隔重复执行一段代码，直至计时器被取消为止。setInterval()方法接收两个参数，分别是要执行的代码和需要间隔的时间。其语法格式如下：

```
setInterval(函数，间隔时间);
```

每次调用 setInterval()方法同样也会返回一个数值 ID，该 ID 可以用于取消计时器。但是如果同一个 setInterval()方法被多次执行，就会导致多个相同的计时器在一起工作。从使用者的角度来看，会感觉执行操作的时间间隔变短了。示例如下：

```
var nowleft=0;
startBtn.onclick = function(){
      //设置计时器
      timer = setInterval(function(){
           nowleft += 2;
           oDiv.style.left = nowleft + "px";
      }, 20);
 }
```

4）停止计时器 clearInterval()

要取消尚未执行的计时器代码，可以调用 clearInterval ()方法，然后将相应的数值 ID 作为参数传递过去，其示例如下：

```
timer2= setInterval(fun,1000);
clearInterval(timer2);
```

该方法还可以解决计时器同时工作而带来的时间间隔变短的问题，只需要每次在启动计时器之前先执行一次停止计时的操作即可。对上例中的代码做如下修改：

```
    startBtn.onclick = function(){
        clearInterval(timer); //先停再开
        //设置定时器
        timer = setInterval(function(){
            nowleft += 2;
            oDiv.style.left = nowleft + "px";
        }, 20);
    }
```

4. Math 对象

Math 对象用于执行数学运算。Math 对象不能用 new 关键字创建实例，而是直接通过 Math 调用其属性和方法。使用 Math 对象的语法格式如下：

```
var pi_value=Math.PI;
var sqrt_value=Math.sqrt(15);
```

注意：Math 对象并不像 Date 和 String 那样是对象的类，因此没有构造函数 Math()。它不需要被创建，直接将 Math 作为对象使用就可以调用其所有的属性和方法。

1）Math 对象的属性

Math 对象的常用属性主要是一些常用于科学计算的常量，如表 4-3-1 所示。

表 4-3-1 Math 对象的常用属性

属　性	描　述
E	返回算术常量 e，即自然对数的底数（约等于 2.718）
LN2	返回 2 的自然对数（约等于 0.693）
LN10	返回 10 的自然对数（约等于 2.302）
LOG2E	返回以 2 为底的 e 的对数（约等于 1.414）
LOG10E	返回以 10 为底的 e 的对数（约等于 0.434）
PI	返回圆周率（约等于 3.14159）
SQRT1_2	返回 2 的平方根的倒数（约等于 0.707）
SQRT2	返回 2 的平方根（约等于 1.414）

2）Math 对象的常用方法

Math 对象的常用方法包含了一些科学计算中的常用运算规则，包括求绝对值、四舍五入等，如表 4-3-2 所示。

表 4-3-2 Math 对象的常用方法

方　法	描　述
abs(x)	返回数的绝对值
acos(x)	返回数的反余弦值
asin(x)	返回数的反正弦值

续表

方　法	描　述
atan(x)	以介于-PI/2 与 PI/2 弧度之间的数值返回 x 的反正切值
atan2(y,x)	返回从 x 轴到点（x，y）的角度（介于-PI/2 与 PI/2 弧度之间）
ceil(x)	对数进行上舍入
cos(x)	返回数的余弦
exp(x)	返回 e 的指数
floor(x)	对数进行下舍入
log(x)	返回数的自然对数（底为 e）
max(x,y)	返回 x 和 y 中的最高值
min(x,y)	返回 x 和 y 中的最低值
pow(x,y)	返回 x 的 y 次幂
random()	返回 0～1 的随机数
round(x)	把数四舍五入为最接近的整数
sin(x)	返回数的正弦
sqrt(x)	返回数的平方根
tan(x)	返回角的正切
toSource()	返回该对象的源代码
valueOf()	返回 Math 对象的原始值

任务实现

1. 产生在固定范围内的随机数

编辑 index.js 文件，定义一个 random 函数，用于产生一个[min,max]之间的随机整数，在这个函数中需要用到多个 Math 对象中的方法。Math.random()方法可以生成一个 0～1 的随机小数，取值范围为[0,1)。Math.random()*(max−min)可以得到一个 0～（max−min）的小数，取值范围为[0,max−min)。对上述结果使用 Math.round()方法可以把小数四舍五入为整数，其取值范围为[0,max−min]。将新的结果与 min 相加，就得到一个取值范围在[min,max]的随机整数。

关键代码如下：

```
function random(min,max){
    return min+Math.round(Math.random()*(max-min));
}
```

2. 产生按钮的随机坐标

“调查问卷”按钮的随机坐标必须在页面范围之内。因此按钮的右边界在水平方向上不能超出页面宽度，按钮的下边界在垂直方向上不能超出页面高度。将两个随机产生的坐标值通过 JavaScript 脚本添加到按钮的 style 样式设置代码中。

关键代码如下：

```
function position(){
    var left=random(0,document.body.clientWidth-100);//水平方向不能超过边界
    var top=random(0,document.body.clientHeight-100);//垂直方向不能超过边界
    survey.style.cssText+="top:"+top+"px;left:"+left+"px";//更新按钮的坐标
信息
}
```

完成上述设置后，增加一行调用 position()函数的语句进行页面测试，可以看到按钮的位置并没有发生改变。left、top 属性只有在 position 属性值为 absolute 的情况下才能生效，因此需要对刚才的代码进行修改：

```
function position(){
    var left=random(0,document.body.clientWidth-100);//水平方向不能超过边界
    var top=random(0,document.body.clientHeight-100);//垂直方向不能超过边界
    survey.style.cssText+="top:"+top+"px;left:"+left+"px;";//更新按钮的坐标信息
    survey.style.cssText+="position:absolute;";//position 属性值为 absolute
}
```

3. 启动定时器

position()函数可以用于产生随机位置，但是只有每隔一定时间就调用该函数一次，按钮位置才能不断地变换。在此，通过 window 对象中的 setInterval()方法进行启动计时器，每隔两秒调用一次 position()函数，真正实现“调查问卷”按钮的随机出现。关键代码如下：

```
setInterval(position,2000);
```

能力提升

JavaScript 中 String 对象用于存储一个字符串，并且提供处理字符串需要的属性和方法。

1. String 对象的申明

```
var myString="abc";//隐式声明
var myString2=new String("abc");//显式声明
```

显式与隐式创建字符串真正的区别是，如果要重复使用同样的字符串，显式地创建字符串有更高的效率。显式地创建字符串，还有利于 JavaScript 解释器混淆数字和字符串。

2. length 属性

String 对象的 length 属性可返回字符串的长度。其语法形式如下：

```
var x = "Javascript 程序设计";
alert(x.length) ;  // 返回 14
```

3. indexOf()方法

JavaScript 字符串是由字符组成的。这些字符的每一个都有一个索引。这个索引是从 0 开始的，所以第一个位置的索引是 0；第二个是 1，以此类推。indexOf()方法用于查找并返回子字符串起始的索引位置，如果查找的元素不存在，就返回−1，否则返回这个字符所在的索引。其语法格式如下：

```
string.indexof(str)
```

其中，str 为要查找的子字符串。

4. substring()方法

substring()方法用于提取字符串中两个指定的索引号之间的字符。其基本语法格式为：

```
str..substring(start,stop)
```

表示从 start 开始（包括 start）到 stop 结束（不包括 stop）为止的所有字符。可以只提供 start，那就是从那个下标开始往后的所有字符。两个参数的值都不可以为负数。但参数位置可以互换。

5. substr()方法

substr()方法用于从起始索引号提取字符串中指定数目的字符。其基本语法格式为：

```
str.substr(start,length)
```

表示从 start（包括 start）处开始的 length 个字符。如果没有指定 length，那么返回的字符串包含从 start 到结尾的字符。start 可以为负数，−1 表示从最后一个字符往前算。length 不可以为负数。

6. slice()方法

slice()方法用于提取字符串的片断，并在新的字符串中返回被提取的部分。其基本语法格式为：

```
str. slice(start,end)
```

表示从 start 开始（包括 start）到 end 结束（不包括 end）为止的所有字符。可以只提供 start，那就是从那个下标开始往后的所有字符。两个参数的值都可以为负数，但参数位置不能互换，−1 表示最后一个字符。

7. 其他方法

String 对象中除了前面所述的几个方法，还包括很多用于字符串处理的其他方法，如表 4-3-3 所示。

表 4-3-3 String 对象的其他属性和方法

方 法	描 述
charAt()	返回指定位置的字符
charCodeAt()	返回指定位置的字符的 Unicode 编码
concat()	连接两个或更多字符串，并返回新的字符串
fromCharCode()	将 Unicode 编码转为字符
includes()	查找字符串中是否包含指定的子字符串
lastIndexOf()	从后向前搜索字符串，并从起始位置（0）开始计算返回字符串最后出现的位置
match()	查找一个或多个正则表达式的匹配
repeat()	复制字符串指定次数，并将它们连接在一起返回
replace()	在字符串中查找匹配的子字符串，并替换与正则表达式匹配的子字符串
search()	查找与正则表达式相匹配的值
split()	把字符串分割为字符串数组
startsWith()	查看字符串是否以指定的子字符串开头
toLowerCase()	把字符串转换为小写
toUpperCase()	把字符串转换为大写
trim()	去除字符串两边的空白
valueOf()	返回某个字符串对象的原始值
toString()	返回一个字符串

项目四　实现首页“音频播放”按钮

诗歌朗诵是表现唐诗宋词之美的绝佳手段。网站首页上精选了几首唐诗、宋词和元曲，每一首都配有诗歌朗诵音频，带领浏览者一同感受诗词的音韵美、意境美和情感美。

任务一　创建“音频播放”按钮

任务描述

通过 JavaScrip 动态创建“音频播放”按钮，如图 4-4-1 所示。

图 4-4-1　“音频播放”按钮

知识准备

1. 数组（Array）对象

ECMAScript 中的数组与其他语言中的数组有较大区别，ECMAScript 中的数组的每一项可以保存任何类型的数据。而且数组的大小是可以动态调整的，即可以随着数据的添加自动增长以容纳新增数据。

1）Array 对象的创建

创建数组的基本方法有两种，第一种方法是使用构造函数，其语法格式如下：

```
var arrObj = new Array();
var arrObj = new Array(size);
var arrObj = new Array(element0, element1,..., elementn);
```

从以上代码中可以看出，如果预先知道数组的长度，可以给构造函数传递长度值。如果预先知道数组中要保存的数据项，可以将各个数据项作为参数传入构造函数。

第二种方法是使用数组字面量的表示法，用逗号分隔各个数据项，并且整个集合用方括号包裹起来，如下例所示：

```
var arrObj=[];                    //创建一个空数组
var arrObj=[5];                   //创建一个仅包含 1 个数据项的数组,数据项的值为数字 5
var arrObj = ["zs",123,"li",3.5];  //创建一个包含 4 个数据项的数组
```

2）Array 对象的访问

数组中有一个重要的属性 length，表示数组内数据项的个数，即数组的长度。访问数组元素采用下标方式，数组的下标从 0 开始，到 length-1 结束。如果访问时使用的下标超过 length-1，返回的值为 undefined。如果设置某个值的索引超过数组现有的项目数，数组会自动增加到该索引值加 1 的长度，新增的项目如果没有赋值，则其值为 undefined，如下所示：

```
var arrObj = ["zs",123,"li",3.5];        //定义一个长度为 4 的数组
console.log(arrObj[0]);                 //显示第一个数据项
arrObj[2]="young";                    //修改第三个数据项
console.log(arrObj[4]);                 //undefined
arrObj[5]=false;                        //添加第六个数据项
console.log(arrObj[4]);                 //undefined
```

3）Array 对象的属性

Array 对象的常用属性如表 4-4-1 所示。

表 4-4-1　Array 对象的常用属性

类　别	方　法	描　述
栈方法	push()	向数组的末尾添加一个或更多元素，并返回新的长度
	pop()	删除并返回数组的最后一个元素，修改数组长度，返回被删除的元素
队列方法	unshift()	向数组的开头添加一个或更多元素，并返回新的长度
	shift()	删除并返回数组的第一个元素，修改数组长度，返回被删除的元素
排序方法	reverse()	颠倒数组中元素的顺序
	sort()	对数组的元素进行排序
操作方法	slice()	从某个已有的数组返回选定的连续元素，将产生的结果以副本形式返回
	concat()	连接两个或更多的数组，并将产生的结果以副本形式返回
	splice()	向数组中任意位置删除、插入或者替换若干元素
字符串方法	toString()	把数组转换为字符串，并返回结果
	join()	把数组的所有元素放入一个字符串。元素通过指定的分隔符进行分隔
位置方法	indexOf()	从数组开头的位置向后查找，返回查找项在数组中的位置，若没找到返回-1
	lastIndexOf()	从数组末尾的位置向前查找，返回查找项在数组中的位置，若没找到返回-1
迭代方法	every()	对数组中的所有元素运行给定函数，如果该函数对每一项都返回 true，则返回 true
	some()	对数组中的所有元素运行给定函数，如果该函数对任一项返回 true，则返回 true
	filter()	对数组中的所有元素运行给定函数，返回该函数会返回 true 的项目组成的新数组
	forEach()	对数组中的所有元素运行给定函数，该方法没有返回值
	map()	对数组中的所有元素运行给定函数，返回每次函数调用的结果组成的新数组

4）二维数组的定义和访问

数组元素本身又是一个数组，即数组的数组，称为二维数组。示例如下：

```
var citys = new Array();
citys[0] = newArray('SHA','上海','SHANGHAI','SH');
citys[1] = newArray('HYN','黄岩','HUANGYAN','HY');
citys[2] = newArray('HGH','杭州','HANGZHOU','HZ');
```

其中，citys 为二维数组，使用“数组变量名[子数组索引号][子数组中的元素索引号]”定义。二维数组也可以采用下面简单的形式定义：

```
var citys = [['SHA', '上海','SHANGHAI', 'SH'], ['HYN', '黄岩', 'HUANGYAN',
'HY'], ['HGH', '杭州','HANGZHOU', 'HZ']];
```

2. 对象的创建

ECMAscript 将对象定义为无序属性的集合，其属性可以包含基本的数据类型、对象或者函数。每个对象都基于一个引用类型创建，创建对象最基本的方法有很多种。

1）Object 构造器

使用 Object 构造器就是创建一个 Object 的实例，然后再为它添加属性和方法，示例如下所示：

```
var person = new Object();
    person.name = "binbin";
    person.gender = "男";
    person.sayName = function(){
        alert(this.name);
}
```

上面的例子创建了一个名为 person 的对象，并为它添加了三个属性和一个方法。其中 sayName()方法用于显示 name 属性，this.name 将被解析为 person.name。

2）对象字面量

使用字面量的方法就是通过键值对的形式来创建一个对象，例如，创建一个 person 对象，示例如下所示：

```
var person = {
    name:"binbin",
    gender:v,
    sayName:function(){
        alert(this.name);
    }
}
```

虽然 Object 构造器或者对象字面量的方法都可以用来创建对象，但是当使用同一个接口创建很多对象时，会产生大量的重复代码。

3）工厂模式

工厂模式抽象了创建具体对象的过程，在 ECMAscript 中用函数来封装以特定接口创建对象的细节，示例如下所示：

```
function createPerson(name, gender){
    var o = new Object();
    o.name = name;
    o.gender = gender;
    o.sayName = function(){
        alert(this.name);
    };
    return o;
}
var person1 = createPerson("binbin", "男");
var person2 = createPerson("young", "女");
```

函数 createPerson()能够根据接收的参数来构建一个包含所有必要信息的 Person 对象。可以多次调用这个函数，每次都会返回一个包含三个属性和一个方法的对象。工厂模式虽然解决了创建多个相似对象的问题，但是没有解决对象识别的问题，即怎么样知道这是哪个对象类型的。

4）构造函数模式

ECMAscript 中有许多原生构造函数，可以创建 Array 和 Object 这样的对象。用户也可以自定义构造函数，从而创建自定义对象，并在其中定义该对象的属性和方法。示例如下所示：

```
function Person(name, gender){
    this.name = name;
    this.gender = gender;
    this.sayName = function(){
        alert(this.name);
    };
}
var person3 = new Person("binbin", "男");
var person4 = new Person("young", "女");
```

在这个例子中，Person()函数取代了 createPerson()函数，并且 Person()函数作为构造函数被调用，所以在实例化时使用了关键字 new，同时该函数首字母大写。此外，Person()与 createPerson()内部也有许多不同，没有显式地创建对象，也没有直接将属性和方法赋值给 this 对象，还没有 return 语句。

使用自定义构造函数来创建对象，意味着可以将对象标识为一种特定的类型，而这正是构造函数模式胜过工厂模式的地方。示例如下：

```
console.log("person1 的类型是:"+person1.constructor.name);//Object
console.log("person2 的类型是:"+person2.constructor.name);//Object
console.log("person3 的类型是:"+person3.constructor.name);//Person
console.log("person4 的类型是:"+person4.constructor.name);//Person
```

任务实现

1. 界面设计

在编辑器 HBuilder 中打开项目，在左侧项目管理器中双击首页文件 index.html，为每一首精选诗词的标题添加 id 属性（从左往右一共 4 首，属性值分别对应 poem0 至 poem3）。

以第一首为例，其关键 HTML 结构代码如下：

```
<article>
    <h3 id="poem0">静夜思</h3>
    <h5>——唐&middot;李白</h5>
    <p>床前明月光，</p>
    <p>疑是地上霜。</p>
```

```
    <p>举头望明月，</p>
    <p>低头思故乡。</p>
</article>
```

编辑 style.css 文件，使用:after 选择器，在每首诗的标题后面插入图片，试用图片文件夹中的 music.jpg 图片作为“音频播放”按钮的图片。

关键 CSS 代码如下：

```
section h3:after{
    content: url(../img/music.jpg);
}
```

2. 创建 audio 元素

编辑 index.js 文件，由于首页上播放诗歌朗诵时需要用到 audio 元素，而且由于每次只播放一首诗歌，所以只需要创建一个 audio 元素即可。创建完成后，将其添加到<body>标签内部。

关键代码如下：

```
var poem=document.createElement("audio");
document.body.appendChild(poem);
```

3. 获取音频文件路径信息

继续编辑 index.js 文件，将 4 个音频文件的路径信息按顺序保存到数组中以备后用。

关键代码如下：

```
var urlArray=["media/jys.mp3","media/cx.mp3","media/hxs.mp3","media/tjs.mp3"];
```

能力提升

1. 事件流

所谓事件流，也可理解为事件的轨迹。一般地，将事件流分为三个阶段：捕获阶段、目标阶段和冒泡阶段。

1）捕获阶段

捕获阶段处于事件流的第一阶段，该阶段的主要目的是捕获截取事件。在 DOM 中，该阶段始于 document，结束于 body。在现在的很多高版本浏览器中，该过程结束于目标元素，但不执行目标元素。捕获阶段处理流程如图 4-4-2 所示。

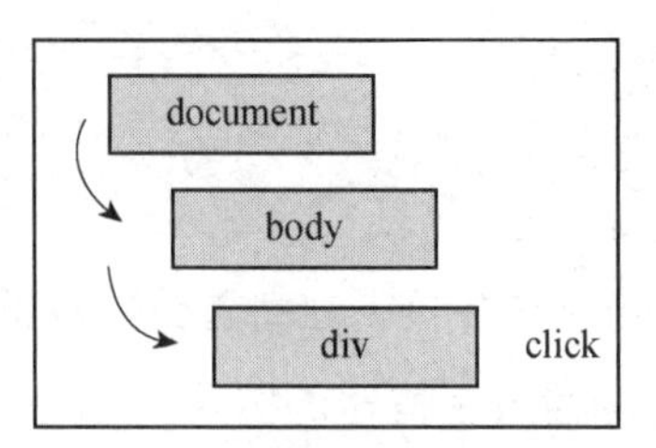

图 4-4-2 捕获阶段处理流程

2）目标阶段

目标阶段处于事件流的第二阶段，该阶段的主要目的是执行绑定事件。一般地，该阶段具有双重范围，即捕获阶段的结束、冒泡阶段的开始。

3）冒泡阶段

冒泡阶段处于事件流的第三阶段，该阶段的主要目的是将目标元素绑定事件执行的结果返回给浏览器，处理不同浏览器之间的差异主要在该阶段完成。冒泡阶段处理流程如图 4-4-3 所示。

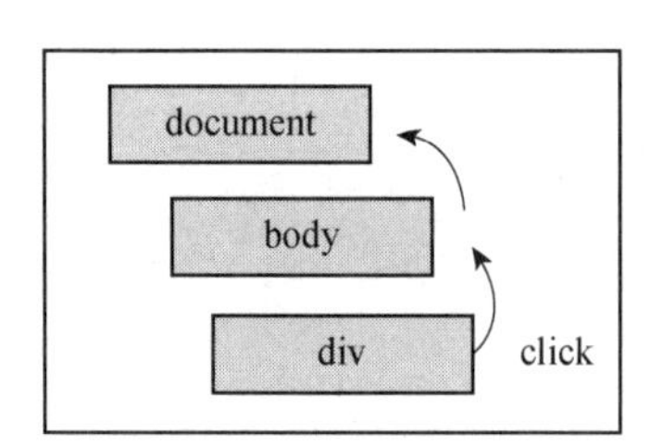

图 4-4-3 冒泡阶段处理流程

2. DOM2 级事件处理程序

DOM2 级标准是在 DOM1 级标准的基础上扩充了鼠标和用户界面事件，而且通过对象接口增加了对 CSS 样式的支持。由于 DOM1 级的目标主要是映射文档结构，DOM2 级的目标比它要宽泛得多，因此在事件处理程序中往往忽略 DOM1 级，直接讨论 DOM2 级。

前面介绍的 DOM0 级事件处理程序，虽然它很好地解决了 HTML 和 JavaScript 代码强耦合的问题，但是 DOM0 只可以为一个元素添加一个事件处理程序，前面的事件处理程序会被后面的覆盖。DOM2 级事件可以为一个元素添加多个事件处理程序，且不会被覆盖。DOM2 定义了两个方法来为目标元素绑定和解除事件，分别是绑定事件处理程序 addEventListener()和解除事件处理程序 removeEventListener()。所有节点中都包含这两个方法，并且它们都接收 3 个参数：要处理的事件名、事件处理程序和一个布尔值。布尔值为 true 表示在捕获阶段进行，布尔值为 false 表示在冒泡阶段进行。

1）addEventListener()方法

绑定事件处理程序其语法格式如下：

```
addEventListener("eventType",handler,true|false);
```

其中，布尔值可以默认，表示事件处理程序在冒泡阶段进行。示例如下：

```
var btn = document.getElementById("myBtn");
//表示按钮单击操作处理事件在冒泡阶段进行
btn.addEventListener("click", function () {
    alert(this.id);
});
```

2）removeEventListener()方法

通过 addEventListener()添加的事件处理程序只能使用 removeEventListener()来移除，移除时传入的参数与添加程序时使用的参数相同解除事件处理程序。因此匿名函数不能通过 removeEventListener()来移除。其语法格式如下：

```
removeEventListener ("eventType",handler,true|false);
```

3. IE 事件处理程序

IE 浏览器提供了两个方法来绑定和卸载事件处理程序：attachEvent()和 detachEvent()。这两个方法均接收两个参数，即事件处理程序名称和事件处理程序函数，并且只支持在冒泡阶段执行。

1）attachEvent()方法

attachEvent()方法为目标按钮添加绑定事件。其语法格式如下：

```
attachEvent("eventType","handler")
```

2）detachEvent()方法

detachEvent()方法为目标元素移除事件处理程序。与 removeEventListener()相同，匿名事件处理程序是不能被移除的。其语法格式如下：

```
detachEvent("eventType","handler")
```

任务二　播放诗歌朗诵

任务描述

浏览者单击诗名旁边的蓝色“音频播放”按钮，就可以打开并播放与之相对应的诵读音频。

知识准备

1. 事件（event）对象

event 对象代表事件的状态，比如事件发生时元素、键盘按键、鼠标指针的位置、鼠标按钮的状态。在触发事件的函数中我们会接收到一个 event 对象，通过该对象我们获取需要的一些参数。DOM 事件模型中，event 对象以函数参数的形式传入。IE 事件模型中，event 对象作为 window 对象的属性，通过 window.event 获取。为此通用的事件处理函数常写为如下形式：

```
function  EventHandler(ev){
    vare = ev||window.event;
    // 事件处理程序
}
```

1）DOM event 对象

DOM 事件模型事件对象有如下常用属性。

screenX/screenY：返回当事件被触发时鼠标指针相对于显示器的水平坐标或垂直坐标。

pageX/pageY：返回当事件被触发时光标相对于该网页的水平或垂直坐标。

clientX/clientY：返回当事件被触发时光标相对于该网页的水平或垂直坐标（当前可视区域）。

currentTarget：返回其事件监听器触发该事件的元素。

target：返回触发此事件的元素。

cancelBubble：返回布尔值，指示事件是否拥有可取消的默认动作。

type：返回当前 event 对象表示的事件名称。

button：返回当事件被触发时被单击的鼠标按钮。

which：对于 onkeypress 事件，返回被敲击按键的字符代码。对于 onkeydown 和 onkeyup 事件，返回被敲击按键的键盘代码。

keyCode：对于 keypress 事件，返回被敲击按键的字符代码。对于 keydown 和 keyup 事件，返回被敲击按键的键盘代码。

2）IE event 对象

IE 事件对象有如下常用属性。

screenX/screenY：当事件被触发时，返回鼠标指针相对于显示器的水平坐标或垂直坐标。

clientX/clientY：当事件被触发时，返回光标相对于该网页的水平或垂直坐标（当前可视区域）。

offsetX/offsetY：返回发生事件地点在事件源元素坐标系统中的 x 坐标和 y 坐标。

x/y：返回事件发生位置的 x 坐标和 y 坐标，它们相对于用 CSS 动态定位的最内层包容元素。

cancelBubble：如果事件句柄想阻止事件传播到包容对象，必须把该属性设为 true。

fromElement：对于 mouseover 和 mouseout 事件，fromElement 引用移出鼠标指针的元素。

srcElement：对于生成事件的 Window 对象、Document 对象或 Element 对象的引用。

toElement：对于 mouseover 和 mouseout 事件，该属性引用移入鼠标指针的元素。

returnValue：如果设置了该属性，它的值比事件句柄的返回值优先级高。把这个属性设置为 fasle，可以取消发生事件的源元素的默认动作。

keyCode：对于 keypress 事件，返回被敲击按键的字符代码。对于 keydown 和 keyup 事件，返回被敲击按键的键盘代码。

3）事件对象的常用方法

IE 的事件处理程序不支持方法，DOM2 级事件处理程序支持的方法如表 4-4-2 所示。

表 4-4-2　DOM2 级事件处理程序支持的方法

方　法	描　述
initEvent()	初始化新创建的 Event 对象的属性
preventDefault()	通知浏览器不要执行与事件关联的默认动作
stopPropagation()	不再派发事件

2. 事件冒泡

事件冒泡的过程类似于气泡从水底开始往上升，由深到浅，升到最上面，在上升的过程中，气泡会经过不同深度层次。相应地，事件从 DOM 树的底层，层层往上传递，直至传递到 DOM 的根节点。当子元素与父元素有相同的事件时，子元素被触发时父元素也会被触发冒泡机制。

设计一个如图 4-4-4 所示的嵌套的 DOM 结构，两个正方形元素嵌套在一起，外层为绿色，内层为黄色。期望当单击子元素时，弹出提示框“关于 child 的事件”；当单击父元素时，弹出提示框“关于 parent 的事件”；当单击空白区域时，弹出提示框“关于 body 的事件”。

图 4-4-4 嵌套的 DOM 结构

关键代码如下。

1）CSS 代码

```
<style type="text/css">
    #parent{
        width: 200px;
        height: 200px;
        background: green;
        text-align: center;
        line-height:50px;
    }
    #child{
        width: 100px;
        height: 100px;
        background: yellow;
        margin: 0 auto;
        line-height: 100px;
    }
</style>
```

2）HMTL 代码

```
<body>
    <div id="parent">
        父元素
        <div id="child"> 子元素</div>
    </div>
</body>
```

3）JavaScript 代码

```
<script>
    var parent=document.getElementById('parent');
    var child=document.getElementById('child');
    document.body.addEventListener('click',function(e){
        alert('关于 body 的事件');
    });
    parent.addEventListener('click',function(e){
        alert('关于 parent 的事件');
    });
    child.addEventListener('click',function(e){
        alert('关于 child 的事件');
```

```
    });
</script>
```

当子元素与父元素有相同的事件时，子元素被触发时父元素也会被触发冒泡机制。在单击内侧子元素的时候，事件会一层层地向上传递。因此，最先弹出的是“关于 child 的事件”，其次是“关于 parent 的事件”，最后还会弹出“关于 body 的事件”。但这并不是想要的理想结果，后两个提示框并不是我们所希望看到的，因此有必要阻止冒泡。

3. 阻止冒泡

不同浏览器阻止冒泡的方式不同。

1）IE 浏览器

```
window.event.cancelBubble = true;
```

2）W3C 浏览器

```
event.stopPropagation()
```

3）浏览器兼容性写法

```
if(event && event.stopPropagation){ // w3c 标准
    event.stopPropagation();
}else{ // IE 系列 IE 678
    event.cancelBubble = true;
}
```

需要在哪个地方阻止冒泡事件，就在哪里添加阻止冒泡的方法；可以将阻止冒泡的方法封装为一个函数，需要的时候直接调用即可。因此，对上例进行修改：

```
<script>
    var parent=document.getElementById('parent');
    var child=document.getElementById('child');
    function stopbuble(event){
        if(event && event.stopPropagation){ // W3C 标准
            event.stopPropagation();
        }else{ // IE 系列 IE 678
        event.cancelBubble = true;
        }
    }
    document.body.addEventListener('click',function(e){
        alert('关于 body 的事件');
    });
    parent.addEventListener('click',function(e){
        stopbuble(e);
        alert('关于 parent 的事件');
    });
    child.addEventListener('click',function(e){
        stopbuble(e);
```

```
            alert('关于 child 的事件');
        });
    </script>
```

再次执行单击内侧子元素，只会弹出一个提示框，即“关于 child 的事件”。这说明成功地阻止了事件冒泡。但是并不是所有的事件都能冒泡，如 blur、focus、load、unload 事件不冒泡。

4. 事件委托

但是有时我们需要利用事件冒泡，把一个或者一组元素的事件委托到它的父层或者更外层元素上，真正绑定事件的是外层元素，当事件响应到需要绑定的元素上时，会通过事件冒泡机制从而触发它的外层元素的绑定事件上，然后在外层元素上去执行函数，这就是事件委托。

由于事件委托特别适合于给一组元素批量进行事件绑定，因此通过事件委托来进行事件绑定可以减少内存的消耗。例如，要实现列表中的全部列表项添加单击事件，弹框显示列表项的内容，关键代码如下：

```
……
<ul>
  <li>itme1</li>
  <li>itme2</li>
  <li>itme3</li>
</ul>
……
<script>
  var obj=document.getElementsByTagName("ul")[0];
  obj.onclick=function(e){
     if(e.target.tagName=="LI"){
          alert(e.target.innerHTML);
     }
}
</script>
```

当某个元素为动态添加元素或伪元素时无法直接为该元素绑定事件，此时可以利用事件委托完成事件绑定。例如，要实现单击按钮新增一个列表项，并且在单击任意列表项时都能弹出列表项内容，只需在上述代码的基础上，再增加按钮单击的事件绑定，关键代码如下：

```
var btn=document.forms[0].btn;
btn.onclick=function(e){
obj.innerHTML+="<li>item"+(obj.childElementCount+1)+"</li>";
}
```

为动态添加的 li 元素绑定事件后的效果，如图 4-4-5 所示。

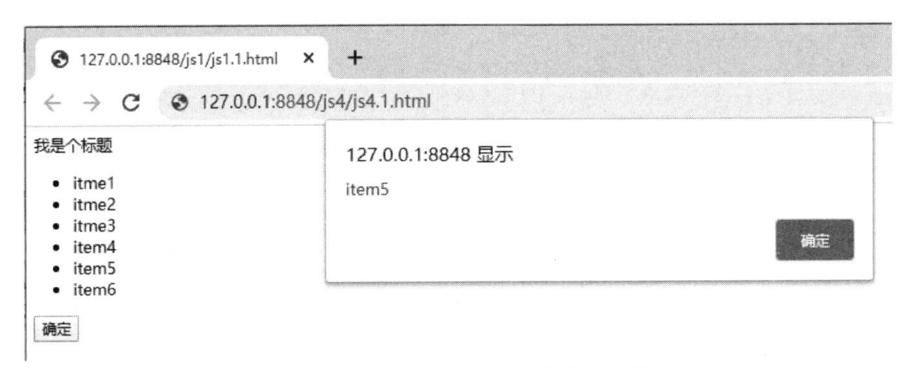

图 4-4-5 利用事件委托实现事件动态绑定

任务实现

1. 获取当前对象

由于“音频播放”按钮是通过伪元素选择器在诗词标题后添加的，而伪元素不是真正的 DOM 元素，不能被 JavaScript 的选择器选择，所以不能直接绑定事件。但是可以利用事件冒泡来解决这个问题。由于“音频播放”按钮隶属于当前页面，按照向上冒泡的原则，一定会触发当前页面的 onclick 事件。而事件对象的 target 属性是指实际触发这个事件的 DOM 对象。因此当单击“音频播放”按钮时，事件对象的 target 属性会指向它所对应的<h3>标签。

关键代码如下：

```
document.body.onclick=function(e){
    var tag=e.target;
    if(tag.tagName=="H3"){//如果单击的是<h3>标题区域（包括“音频播放”按钮区）
        …
    }
    else{//单击页面其他区域
        …
    }
}
```

2. 匹配音频文件

由于诗歌的音频文件按页面上的位置顺序存储在数组 urlArray 中，所以当单击某一诗歌标题区域时，只要获取当前<h3>标签的 id 属性就可以获取音频文件在数组 urlArray 中的存放位置。

关键代码如下：

```
document.body.onclick=function(e){
    var tag=e.target;
```

```
        if(tag.tagName=="H3"){
            var i=tag.id.substr(-1,1);
    //对 id 属性值进行截取操作，从最后一个字符开始截取 1 个字符
        }
    }
```

3. 设置并播放音频文件

音频文件的存放位置匹配成功后，调用设置属性的方法 setAttribute()就可以为 audio 元素设置 src 属性。属性设置完成后，调用 play()方法播放诗歌朗诵的音频。

```
document.body.onclick=function(e){
    var tag=e.target;
    if(tag.tagName=="H3"){
      var i=tag.id.substr(-1,1);
      poem.setAttribute("src",urlArray[i]);//设置 audio 对象的 src 属性
      poem.play();//播放音频
    }
}
```

能力提升

播放诗歌朗诵音频时，如果对应的“音频播放”按钮能够发生颜色或动态变化，则可以带来更好的视觉感受。由于本任务中的“音频播放”按钮是通过伪元素选择器:after 实现的，因此要动态的修改伪元素的效果不能采用常规的操作方法。

直接通过代码在 HTML 中添加样式覆盖之前样式也可以修改播放按钮的图片。虽然功能可以实现，但是不够美观。如果预先添加带伪元素的类名，那么在需要的时候，只需要给 section h3 选择器添加 change 类就可以实现图片内容的替换，效果如图 4-4-6 所示。

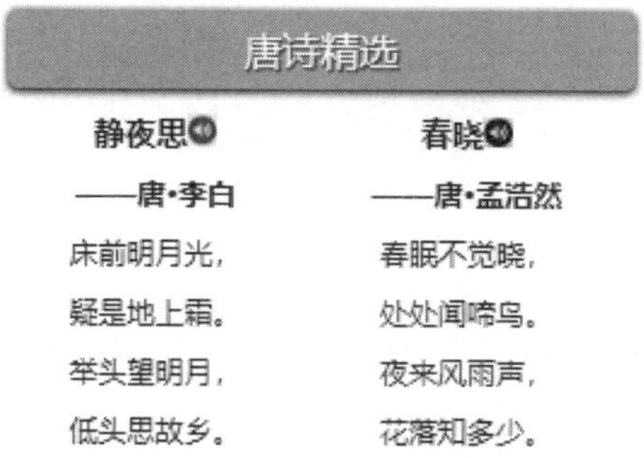

唐诗精选

静夜思	春晓
——唐·李白	——唐·孟浩然
床前明月光，	春眠不觉晓，
疑是地上霜。	处处闻啼鸟。
举头望明月，	夜来风雨声，
低头思故乡。	花落知多少。

图 4-4-6　音频标记播放变化效果

关键代码如下：

```
<style>
    section h3:after{
```

```
        content: url(../img/music.jpg);
  }
      section h3.change.after{
        content: url(../img/music1.jpg);
      }
  </style>
  <script>
      document.body.onclick=function(e){
        var tag=e.target;
        if(tag.tagName=="H3"){
  var i=tag.id.substr(-1,1);
  poem.setAttribute("src",urlArray[i]);//设置 audio 对象的 src 属性
  poem.play();//播放音频
      tag.className+="change";
  }
  }
  </script>
```

如果仅仅进行文本内容上的修改和替换，不涉及图片路径，还可以有一种更加优雅的方法。在 CSS 中，伪元素的 content 是能读取到 data 属性的。首先对 HTML 代码和 CSS 样式作如下修改：

```
  <style>
    section h3:after{
      content: attr(data-audio);
    }
  </style>
  ......
  <td>
    <h3 id="poem0" data-audio="未播放">静夜思</h3>
    <h4>——唐&middot;李白</h4>
    ......
  </td>
  ......
```

再利用 setAttribute 实现内容自定义，这种方法无须将各种替换效果预先在样式部分进行类名定义，只通过 JavaScript 脚本就可以实现。关键代码如下：

```
  document.body.onclick=function(e){
      var tag=e.target;
    if(tag.tagName=="H3"){
      var i=tag.id.substr(-1,1);
      poem.setAttribute("src",urlArray[i]);//设置 audio 对象的 src 属性
    poem.play();//播放音频
    tag.setAttribute("data-audio","已播放");
  }
  }
```

动手尝试实现单击“音频播放”按钮时按钮样式的切换。两个按钮样式图片均保存在 img 文件夹下，分别是 music.jpg 和 music1.jpg。

参考文献

1. Elisabeth Freeman and Eric Freeman 著. Head First HTML 与 CSS & XHTML[M].林旺，张晓坤译. 北京：中国电力出版社，2013.

2. Eric T. Freeman Elisabeth Robson 著. Head First JavaScript 程序设计[M]. 袁国忠译. 北京：人民邮电出版社，2017.

3. 黑马程序员. 响应式 Web 开发项目教程（HTML5+CSS3+Bootstrap）[M]. 北京：人民邮电出版社，2017.

4. 陈洁，杨瑞梅. HTML+CSS+JavaScript 前端开发（慕课版）[M]. 北京：人民邮电出版社，2017.

5. 天津滨海熏疼科技集团有限公司. HTML5 与 CSS3 项目实战[M]. 天津：南开大学出版社，2017.

6. 王莹. JavaScript 网页特效案例教程[M]. 北京：机械工业出版社，2017.

7. 杜黎强. 前端网页设计[M]. 北京：机械工业出版社，2014.